RF集積回路の設計法–5G時代の高周波技術–
前多　正　科学情報出版株式会社　2020

著者简介

前多　正

芝浦工业大学工学部教授，工学博士。

主要从事模拟射频电路设计，积极推进低功耗射频收发器、环境电波能量采集、集成化射频带通滤波器相关的研究。

1983年丰桥技术科学大学电气电子工程专业毕业，进入日本电气株式会社；1999年担任日本电气株式会社光无线设备研究所主任研究员；2006年担任日本电气株式会社设备平台研究所骨干研究员；2010年进入瑞萨电子股份有限公司；2015年至今任芝浦工业大学工学部教授。

2005～2010年任International Solid State Circuit Conference（ISSCC）议程委员；2018年任电子信息通信学会英文论文志小特集议程编辑委员长。

所属学会：美国电气电子学会（IEEE）、电子信息通信学会。

射频集成电路设计

5G时代的高频技术

〔日〕前多　正　著
洪　明　马京任　译
侯世淳　审校

科学出版社
北　京

图字：01-2022-3238号

内 容 简 介

本书主要介绍射频模拟电路的基础知识以及设计时应该考虑的技术要点，内容涉及噪声、低噪声放大器、混频器、压控振荡器、锁相环、模拟基带、接收机的设计、发射机的设计。此外，在各电路设计中通过公式来说明其基本原理，并尽可能给出推导过程。再进一步，介绍了为改善以往射频模拟电路的缺点而开发的最新射频电路技术的原理，为学习射频集成电路设计的技术人员提供了开发指引。

本书可作为高等学校电子工程、通信工程、自动控制、微电子学、仪器仪表及相关专业本科生的参考用书，也可供射频、微波及相关专业技术人员阅读。

图书在版编目（CIP）数据

射频集成电路设计/(日)前多正著；洪明，马京任译.—北京：科学出版社，2023.1

ISBN 978-7-03-073418-1

Ⅰ.①射… Ⅱ.①前… ②洪… ③马… Ⅲ.①射频电路-集成电路-电路设计-高等学校-教材 Ⅳ.①TN710

中国版本图书馆CIP数据核字（2022）第189984号

责任编辑：杨 凯／责任制作：魏 谨
责任印制：师艳茹／封面设计：张 凌
北京东方科龙图文有限公司 制作
http：//www.okbook.com.cn

科 学 出 版 社 出版
北京东黄城根北街16号
邮政编码：100717
http：//www.sciencep.com

天津市新科印刷有限公司 印刷
科学出版社发行各地新华书店经销

*

2023年1月第 一 版 开本：787×1092 1/16
2023年1月第一次印刷 印张：16 1/2
字数：320 000

定价：78.00元

（如有印装质量问题，我社负责调换）

前 言

自移动电话实用化30年以来，无线通信速度已提升了约1万倍以上，预定于2020年实用化的第五代移动通信（5G）将进一步提高通信速度。凭借5G的实现，高清视频可以通过互联网瞬间下载，且即使数量庞大的用户同时进行登录，系统也不会发生故障。此外，可以预想到，5G对医疗、制造、物流、应急服务等各种各样的产业都会产生重大影响，比如身边的例子，通过5G实现的远程手术和自动驾驶，使人们的生活变得更加快速便捷。

支撑这种无线通信的高通量化和高速化的是在高频段工作的无线电路的发展。移动终端的无线电路需要处理从几百MHz到几GHz的射频（radio frequency，RF）信号，接收时从混杂在噪声中的皮瓦级的微弱电磁波中获得正确信息，发射时则是将来自电池电源的1W左右的直流对信号进行高效变换，并按照规定的频率进行发射。处理射频信号时，除噪声外，还要考虑电路中存在的寄生电容的影响、信号间干扰、反射等诸多因素，因此射频电路的开发需要有很多技术诀窍。

此外，高性能的射频电路仅依靠性能易受器件参数影响的模拟电路来实现是比较困难的，因此我们提出了用数字电路来修正模拟电路缺点的方案，并开发出了能够将射频模拟电路本身替换为数字电路来实现同样性能的技术，如此一来，设计者需要涉猎的技术范围变得非常广阔。

如今，计算机辅助设计（computer aided design，CAD）很发达，也许可以从基于CAD的数值计算中获得需要的电路尺寸和元件值。然而，虽然CAD可以优化电路，但却无法解决电路拓扑结构问题。要想解决这个问题，需要在理解电路工作原理的同时还要具备设计的能力。

本书从调制方式和接收灵敏度之类的无线规范开始，介绍射频模拟电路的基础知识以及设计时应该考虑的技术要点。此外，在各电路设计中通过公式来说明其基本原理，并尽可能给出推导过程。再进一步，介绍了为改善传统射频模拟电路的缺点而开发的最新射频电路技术原理，为学习射频集成电路设计的技术人员提供了研发向导。

最后，对以科学情报出版社编辑部为首的对本书的编写提供过帮助的各位表达深深的谢意。

目　录

第1章
噪　声

电磁波在传播过程中，不仅会衰减，还会产生反射和衍射，并受来自其他通信设备的电磁波信号的叠加或抵消而引发干涉的影响[2]。因此，无线通信中使用的电磁波，以衰减较少，且能绕过障碍物，能够在大范围内传送信息的低频段为宜。然而，6GHz以下的低频段已经按照电磁波法分配殆尽，且分配的频率也被限定在很狭窄的频带范围内。

根据香农定理，当通信链路中存在高斯分布的噪声时，设信道内信号的总功率为S，信道内噪声的总功率为N，则通信速度C（bit/sec）和信道带宽W（Hz）之间的关系为：

$$C = W \times \log_2\left(1+\frac{S}{N}\right) \tag{1.1}$$

从这个定理可以看出，为了实现高速通信，不仅需要增大信噪比，还需要确保足够宽的信号频带[2]。正因如此，2020年正式开始引入的第五代移动通信中，为实现高速、大容量的通信，正在讨论利用28GHz频带[3]。另一方面，高频电磁波存在衰减大、直线性强、易受障碍物影响等问题。衰减大的无线信号到达接收机时较为微弱，这就要求接收机具有更高的接收灵敏度。由于无线接收机内部电路产生的噪声对接收灵敏度的影响很大，因此设计者需要对电路内部产生的噪声具有一定的理解。

无线电路内部产生的噪声有电阻以及半导体电流引起的热噪声（thermal noise）、半导体器件的载流子（MOSFET的场合则为电子）随时间波动的闪烁噪声（flicker noise）。如果考虑所有的这些噪声，则会使得无线电路性能的分析变得非常困难，如果以具有连续性的热噪声作为对象来考虑，则可以建立起电路设计的理论。另外，噪声功率几乎都是热噪声，因此可以将电阻和半导体器件的热噪声作为研究对象来进行电路设计。

1.1 电阻噪声

电阻产生的噪声是电阻内部载流子（MOSFET的场合则为自由电子）的不规则热振动（称之为布朗运动）所产生的热噪声。热噪声于1927年由贝尔实验室的约翰逊和奈奎斯特发现，因此也被称为约翰逊噪声或者约翰逊·奈奎斯特噪声。自由电子的运动产生了电流，因而电子的不规则热振动导致了电流的紊乱，即噪声。此外，随着电阻温度上升，电子的运动更活跃也会使得噪声增加。

根据奈奎斯特噪声定理，设内部电阻为R，玻尔兹曼常数$k = 1.38 \times 10^{-23}$（$m^2kgs^{-2}K^{-1}$），带宽为B（Hz），绝对温度为T（K），则噪声电压v_n为：

$$\overline{v_n^2} = 4kTRB \tag{1.2}$$

另外，设图1.1所示的噪声电压为v_n，信号源阻抗Z_S和负载阻抗Z_L的匹配阻抗（impedance matching）为R，则传输到负载的最大噪声功率密度（有功噪声功率）P_n为：

$$P_n = \frac{\overline{v_n^2}}{4R} = kTB \tag{1.3}$$

此处，每1Hz的噪声功率为：

$$\frac{P_n}{B} = kT \tag{1.4}$$

常温时噪声功率为3.98×10^{-18}（W/Hz）$= -174$dBm/Hz，而比这个值更小的噪声则不存在。

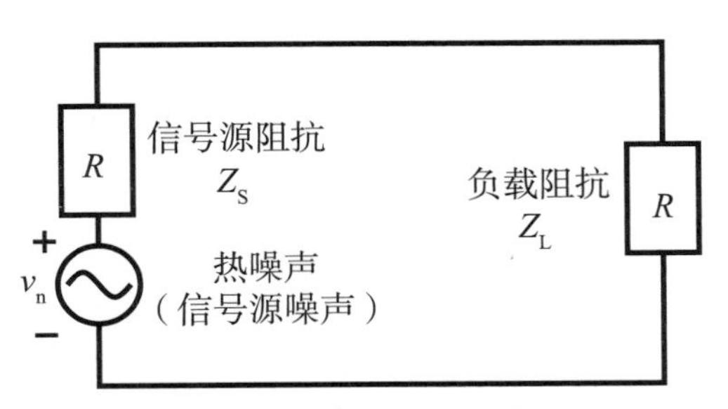

图1.1　传输到负载的最大噪声功率密度

1.2 MOSFET中的噪声

如图1.2(a)所示，工作于饱和区的MOSFET中的热噪声表示为连接在源极和漏极之间的电流源。设玻尔兹曼常数为k，绝对温度为T，过剩噪声系数为γ，跨导为g_m，则每1Hz的噪声电流为：

$$\overline{|i_n|}^2 = 4kT\gamma g_m \tag{1.5}$$

其中，γ在栅长较长（比如1μm以上）的MOSFET中取值为2/3，短沟道MOSFET（比如栅长在0.25μm以下）中则为1以上的值。将此热噪声表现为直接连接在栅极的电压源，则如图1.2(b)所示，其电压绝对值为：

$$\overline{|v_n|}^2 = 4kT\gamma / g_m \tag{1.6}$$

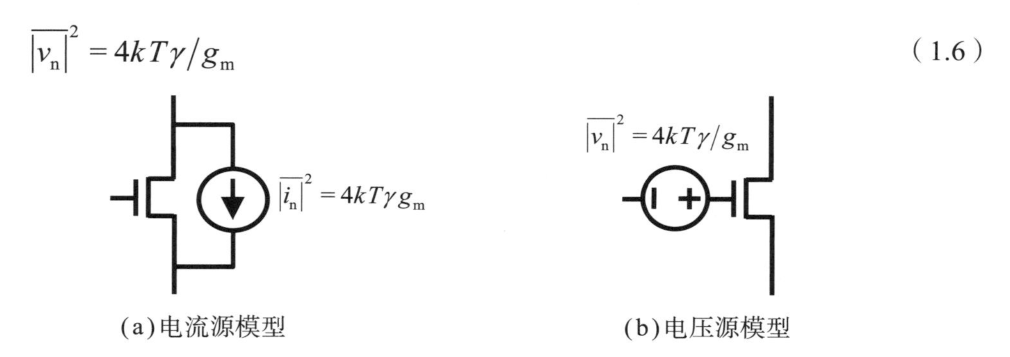

(a)电流源模型　　(b)电压源模型

图1.2　MOSFET热噪声模型

此外，热噪声也会自栅极电阻R_G而产生，且在短沟道中尤其显著，需要考虑其影响。设栅极的方块电阻为R_W，栅长为L_G，栅宽为W_G，则栅极直流电阻R_{G_DC}为：

$$R_{G\_DC} = \frac{W_G}{L_G} R_W \tag{1.7}$$

另一方面，在栅宽为数十微米的栅极上施加数百MHz以上的高频信号时，需要将栅极电极视作分布参数电路。使用分布参数电路的分析结果，将栅极电阻用等效的集总参数进行近似，可以知道它相当于直流电阻的1/3[4]，栅极电阻所引发的噪声功率为：

$$P_{n,R_G} = \frac{4}{3} kTR_{G\_DC} = \frac{4}{3} kT \frac{W_G}{L_G} R_W \tag{1.8}$$

高频电路设计中，为了使这种噪声成分远低于MOSFET沟道的热噪声，如图1.3(a)所示，使用单位FET并联的多指结构（multi finger）。单位FET的栅长W_0在高频电路中通常选择几μm到10μm。此时的栅极电阻为r_{G_DC}（$\Sigma r_{G_DC} = R_{G_DC}$）。另外，在被视作分布参数电路的栅极电极上施加电压时，电极的远端电位不追随近端电位，从而导致高频时器件的高频特性指标——最大振荡频率

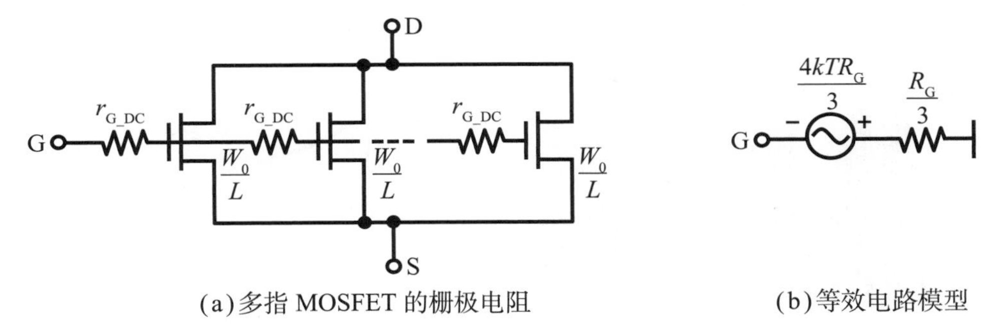

(a)多指 MOSFET 的栅极电阻　　(b)等效电路模型

图1.3　多指MOSFET高频频段的等效栅极电阻模型

f_{max}受到很大的影响，因此多指结构显得非常关键。包含栅极电阻引起的噪声的等效电路如图1.3(b)所示。

闪烁噪声是作为MOSFET载流子的电子随时间波动产生的噪声，也被称为$1/f$噪声。这种噪声是因MOS管界面（$Si\text{-}SiO_2$）的晶体表面或者晶格缺陷的悬挂键上电荷随机被捕获而产生的[5]。噪声的大小可以通过下式求得：

$$\overline{|e_n|}^2 = \frac{K}{W_G L_G C_{OX}} \frac{1}{f} \tag{1.9}$$

其中，K为工艺参数，C_{OX}为MOS管的栅极电容。在P型MOSFET中，沟道形成于距MOS管界面较深的位置，其电荷受到悬挂键的影响较小，因而相比于N型MOSFET，其闪烁噪声更小。闪烁噪声在低频时影响较大而在高频时可以被无视，在进行频率变换电路的设计时，需要加以留意。

此外，我们把使闪烁噪声和热噪声的功率谱密度的大小关系正好反转的频率称为$1/f$噪声拐角频率f_c。

1.3 热噪声的分布

如图1.4(a)所示，热噪声为完全不规则的波形，发生概率如图1.4(b)所示服从高斯分布。将波形的一部分在时间轴上进行放大同样服从高斯分布。这意味着噪声功率谱在全频率范围内都一样，如图1.5所示。无限高的频率意味着时域上无限小的时间变动，我们称具有如此功率密度的噪声为白噪声（white noise）。

之所以用颜色来表示噪声，是因为白光包含了所有颜色，所以包含所有频率的热噪声称为白噪声。

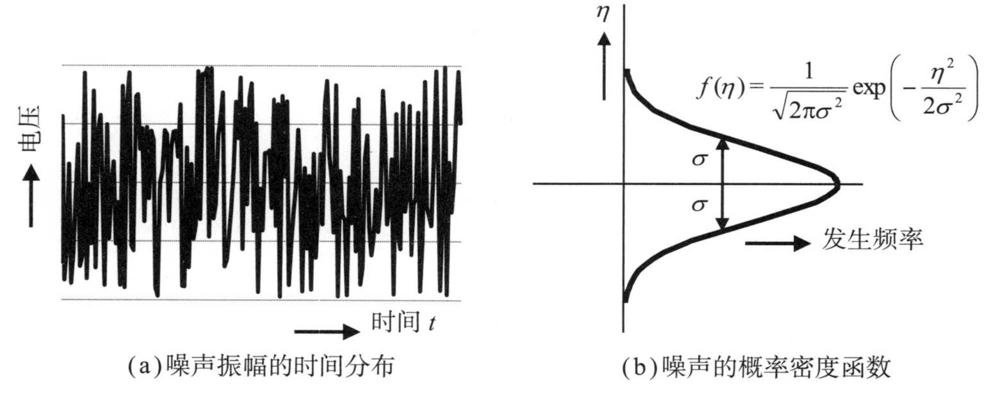

(a)噪声振幅的时间分布 (b)噪声的概率密度函数

图1.4 热噪声的时间分布和概率密度函数

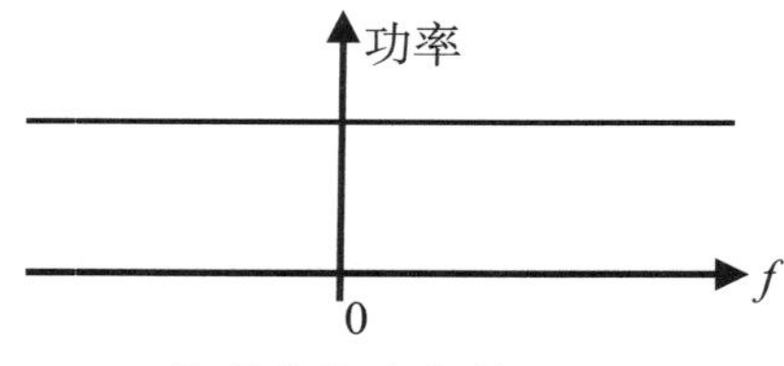

热噪声的功率谱

图1.5 热噪声的功率谱密度

噪声的大小可以由噪声电压的均方根获得，噪声电压发生概率的分布函数服从高斯分布，因而噪声能量可通过下式求得：

$$\begin{aligned}\langle x^2\rangle &= \int_{-\infty}^{\infty} x^2 \frac{1}{\sqrt{2\pi\sigma^2}}\exp\left(-\frac{x^2}{2\sigma^2}\right)\mathrm{d}x \\ &= \int_{-\infty}^{\infty} z^2 \frac{\sigma^2}{\sqrt{2\pi}}\exp\left(-\frac{z^2}{2}\right)\mathrm{d}z \\ &= \frac{\sigma^2}{\sqrt{2\pi}}\int_{-\infty}^{\infty} z\left\{\frac{\mathrm{d}}{\mathrm{d}z}\left[-\exp\left(-\frac{z^2}{2}\right)\right]\right\}\mathrm{d}z \\ &= \frac{\sigma^2}{\sqrt{2\pi}}\left[-z\exp\left(-\frac{z^2}{2}\right)\Big|_{-\infty}^{\infty} + \int_{-\infty}^{\infty}\exp\left(-\frac{z^2}{2}\right)\mathrm{d}z\right] = \sigma^2\end{aligned} \tag{1.10}$$

其中，$z=\frac{x}{\sigma}$。由上式可知，噪声能量等于其概率密度函数的方差。

信号功率和噪声功率的比称为信噪比（signal-to-noise，SNR），在数字无线通信的场合，它是计算误码率时的指标[6]。

设无线接收信号$r(t)$的振幅为A，角频率为ω_c，且包含服从高斯分布的噪声$n(t)$，则接收信号为：

$$r(t) = A\cos(\omega_c t) + n(t) \tag{1.11}$$

如图1.6所示，设这个信号的有效值为$A^2/2$，高斯分布的噪声能量为σ^2，则可求出$SNR = A^2/(2\sigma^2)$。无线通信中的各种数字调制方式的误码率，可以通过SNR来进行计算[6]。

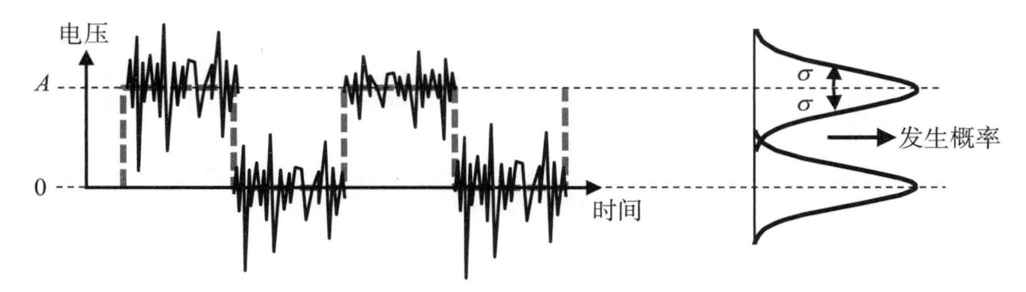

图1.6 叠加了噪声的数字调制信号

接下来，对叠加了噪声的振幅为A的数字信号进行解调时，将逻辑判断电平（阈值）设为V_T，则可用图1.7来计算误码率。将接收数字信号为“0”时的概率密度函数设为P_0，接收数字信号为“1”时的概率密度函数设为P_1。信号“0”的生成概率为P（$x = 0$），虽然接收信号为“0”，但是叠加了噪声之后的振幅高于V_T而被判定为“1”（$y = 1$）的概率为P_{e0}；信号“1”的生成概率为P（$x = 1$），虽然接收信号为“1”，但是叠加了噪声之后的振幅低于V_T而被判定为“0”（$y = 0$）的概率为P_{e1}。此时的误码率可以通过P_{e0}和P_{e1}的和计算出来：

$$\begin{aligned} P_e &= P_{e1} + P_{e0} \\ &= P(y=0 \mid x=1)P(x=1) + P(y=1 \mid x=0)P(x=0) \end{aligned} \tag{1.12}$$

简化来说，忽略噪声的相位成分，且噪声振幅的产生概率服从高斯分布，则接收信号为“0”误判为“1”时的P_{e0}可以计算为（设$\alpha = V_T/\sigma$）：

$$\begin{aligned} P_{e0} &= \int_{V_T}^{\infty} p_0(v)\,dv \\ &= \int_{V_T}^{\infty} \frac{1}{\sqrt{2\pi\sigma^2}} \exp\left(-\frac{v^2}{2\sigma^2}\right) dv \\ &= \frac{1}{2}\mathrm{erfc}\left(\frac{\alpha}{\sqrt{2}}\right) \end{aligned} \tag{1.13}$$

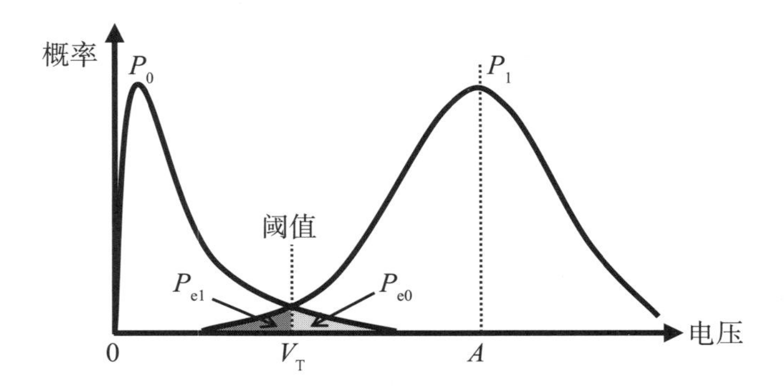

图1.7　叠加了噪声的振幅A的数字信号概率密度函数

同样地，接收信号为“1”误判为“0”时的P_{e1}可以计算为（设SNR为$\gamma = A^2/2\sigma^2$）：

$$
\begin{aligned}
P_{e1} &= \int_{-\infty}^{V_T} p_1(v)\,dv \\
&= \int_{-\infty}^{V_T} \frac{1}{\sqrt{2\pi\sigma^2}} \exp-\left[\frac{(v-A)^2}{2\sigma^2}\right] dv \\
&= 1 - \frac{1}{2}\operatorname{erfc}\left(\frac{\alpha}{\sqrt{2}} - \sqrt{\gamma}\right)
\end{aligned}
\quad (1.14)
$$

当数字信号“1”和“0”的生成概率为1/2时，则误码率为

$$
P_e = \frac{1}{2}\left[1 - \frac{1}{2}\operatorname{erfc}\left(\frac{\alpha}{\sqrt{2}} - \sqrt{\gamma}\right)\right] + \frac{1}{2}\left[\frac{1}{2}\operatorname{erfc}\left(\frac{\alpha}{\sqrt{2}}\right)\right] \quad (1.15)
$$

误码率达到最小的判定电平为$V_T = A/2$，将此时的α代入，则有：

$$
\begin{aligned}
P_e &= \frac{1}{2}\left[1 - \frac{1}{2}\operatorname{erfc}\left(-\frac{\sqrt{\gamma}}{2}\right) + \frac{1}{2}\operatorname{erfc}\left(\frac{\sqrt{\gamma}}{2}\right)\right] \\
&= \frac{1}{2}\operatorname{erfc}\left(\frac{\sqrt{\gamma}}{2}\right)
\end{aligned}
\quad (1.16)
$$

如此便求得了误码率。另外，在采用包络检波的方式时，噪声的相位是随机的，需要使用二元概率密度函数来计算误码率。

参考文献

[1] C. E. Shannon. A Mathematical Theory of Communication. The Bell System Technical Journal, 1948, 27: 379-423, 623-656.

[2] 斉藤洋一. デジタル無線通信の変復調. 電子情報通信学会.

[3] 平成28年度情報通信審議会情報通信技術分科会携帯電話等高度化委員会報告. 携帯電話等高度化委員会. 2016, 資料118-1-2.

[4] 橋口住久. 低周波ノイズ1/fゆらぎとその測定法. 朝倉書店.

[5] Behzad Razavi. Impact of Distributed Gate Resistance on the Performance of MOS Devices. IEEE Transactions on Circuits and Systems Part-I, 1994, 141(11): 750-754.

[6] 式部幹, 田中公男, 橋本秀雄. 大学課程情報伝送工学. オーム社.

第2章 低噪声放大器

电磁波在真空中传输时没有能量衰减，但在从发射点开始等方向传输的过程中，电磁波的功率密度与以距发射点的距离为半径的球面表面积成反比例（与距离的平方成反比）进行衰减[1]。比如说2.4GHz左右的无线信号，输出功率为0dBm（1mW），传输20m的距离到达收发信机时，已衰减至-80dBm（10pW）。收发信机的接收部分能鉴别多弱的信号呢？其最小值即为最小接收灵敏度，是接收机的一个重要指标。低噪声放大器（low-noise amplifier，LNA）即为控制接收灵敏度的电路，作为内部噪声非常小的放大器，将天线接收到的微弱信号在抑制住噪声的同时进行放大，并将其传输到后面的混频器。本章对LNA设计时需要考虑的相关要点进行阐述。

2.1　接收部分结构和接收功率强度

无线标准所限定的最小接收功率为–80dBm（10pW）到–100dBm（0.1pW），非常微弱，考虑到实际电路中还要有10dB的裕量，因此设计的电路需要能够检验出–90dBm（1pW）到–110dBm（10fW）的功率[2, 3]。另外，如图2.1所示，由于分离收发频率的双工器和高频带通滤波器存在损耗，接收信号在LNA的输入前还会有几个dB的衰减，因此接收部分需要在抑制电路内部产生噪声的同时对此微弱信号进行放大。

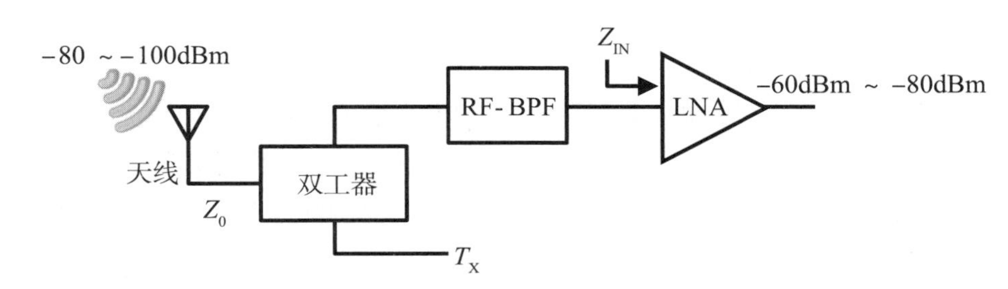

图2.1　接收部分结构和接收功率强度

2.2　噪声系数和输入参考噪声

先考虑图2.2所示的一级放大电路。此时，加上了电路内部产生的噪声（加性噪声：additive noise）的输出信号的信噪比设为SNR_{OUT}，输入信号的信噪比SNR_{IN}与其的比值SNR_{IN}/SNR_{OUT}被定义为噪声系数F。此外，噪声系数用dB表示时则表记为NF以示区别。

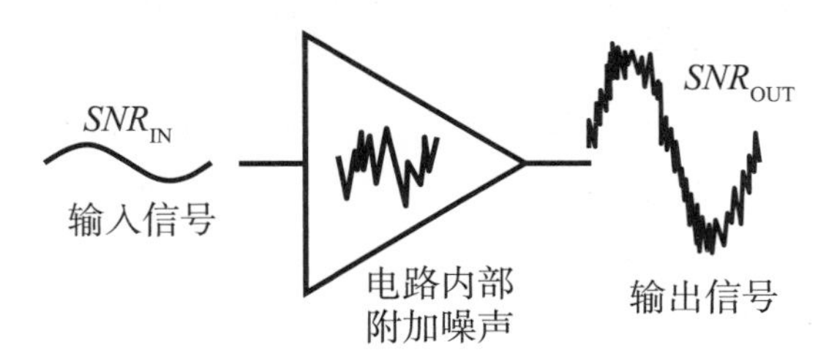

图2.2　加性噪声和输入输出SNR

构成电路的器件会产生热噪声和闪烁噪声，因此电路输出的信噪比相较于输入已然恶化（SNR_{OUT}相比于SNR_{IN}恶化），噪声系数F也会在1以上。如果是没有内部加性噪声的理想电路，则$SNR_{IN}=SNR_{OUT}$，噪声系数也就为1。

此处设输入信号功率为S_{IN}，输入噪声功率为N_{IN}，电路增益为G，电路内部的加性噪声为N_A，输出信号功率为S_{OUT}，输出噪声功率为N_{OUT}。电路内部信号和噪声都获得了放大，因此有：

$$\begin{aligned} S_{OUT} &= G \times S_{IN} \\ N_{OUT} &= G \times N_{IN} + N_A \end{aligned} \tag{2.1}$$

噪声系数则为：

$$F = \frac{SNR_{IN}}{SNR_{OUT}} = \frac{\dfrac{S_{IN}}{N_{IN}}}{\dfrac{S_{OUT}}{N_{OUT}}} = \frac{\dfrac{S_{IN}}{N_{IN}}}{\dfrac{G \times S_{IN}}{G \times N_{IN} + N_A}} = \frac{N_{IN} + N_A/G}{N_{IN}} = 1 + \frac{N_A/G}{N_{IN}} \tag{2.2}$$

式（2.2）最终的意思如图2.3所示，可以考虑为是将$N_{IN} + N_A/G$的噪声施加在没有内部加性噪声且增益为G的理想放大器输入处所得到的噪声系数。此时N_A/G被称为输入参考噪声N_{Aeq}。在电路加性噪声一定的情形下，增益越高，输入参考噪声越小。

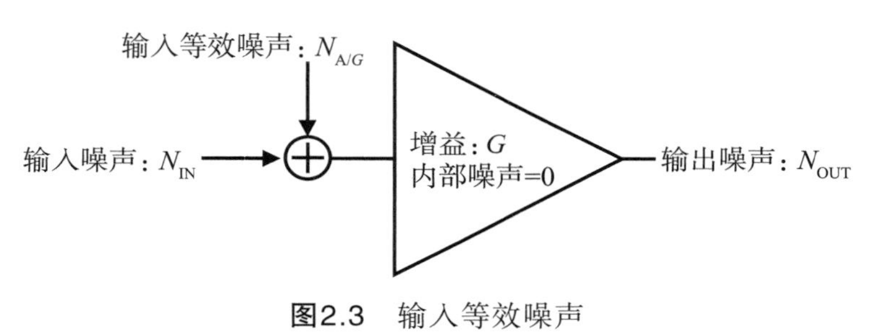

图2.3　输入等效噪声

2.3　级联连接结构的接收机的噪声

接下来，考虑图2.4所示的n级电路级联的接收机，将各级电路的增益、噪声系数，以及加性噪声分别设为G_k，F_k，$N_{A,k}$（$k = 1 \sim n$），将各级电路的输入噪声设为$N_{IN,k-1}$，则可以将式子$F_1 = 1 + (N_{A,1}/G)/N_{IN}$进行如下变形，通过第一级噪声系数$F_1$求得内部加性噪声$N_{A,1}$：

$$N_{A,1} = (F_1 - 1) G_1 N_{IN} \tag{2.3}$$

据此输入参考噪声可以用噪声系数F_1表示为：

$$N_{Aeq,1} = \frac{N_{A,1}}{G_1} = (F_1 - 1) N_{IN} \tag{2.4}$$

接下来，在求第二级的输入参考噪声时，设第二级输入噪声为$N_{\mathrm{IN},1}=N_{\mathrm{IN}}$，则有$N_{\mathrm{A},2}=(F_2-1)G_2N_{\mathrm{IN},1}$，将此噪声也视作第一级等效输入参考噪声$N_{\mathrm{Aeq},2}$，则有：

$$N_{\mathrm{Aeq},2}=\frac{N_{\mathrm{A},2}}{G_2}=\left(F_2-1\right)N_{\mathrm{IN},1}=\frac{\left(F_2-1\right)N_{\mathrm{IN}}}{G_1} \tag{2.5}$$ [1]

依次进行计算，将第k级电路的加性噪声作为接收机输入处所施加的参考噪声，可以求得：

$$N_{\mathrm{Aeq},k}=\left(F_k-1\right)\frac{N_{\mathrm{IN}}}{G_1G_2\cdots G_{k-1}}$$

因此，接收机整体的输入参考噪声为：

$$\begin{aligned}N_{\mathrm{IN,total}}&=N_{\mathrm{IN}}+N_{\mathrm{Aeq},1}+N_{\mathrm{Aeq},2}+\cdots+N_{\mathrm{Aeq},n}\\&=N_{\mathrm{IN}}+N_{\mathrm{IN}}\left(F_1-1\right)+\frac{N_{\mathrm{IN}}\left(F_2-1\right)}{G_1}+\cdots+\frac{N_{\mathrm{IN}}\left(F_n-1\right)}{G_1G_2\cdots G_{n-1}}\end{aligned} \tag{2.6}$$

噪声系数F则为：

$$F=\frac{N_{\mathrm{IN,total}}}{N_{\mathrm{IN}}}=F_1+\frac{F_2-1}{G_1}+\cdots+\frac{F_n-1}{G_1G_2\cdots G_{n-1}} \tag{2.7}$$

此式被称为Furiis公式，可以看到接收机的噪声中初级电路的噪声不做改变，而后级电路的噪声则需要相应地除以其前面电路的增益。

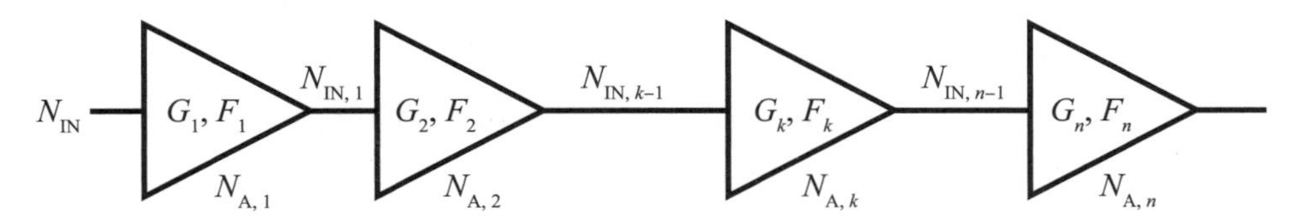

图2.4 级联连接结构的接收机噪声

2.4 接收信号和噪声电平的关系

接收机整体的噪声系数目标值，由最小接收灵敏度求得。如图2.5所示，

1）译者注：这段分析表述不严谨，式（2.5）中：

$$N_{\mathrm{Aeq},2}=\frac{N_{\mathrm{A},2}}{G_2}=\left(F_2-1\right)N_{\mathrm{IN},1}$$

这部分定义的意义应该为$N_{\mathrm{A},2}$在第二级输入处的等效噪声，而不是在第一级输入处的等效噪声，尽管$N_{\mathrm{IN},1}$换算到第一级输入处的等效噪声的确是N_{IN}。即式（2.5）的最终结论是没有错的，中间的分析过程不严谨。

为鉴别接收信号，将信道内所含的热噪声电平和接收机的噪声进行合计，再加上解调处理所需的SNR成分，可以得到必需的信号强度。解调处理时所需要的SNR计算方法，则可以参照文献［4］。比如说，为了获得误码率为10^{-3}所需要的SNR，在解调非同步的幅移键控（amplitude shift keying，ASK）信号时为11dB，解调二进制相移键控（binary phase shift keying，BPSK）和正交相移键控（quaternary PSK，QPSK）信号时为8dB。

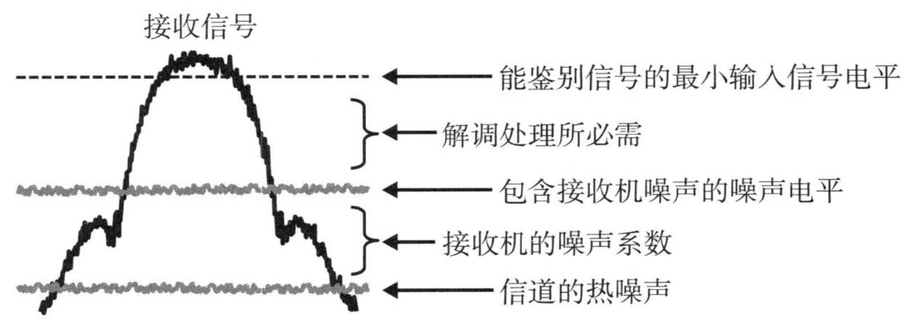

图2.5 接收信号和噪声电平的关系

从无线局域网的IEEE802.11a/g标准[2]可以试着计算达到规定接收灵敏度所需要的噪声系数NF（dB）。规定的接收灵敏度因速率不同而不同，速率6Mbps时规定的最小接收灵敏度为-83dBm，在预计裕量时，目标接收灵敏度则设为-90dBm。另外，信道带宽B为16.3MHz，整个信道的热噪声中每1Hz热噪声的热噪声电平为-174dBm/Hz，则$10\log_{10}B$值较大。6Mbps时1次调制为BPSK调制，考虑达到误码率10^{-3}所需要的SNR为8dB[4]，则：

$$
\begin{aligned}
P_{\mathrm{IN,min}}(\mathrm{dBm}) &= -90(\mathrm{dBm}) \\
&= kT(\mathrm{dBm/Hz}) + NF_{\mathrm{receiver}}(\mathrm{dB}) + SNR_{\mathrm{OUT,\,min}}(\mathrm{dB}) \\
&\quad + 10\log B\ (\mathrm{dB}) \\
&= -174(\mathrm{dBm/Hz}) + NF_{\mathrm{receiver}}(\mathrm{dB}) + 8(\mathrm{dB}) \\
&\quad + 72(\mathrm{dB})
\end{aligned}
\tag{2.8}
$$

$$
NF_{\mathrm{receiver}}(\mathrm{dB}) = 4(\mathrm{dB})
$$

因此，可以知道6Mbps速率时所需要的接收机整体NF为4dB。

另一方面，速率54Mbps时规定的最小接收灵敏度为-65dBm，在预计裕量时，目标接收灵敏度则设为-70dBm。此时1次调制为64值的正交幅度调制（quadrature amplitude modulation，QAM），则解调所需要的SNR为25dB[4]。像计算6Mbps时那样可以同样计算得到：

$$
\begin{aligned}
P_{\mathrm{IN,min}}(\mathrm{dBm}) &= -70(\mathrm{dBm}) \\
&= kT(\mathrm{dBm/Hz}) + NF_{\mathrm{receiver}}(\mathrm{dB}) + SNR_{\mathrm{OUT,min}}(\mathrm{dB}) \\
&\quad +10\log B(\mathrm{dB}) \\
&= -174(\mathrm{dBm/Hz}) + NF_{\mathrm{receiver}}(\mathrm{dB}) + 25(\mathrm{dB}) \\
&\quad +72(\mathrm{dB}) \\
NF_{\mathrm{receiver}}(\mathrm{dB}) &= 7(\mathrm{dB})
\end{aligned}
\tag{2.9}
$$

接下来，速率6Mbps时为获得接收机整体的NF值4dB，用图2.6所示的三级级联结构的放大器来进行说明。此例中在初级的噪声系数和第二级及以后的增益和噪声系数一定的情形下，可以求得初级的目标增益。

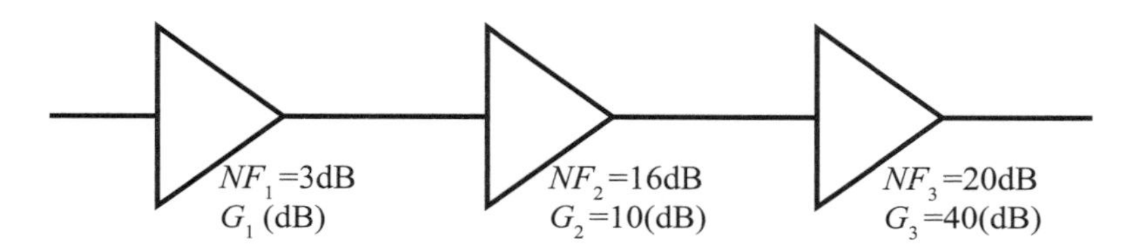

图2.6 三级级联结构的接收机

在Furiis公式中代入图2.6所示的增益和噪声系数，且将dB值变换为倍数值，则有：

$$
F = \frac{N_{\mathrm{IN,total}}}{N_{\mathrm{IN}}} = F_1 + \frac{F_2 - 1}{G_1} + \frac{F_3 - 1}{G_1 G_2} = 1.99 + \frac{39.8 - 1}{G_1} + \frac{100 - 1}{G_1 \times 10} = 2.512 \tag{2.10}
$$

可以得到初级增益$G_1 > 93.3$（19.7dB），为实现接收机整体的噪声系数4dB，初级增益需要在20dB以上。

另一方面，如图2.7所示，在初级插入具有损耗的滤波器时，试着计算一下第二级噪声系数的目标值。此时第二级的增益为20dB。当存在损耗时，噪声系数因损耗而变差，从Furiis公式可以得到：

$$
\begin{aligned}
F &= \frac{N_{\mathrm{IN,total}}}{N_{\mathrm{IN}}} = F_1 + \frac{F_2 - 1}{G_1} + \frac{F_3 - 1}{G_1 G_2} + \frac{F_4 - 1}{G_1 G_2 G_3} \\
&= 1.26 + \frac{F_2 - 1}{0.79} + \frac{39.8 - 1}{0.79 \times 100} + \frac{100 - 1}{0.79 \times 100 \times 10} = 2.512
\end{aligned}
\tag{2.11}
$$

此时目标的噪声系数$F_2 < 1.5(1.76\mathrm{dB})$，与无损耗时进行比较，所要求的接收机初级噪声系数更加严格了。

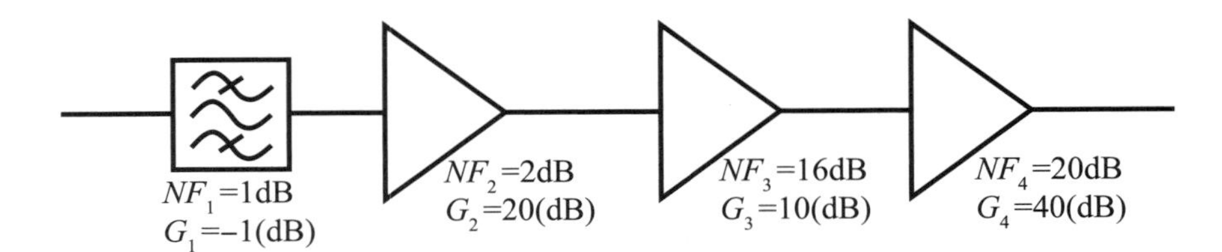

图2.7　初级插入具有损耗的滤波器的接收机

2.5　输入输出匹配

在接收机初级电路输入阻抗和信号源阻抗（天线阻抗）匹配的条件下，LNA输入信号功率较低。本节将按顺序阐述LNA输入功率最大化的匹配设计和输出匹配相关的设计。

设信号源的电压为v_S，信号源的复数阻抗为Z_S，LNA的复数输入阻抗为Z_{IN}，输入电流为i_{IN}，LNA输入电压为v_{IN}，则：

$$i_{IN}=\frac{v_S}{Z_S+Z_{IN}},v_{IN}+Z_{IN}i_{IN}+\frac{Z_{IN}v_S}{Z_S+Z_{IN}} \tag{2.12}$$

设输入信号功率P_{IN}最大化时，$Z_S=R_S+jX_S$，$Z_{IN}=R_{IN}+jX_{IN}$，则

$$\begin{aligned}P_{IN}&=\mathrm{Re}\left[v_{IN},i^*{}_{IN}\right]=\frac{Z_{IN}\left|V_S\right|^2}{\left|Z_S+Z_{IN}\right|^2}\\&=\mathrm{Re}\left[\frac{\left(R_{IN}+jX_{IN}\right)V_S}{\left(R_S+R_{IN}\right)+j\left(X_S+X_{IN}\right)}\times\frac{V_S}{\left(R_S+R_{IN}\right)-j\left(X_S+X_{IN}\right)}\right]\\&=\mathrm{Re}\left[\frac{\left(R_{IN}+jX_{IN}\right)\left|V_S\right|^2}{\left(R_S+R_{IN}\right)^2+\left(X_S+X_{IN}\right)^2}\right]=\frac{R_{IN}\left|V_S\right|^2}{\left(R_S+R_{IN}\right)^2+\left(X_S+X_{IN}\right)^2}\end{aligned} \tag{2.13}$$

从这个式子可以看出，输入功率最大化的第一个条件为分母的第2项为0，可以求得$X_{IN}=-X_S$，将此条件代入输入功率的式子：

$$P_{IN}=\frac{R_{IN}\left|V_S\right|^2}{\left(R_S+R_{IN}\right)^2}$$

对R_{IN}进行微分：

$$\frac{\mathrm{d}P_{\mathrm{IN}}}{\mathrm{d}R_{\mathrm{IN}}}=\left|V_S\right|^2\frac{\left(R_{\mathrm{S}}+R_{\mathrm{IN}}\right)^2-2R_{\mathrm{IN}}\left(R_{\mathrm{S}}+R_{\mathrm{IN}}\right)}{\left(R_{\mathrm{S}}+R_{\mathrm{IN}}\right)^4}=0 \tag{2.14}$$

可以求得第2个条件$R_{\mathrm{IN}}=R_{\mathrm{S}}$，综合以上条件，使输入功率最大化的输入阻抗$Z_{\mathrm{IN}}$为

$$Z_{\mathrm{IN}}=R_{\mathrm{S}}-jX_{\mathrm{S}}=Z_{\mathrm{S}}^{*} \tag{2.15}$$

它与信号源阻抗形成复数共轭。这种通过复数共轭来获得最大功率的阻抗设计称为共轭匹配（conjugate matching）。

图2.8所示的电路中，信号源的天线阻抗不含电抗成分，为$R_{\mathrm{S}}=50\,\Omega$，而LNA的输入阻抗具有MOS器件电容性的电抗成分$Z_{\mathrm{IN}}=Z_{\mathrm{gs}}=1/j\omega C_{\mathrm{gs}}$，使得上述匹配条件无法满足。

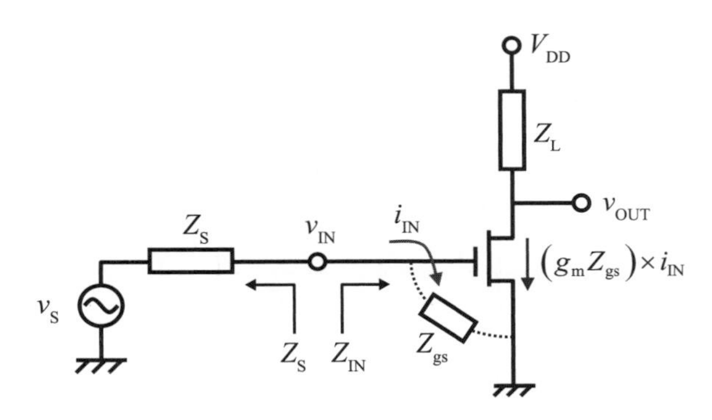

图2.8　LNA输入匹配

因此，在MOS器件的源极处连接有电感成分$Z_{\mathrm{sd}}=j\omega L_{\mathrm{sd}}$（图2.9）。这个电感被称为源极退化电感（source degeneration inductor）。

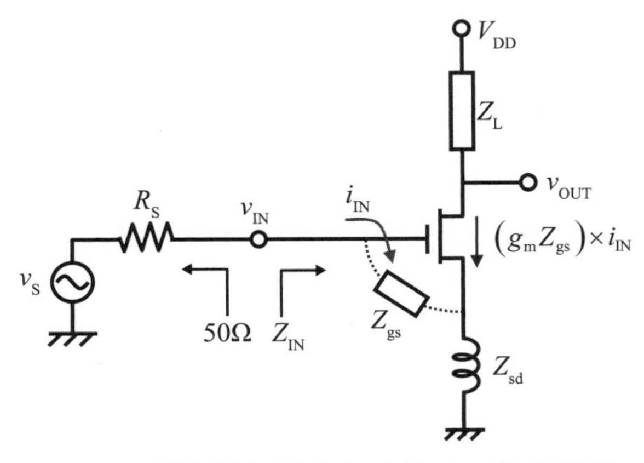

图2.9　具有源极退化电感的LNA输入匹配

此时假设MOS管的漏极电流i_{d}与v_{gs}成比例，则LNA的输入电压v_{IN}与输入阻抗Z_{IN}为：

$$v_{\mathrm{IN}}=i_{\mathrm{IN}}Z_{\mathrm{gs}}+\left(1+g_{\mathrm{m}}Z_{\mathrm{gs}}\right)i_{\mathrm{IN}}Z_{\mathrm{sd}}=\left[\frac{1}{j\omega C_{\mathrm{gs}}}+j\omega L_{\mathrm{sd}}\left(1+\frac{g_{\mathrm{m}}}{j\omega C_{\mathrm{gs}}}\right)\right]i_{\mathrm{IN}} \tag{2.16}$$

$$Z_{\mathrm{IN}}=Z_{\mathrm{gs}}+Z_{\mathrm{sd}}+g_{\mathrm{m}}Z_{\mathrm{gs}}Z_{\mathrm{sd}}=\frac{L_{\mathrm{sd}}}{C_{\mathrm{gs}}}g_{\mathrm{m}}+j\left(\omega L_{\mathrm{sd}}-\frac{1}{\omega C_{\mathrm{gs}}}\right) \tag{2.17}$$

为了使输入阻抗Z_{IN}的实部（电阻部分）变成信号源阻抗50Ω，则需要

$$L_{\mathrm{sd}}=50\times\frac{C_{\mathrm{gs}}}{g_{\mathrm{m}}} \tag{2.18}$$

另一方面，因为将式（2.18）的条件代入式（2.17）的虚部仍然无法使之为0，从而如图2.10所示，要在栅极处连接具有电抗成分的器件。

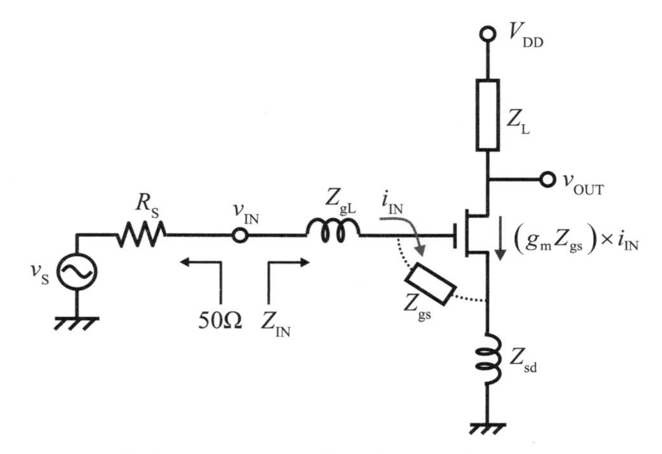

图2.10　含有源极退化电感和栅极电感的LNA输入匹配

此时输入阻抗可以表示成如下形式：

$$Z_{\mathrm{IN}}=Z_{\mathrm{gL}}+Z_{\mathrm{gs}}+Z_{\mathrm{sd}}+g_{\mathrm{m}}Z_{\mathrm{gs}}Z_{\mathrm{sd}}=\frac{L_{\mathrm{sd}}}{C_{\mathrm{gs}}}g_{\mathrm{m}}+j\left[\omega\left(L_{\mathrm{sL}}+L_{\mathrm{sd}}\right)-\frac{1}{\omega C_{\mathrm{gs}}}\right] \tag{2.19}$$

式（2.19）虚部为0的条件为将栅极所连接的电感值设为以下值：

$$L_{\mathrm{sL}}=\frac{1}{\omega^{2}C_{\mathrm{gs}}}-L_{\mathrm{sd}} \tag{2.20}$$

此处式（2.19）的实部设计为50Ω的话，则可以实现信号源阻抗的输入匹配。

接下来在信号频率（信号源频率）为2.4GHz，信号源输出阻抗为50Ω，LNA所连接的后级电路输入阻抗为1kΩ，电源电压为1.8V的场合，介绍一下使用

具体数值的LNA电路例子。根据MOSFET的特性，工作点为0.6V时，输入电容为0.24pF，跨导g_m为90mS，漏极电导为1mS。

在图2.11所示的电路例子中，MOSFET的工作点（栅极电位）0.6V是将电源电压1.8V进行电阻分压产生的，由偏置电阻R_{B1}与R_{B2}的比值2∶1决定。此处为了充分降低偏置电路的电流，取$R_{B1} = 40\text{k}\Omega$，$R_{B2} = 20\text{k}\Omega$，源极退化电感$L_{sd}$的值可以由式（2.18）计算得出为0.13nH。对于所需要的频率，为了使输入阻抗的虚部为0，使用式（2.20），可以求出栅极电感为18nH。

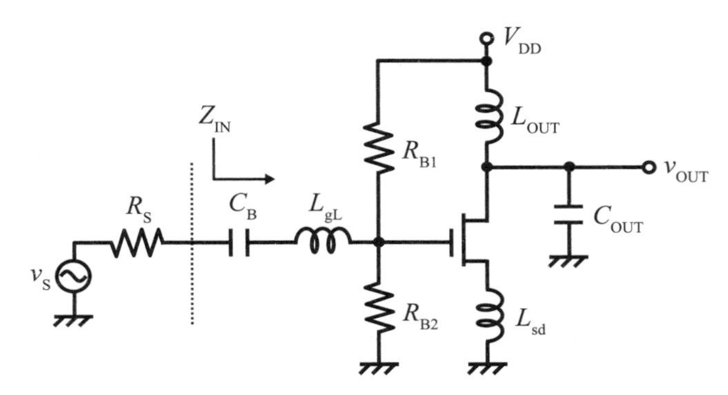

图2.11 LNA的输入输出匹配

接下来阐述输出阻抗相关的内容。由于MOSFET的漏极电导为1mS，在所希望的频率下，为了使输出端所看到的阻抗为1kΩ，需要使输出负载并联谐振。求得电感L_{OUT}为5nH，C_{OUT}为0.88pF。

2.6 LNA输入阻抗的史密斯圆图轨迹

为了求得符合上述匹配条件的阻抗，几乎不可能在高频领域准确测定电压和电流。比如说，为测定电压使探针接触电路的布线图案，探针所具有的阻抗会让构成电路的参数发生变化，即使不用探针接触，图案周围电磁场的紊乱也会使电路本来的特性发生变化。因此，在高频领域用可以稳定而又准确测定的功率代替电压和电流来进行测定和评估。

高频领域的功率评估，是将输入信号考虑为波，以通过电路各端口的输入输出功率（电磁波的幅度和相位）规定了特性的散射参数（scattering parameter）为基础来进行的[5]。具体来说，是根据“电路周围的介质中产生了怎样的反射波和透射波”来表述电路。也就是说，以反射功率和入射功率的比值（反射系数）作为基础来进行测定。反射系数一般为复数，史密斯圆图（Smith chart）将这个复反射系数以正交坐标系表达于复平面上，将以基准电阻（通常为50Ω）进行归一化的阻抗，绘制于将中心设为1的图当中。通过施以这样的变化，半径为1的圆上可以表示从负无穷大到正无穷大的阻抗。使用这个图，可以直观地获取匹配条件。

图2.12的横轴为阻抗的实部，最左端表示阻抗为0，最右端表示阻抗为无穷大。圆的下半部分为容性阻抗，上半部分为感性阻抗，最外圆表示的是电抗部分。频率变化引起的阻抗变化显示在史密斯圆图上，此时随着频率变高，为顺时针的轨迹。图2.8电路的输入阻抗Z_{IN}是容性的，因此其轨迹是在最外圆的下半部分进行顺时针转动。此处2.4GHz和5GHz所处的阻抗用白圆显示。另一方面，进行输入匹配的图2.10的电路上，输入阻抗呈现出实部成分（50Ω的电阻），再加上栅极电感的话，可以看到2.4GHz处已经调整为虚部为0的50Ω。

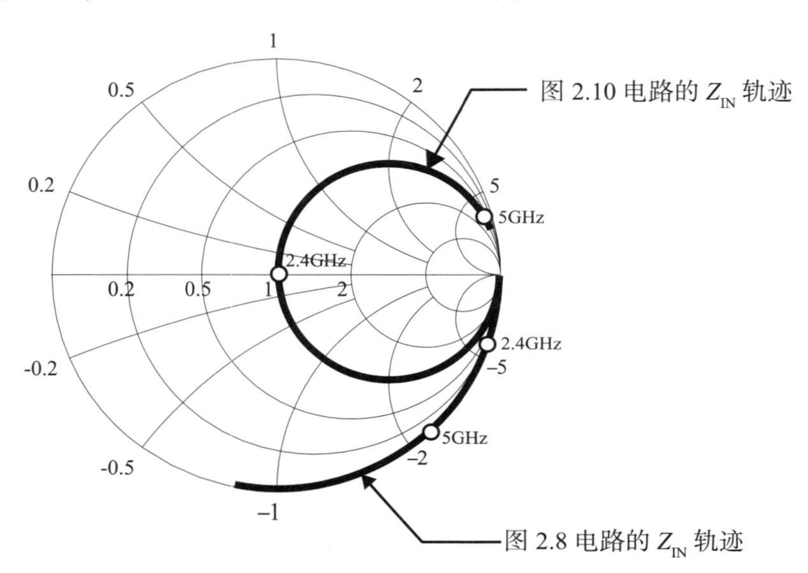

图2.12　LNA输入阻抗在史密斯圆图上的轨迹

2.7　共源共栅结构的LNA

LNA的后级连接的是进行频率变换的混频器（MIX）电路。来自本机振荡器的较强的信号被输入混频器中，会出现从混频器（LNA输出端）到LNA输入端的信号泄漏问题。驱动MOS器件的漏极电导使信号从LNA输出端回绕到LNA输入端。因此，如图2.13所示，使用纵向堆叠MOS器件的共源共栅（cascode）结构可以很好地实现输入输出隔离。此电路中，M_2器件的栅极电位固定，M_1的漏极电位升高的话，M_2的栅源间电压减小，使得M_1的漏极电压保持一定，从而实现反馈。据此，不仅能够提高M_1的漏极电导，M_1器件的漏极电位也没有很大变化，因此可以抑制基于电容耦合的输入侧信号泄漏。

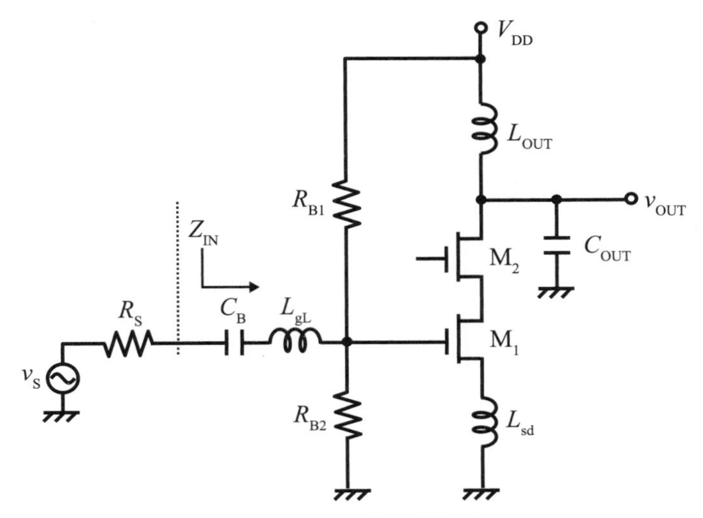

图2.13 共源共栅结构的LNA

图2.14为共源共栅结构的漏极电流（实线）和单一MOS管的漏极电流（虚线）通过电路仿真比较得到的结果。由此可知，共源共栅结构可以抑制漏极电导。

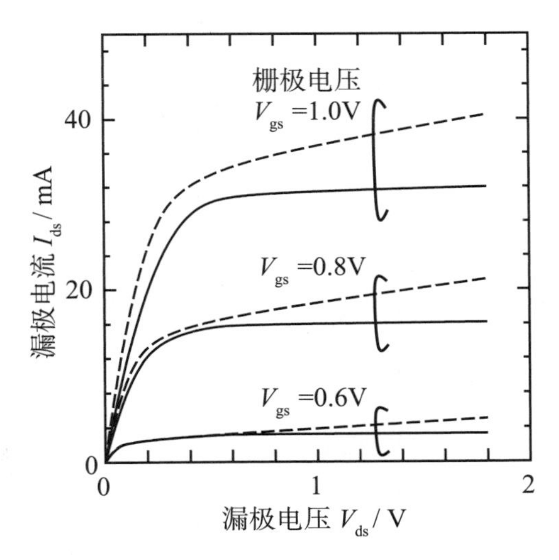

图2.14 共源共栅结构的MOS管漏极电流例子

2.8 寄生元件的影响

一般情况下，高频LNA在特定的频率下工作较好，因此其负载方面经常使用LC并联谐振电路。理想的LC谐振电路其谐振频率处的阻抗为无穷大，但实际上由于电感自带的寄生电阻和寄生电容的影响，使得谐振频率处的阻抗不能太高。如图2.15所示，设电感的寄生电阻为r_{L}，寄生电容为C_{L}，电容的寄生电阻为r_{C}，则LC并联谐振电路的导纳为：

$$\begin{aligned} Y &= \frac{j\omega C_{\mathrm{OUT}}}{1+j\omega C_{\mathrm{OUT}} r_{\mathrm{C}}} + \frac{1}{r_{\mathrm{L}} + \dfrac{j\omega L_{\mathrm{OUT}}}{1-\omega^2 L_{\mathrm{OUT}} C_{\mathrm{L}}}} \\ &= j\omega C_{\mathrm{OUT}} + \frac{\left(1-\omega^2 L_{\mathrm{OUT}} C_{\mathrm{L}}\right)}{j\omega L_{\mathrm{OUT}}} + \omega^2 C_{\mathrm{OUT}} r_{\mathrm{C}} + \frac{r_{\mathrm{L}}}{\omega^2 L_{\mathrm{OUT}}^2}\left(1-\omega^2 L_{\mathrm{OUT}} C_{\mathrm{L}}\right)^2 \end{aligned} \tag{2.21}$$

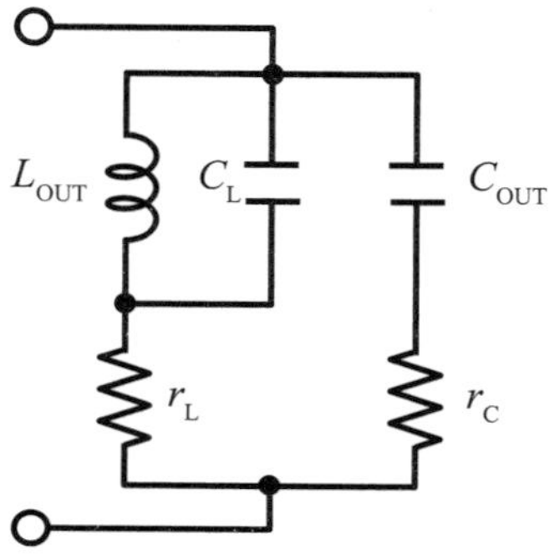

图2.15　包含LC谐振电路寄生元件的等效电路

此处为了易于理解分析结果，将LNA负载的等效电路表示为图2.16所示的LCR并联电路，电感成分L'及电阻成分r'可以表示为：

$$\begin{aligned} L' &= \frac{L_{\mathrm{OUT}}}{1-\omega^2 L_{\mathrm{OUT}} C_{\mathrm{L}}} \\ r' &= \frac{1}{\omega^2 C_{\mathrm{OUT}}^2 r_{\mathrm{C}}} // \left[\frac{\omega^2 L_{\mathrm{OUT}}^2}{r_{\mathrm{L}}\left(1-\omega^2 L_{\mathrm{OUT}} C_{\mathrm{L}}\right)^2}\right] \\ &= \frac{\omega^2 L_{\mathrm{OUT}}^2}{r_{\mathrm{L}}\left(1-\omega^2 L_{\mathrm{OUT}} C_{\mathrm{L}}\right)^2 + \omega^4 L_{\mathrm{OUT}}^2 C_{\mathrm{OUT}}^2 + r_{\mathrm{C}}} \end{aligned} \tag{2.22}$$

此处代入谐振条件（$\omega^2 = L_{\mathrm{OUT}} C_{\mathrm{OUT}} = 1$），等效电阻成分为有限值：

$$r' = \frac{L_{\mathrm{OUT}}}{C_{\mathrm{OUT}}} \frac{1}{r_{\mathrm{L}}\left(1-C_{\mathrm{L}}/C_{\mathrm{OUT}}\right)^2 + r_{\mathrm{C}}} \tag{2.23}$$

一般半导体芯片上形成带有几nH电感量的螺旋电感，其寄生电阻值较大，在LNA设计时需要考虑负载器件的相关等效电路参数。

此外，电感的寄生电容C_L及电感L的谐振频率被称为电感的自谐振频率，在此频率之上的电感呈容性，因而不能够作为谐振电路来使用。在比电感的自谐振频率小很多的频段设计时，上式中C_L/C_{OUT}的值则小到可以忽略。

再者，图2.16所示为LNA进行实际封装时的外形。对于半导体芯片上所形成的LNA电路的信号输入和电源供电，是将键合管脚和封装引线通过键合线进行连接。键合管脚上存在寄生电容，键合线和封装引线上存在寄生电感成分，因此在决定电路设计的匹配条件等场合，需要考虑这些寄生元件[8, 9]。

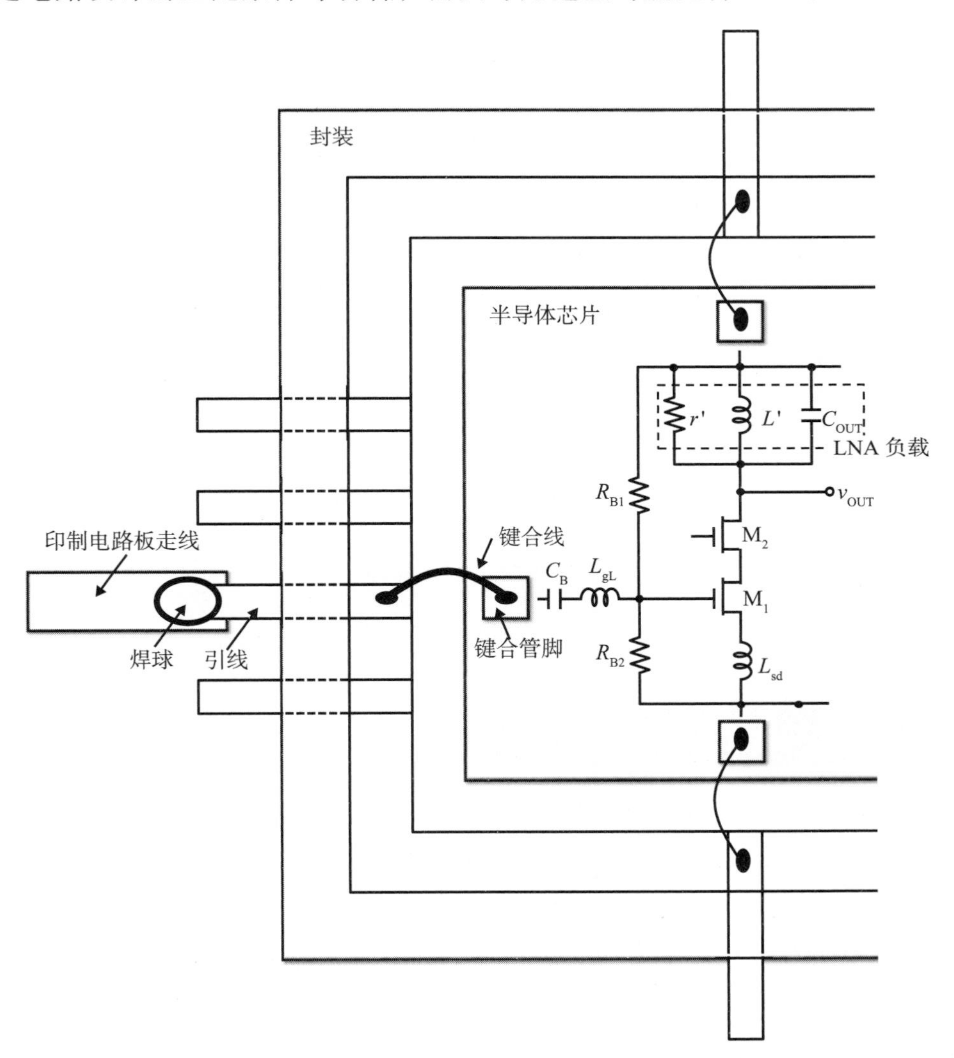

图2.16　LNA封装外形和电感负载的寄生元件

图2.17表示的是LNA封装时含寄生元件的等效电路。键合管脚电容C_{pad}、键

合线的电感L_{bd}、引线电感L_{ld}接在各自的端口。这些寄生元件的值需要事先通过电磁场仿真器求得。

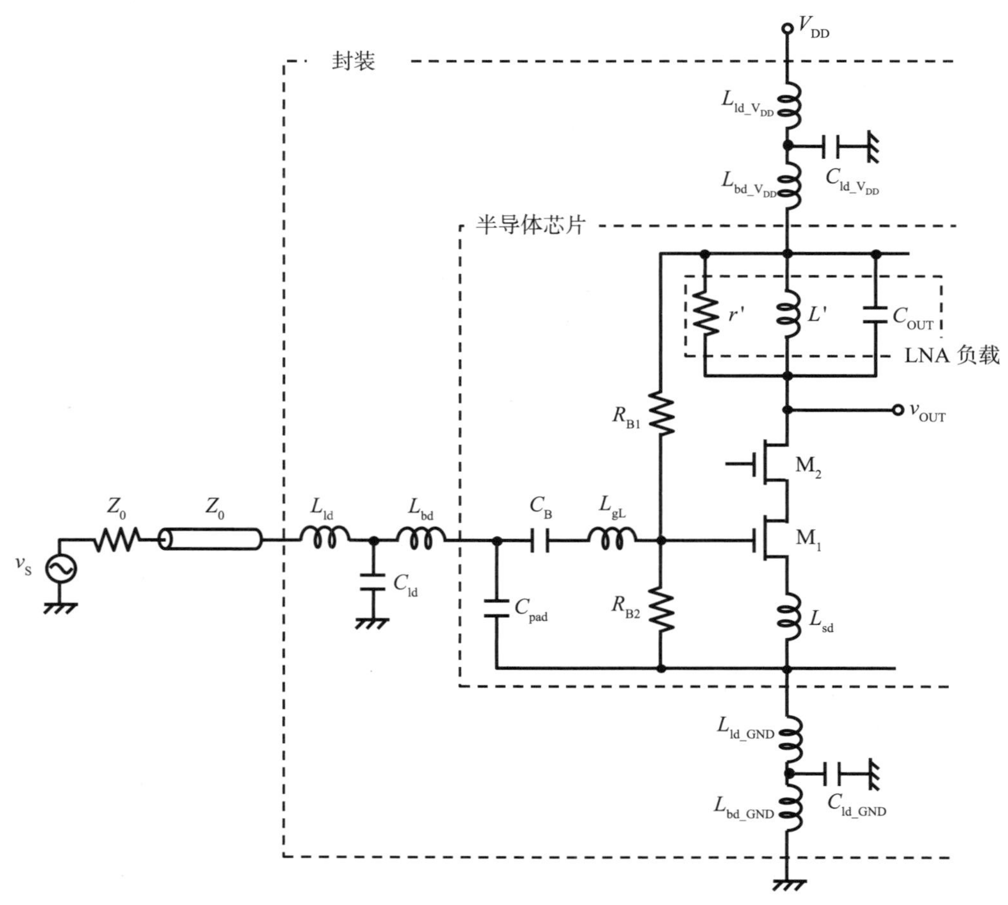

图2.17　LNA封装时含寄生元件的等效电路

2.9　放大器的输出噪声

使用MOSFET的放大器输出噪声依赖于输入阻抗的状态，考虑噪声的等效电路，如图2.18所示，需要将输入视作短路和开路这两种极限状态的和。此时，输入参考噪声由输入为短路状态（信号源阻抗为0）时的输出噪声等效到输入侧的电压成分e_n和输入为开路状态（信号源阻抗为无穷大）时的输出噪声等效到输入侧的电流成分i_n组成[6, 7]。

设信号源的噪声电流为i_S，信号源导纳为Y_S，流入电路的噪声电流i_1可以由$i_1 = i_S + i_n + Y_S e_n$给出，则噪声系数$F$为：

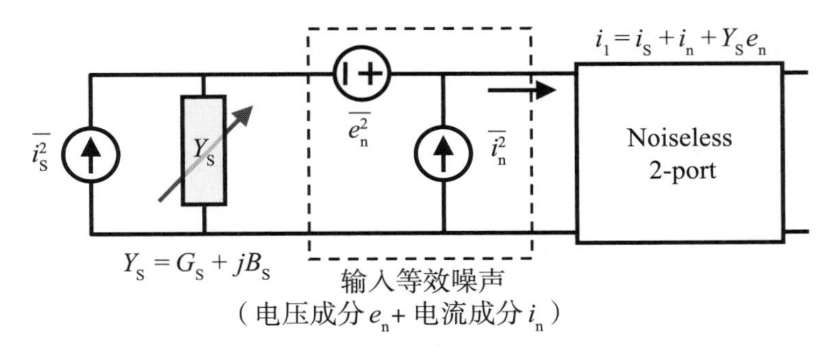

图2.18　LNA输入等效噪声的计算

$$F = \frac{N_{OUT}}{N_{IN}} = \frac{\overline{i_S^2} + \overline{|i_n + Y_S e_n|^2}}{\overline{i_S^2}} \tag{2.24}$$

此处，噪声电流i_n可理解为跟噪声电压e_n无关的成分i_{nU}以及跟噪声电压e_n相关的成分i_{nC}之和。跟噪声电压e_n无关的成分i_{nU}为：

$$\overline{i_{nU} e_n^*} = 0$$

而相关的成分则可用相关导纳Y_C表示为$i_{nC} = Y_C e_n$，因此：

$$\begin{aligned} F &= \frac{\overline{i_S^2} + \overline{|i_n + Y_S e_n|^2}}{\overline{i_S^2}} = 1 + \frac{\overline{|i_{nU} + (Y_S + Y_C) e_n|^2}}{\overline{i_S^2}} \\ &= 1 + \frac{\overline{|i_{nU}|^2} + |Y_S + Y_C|^2 \overline{|e_n|^2} + 2\,\mathrm{Re}\left[(Y_S + Y_C)\overline{i_{nU}^* e_n}\right]}{\overline{i_S^2}} \\ &= 1 + \frac{\overline{|i_{nU}|^2} + |Y_S + Y_C|^2 \overline{|e_n|^2}}{\overline{i_S^2}} \end{aligned} \tag{2.25}$$

此处将噪声电压和不相关电流成分的积设为0。再进一步，设来自热噪声的噪声电阻为R_n，噪声电导为G_U，则MOS上产生的噪声电压为：

$$\overline{|e_n|^2} = 4kTR_n \Delta f$$

噪声电流为：

$$\overline{|i_{nU}|^2} = 4kTG_U \Delta f$$

然后将信号源的噪声成分$\overline{|i_S|^2} = 4kTG_S \Delta f$代入，可以得到噪声系数$F$：

$$F=1+\frac{G_\mathrm{U}+R_\mathrm{n}|Y_\mathrm{S}+Y_\mathrm{C}|^2}{G_\mathrm{S}} \tag{2.26}$$

接下来再把各导纳分成电导成分和电纳成分（$Y_\mathrm{S}=G_\mathrm{S}+jB_\mathrm{S}$，$Y_\mathrm{C}=G_\mathrm{C}+jB_\mathrm{C}$）代入，则有：

$$\begin{aligned}
F&=1+\frac{G_\mathrm{U}+R_\mathrm{n}|Y_\mathrm{S}+Y_\mathrm{C}|^2}{G_\mathrm{S}}\\
&=1+\frac{G_\mathrm{U}+R_\mathrm{n}\left[(G_\mathrm{S}+G_\mathrm{C})^2+(B_\mathrm{S}+B_\mathrm{C})^2\right]}{G_\mathrm{S}}\\
&=1+\frac{R_\mathrm{n}\left[G_\mathrm{S}^2+2G_\mathrm{S}G_\mathrm{C}+G_\mathrm{C}^2+\dfrac{G_\mathrm{U}}{R_\mathrm{n}}+(B_\mathrm{S}+B_\mathrm{C})^2\right]}{G_\mathrm{S}}\\
&=1+\frac{R_\mathrm{n}\left[2G_\mathrm{S}G_\mathrm{C}+2G_\mathrm{S}\sqrt{G_\mathrm{C}^2+\dfrac{G_\mathrm{U}}{R_\mathrm{n}}}+\left(G_\mathrm{S}^2-2G_\mathrm{S}\sqrt{G_\mathrm{C}^2+\dfrac{G_\mathrm{U}}{R_\mathrm{n}}}+G_\mathrm{C}^2+\dfrac{G_\mathrm{U}}{R_\mathrm{n}}\right)+(B_\mathrm{S}+B_\mathrm{C})^2\right]}{G_S}\\
&=1+2R_\mathrm{n}\left(G_\mathrm{C}+\sqrt{G_\mathrm{C}^2+\frac{G_\mathrm{U}}{R_\mathrm{n}}}\right)+\frac{R_\mathrm{n}}{G_\mathrm{S}}\left[\left(G_\mathrm{S}-\sqrt{G_\mathrm{C}^2+\frac{G_\mathrm{U}}{R_\mathrm{n}}}\right)^2+(B_\mathrm{S}+B_\mathrm{C})^2\right]\\
&=F_\mathrm{min}+\frac{R_\mathrm{n}}{G_\mathrm{S}}\left[(G_\mathrm{S}-G_\mathrm{opt})^2+(B_\mathrm{S}-B_\mathrm{opt})^2\right]\\
&=F_\mathrm{min}+\frac{R_\mathrm{n}}{G_\mathrm{S}}|Y_\mathrm{S}-Y_\mathrm{opt}|^2
\end{aligned} \tag{2.27}$$

此处，

$$F_\mathrm{min}=1+2R_\mathrm{n}\left(\sqrt{\frac{G_\mathrm{U}}{R_\mathrm{n}}+G_\mathrm{C}^2}+G_\mathrm{C}\right)=1+2R_\mathrm{n}(G_\mathrm{opt}+G_\mathrm{C}) \tag{2.28}$$

表示了放大器的最小噪声，为了得到此值，必须满足的输入匹配条件为：

$$Y_\mathrm{opt}=G_\mathrm{opt}+jB_\mathrm{opt}，\quad G_\mathrm{opt}=\sqrt{\frac{G_\mathrm{U}}{R_\mathrm{n}}+G_\mathrm{C}^2}，\quad B_\mathrm{opt}=-B_\mathrm{C} \tag{2.29}$$

一般，噪声最小的匹配条件和增益最大的匹配条件并不一致，需要根据接收机的组成来决定选择什么样的匹配条件。

2.10　等噪声系数圆、等增益圆

为了直观地确认增益最大和噪声最小的条件，本节将利用史密斯圆图，介绍等增益圆、等噪声系数圆的制作和LNA的设计方法。将前节所求得的能实现噪声最小条件的导纳换算成反射系数。

$$\Gamma_S=\frac{1/Y_S-Z_0}{1/Y_S+Z_0}=\frac{1-Z_0Y_S}{1+Z_0Y_S},\quad \Gamma_{opt}=\frac{1-Z_0Y_{opt}}{1+Z_0Y_{opt}}$$

对上式进行变形，得到：

$$Y_S=\frac{1}{Z_0}\frac{1-\Gamma_S}{1+\Gamma_S},\quad Y_{opt}=\frac{1}{Z_0}\frac{1-\Gamma_{opt}}{1+\Gamma_{opt}} \tag{2.30}$$

将上式及$G_S=(Y_S+Y^*{}_S)/2$代入，可得：

$$\begin{aligned}F&=F_{min}+\frac{R_n}{G_S}\left|Y_S-Y_{opt}\right|^2\\&=F_{min}+2R_n\frac{1}{Z_0}\left[\frac{1-\Gamma_S}{1+\Gamma_S}+\left(\frac{1-\Gamma_S}{1+\Gamma_S}\right)^*\right]^{-1}\left|\frac{1-\Gamma_S}{1+\Gamma_S}-\frac{1-\Gamma_{opt}}{1+\Gamma_{opt}}\right|^2\\&=F_{min}+4\frac{R_n}{Z_0}\frac{\left|1+\Gamma_S\right|^2}{1-\left|\Gamma_S\right|^2}\times\frac{\left|\Gamma_S-\Gamma_{opt}\right|^2}{\left|1+\Gamma_S\right|^2\left|1+\Gamma_{opt}\right|^2}\\&=F_{min}+4\frac{R_n}{Z_0}\frac{\left|\Gamma_S-\Gamma_{opt}\right|^2}{\left(1-\left|\Gamma_S\right|^2\right)\left|1+\Gamma_{opt}\right|^2}\end{aligned} \tag{2.31}$$

此处，通过

$$N_C=\frac{F-F_{min}}{4R_n/Z_0}\left|1+\Gamma_{opt}\right|^2$$

可以求得噪声系数在史密斯圆图上的轨迹。

将上式进行变换，可以得到：

$$N_C\times\left(1-\left|\Gamma_S\right|^2\right)=\left|\Gamma_S\right|^2+\left|\Gamma_{opt}\right|^2-\Gamma_S^*\Gamma_{opt}-\Gamma_S\Gamma_{opt}^* \tag{2.32}$$

$$\begin{aligned}&\left|\Gamma_S\right|^2-\frac{1}{N_C+1}\left(\Gamma_S^*\Gamma_{opt}+\Gamma_S\Gamma_{opt}^*\right)+\left(\frac{\left|\Gamma_{opt}\right|}{N_C+1}\right)^2\\&=\frac{N_C-\left|\Gamma_{opt}\right|^2}{N_C+1}+\left(\frac{\left|\Gamma_{opt}\right|}{N_C+1}\right)^2\end{aligned} \tag{2.33}$$

$$\left|\Gamma_S - \frac{\Gamma_{opt}}{N_C+1}\right| = \frac{1}{N_C+1}\sqrt{N_C^2 + N_C\left(1-\left|\Gamma_{opt}\right|^2\right)} \tag{2.34}$$

此式表示的圆$|\Gamma_S - Y_n|^2 = r_n^2$中心为：

$$\gamma_n = \frac{\Gamma_{opt}}{N_C+1}$$

半径为：

$$r_n = \frac{1}{N_C+1}\sqrt{N_C^2 + N_C\left(1-\left|\Gamma_{opt}\right|^2\right)}$$

如图2.19所示，图2.11中对LNA噪声系数进行高频计算的结果在史密斯圆图上画成了等噪声系数圆。图2.11中史密斯圆图的中心相对于信号源阻抗50Ω的位置，其达到噪声最小（Γ_{opt}）条件的位置位于感性区域。另外，从Γ_{opt}开始随着阻抗偏差的变大，噪声系数也逐渐变大。

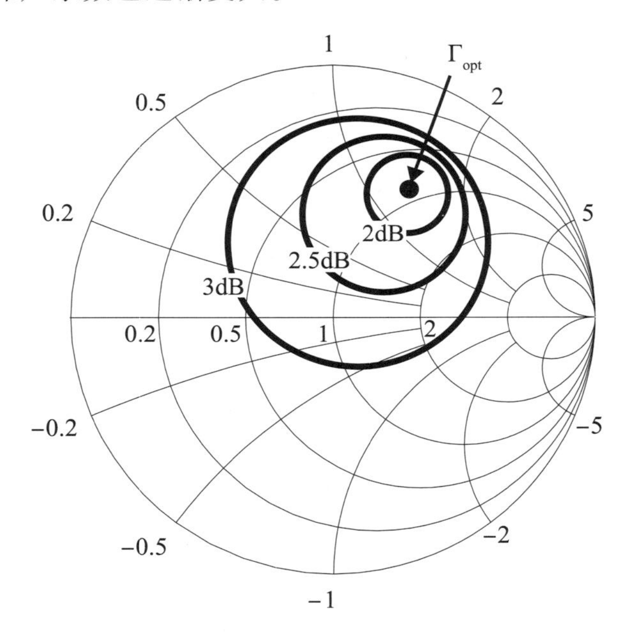

图2.19　LNA等噪声系数圆的计算例子

图2.20相应地画出了通过高频计算得到的等增益圆。增益最大（G_{max}）的输入匹配条件为位于圆的中心（50Ω），与噪声最小的条件不一样。由于LNA左右着接收机整体的噪声特性，在LNA设计时，对于后级所连接的混频器和基带电路的噪声系数，需要对增益最大条件和噪声最小条件进行折中选择。

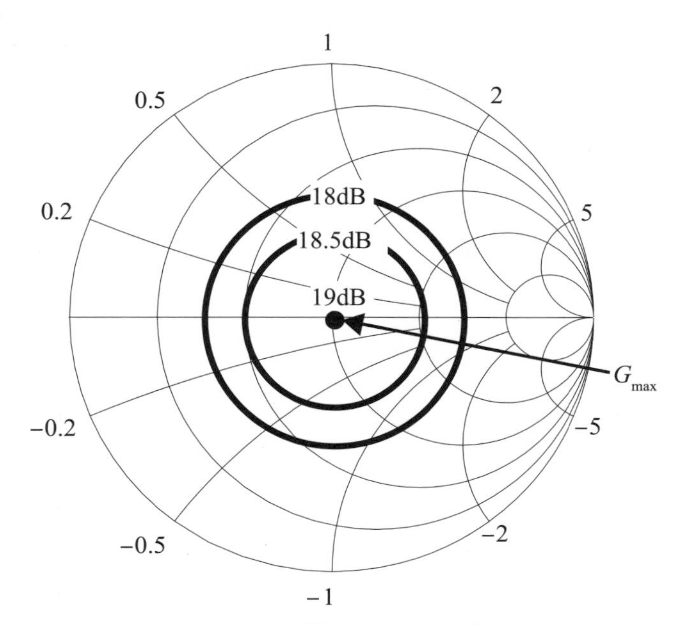

图2.20　LNA等增益圆的计算例子

2.11　电路的非线性

到前节为止，都是基于LNA电路的线性为前提进行讲解的，而在强输入信号的场合，输出信号在电路的非线性作用下会发生失真。在此通过图2.21的电路来说明非线性的影响。

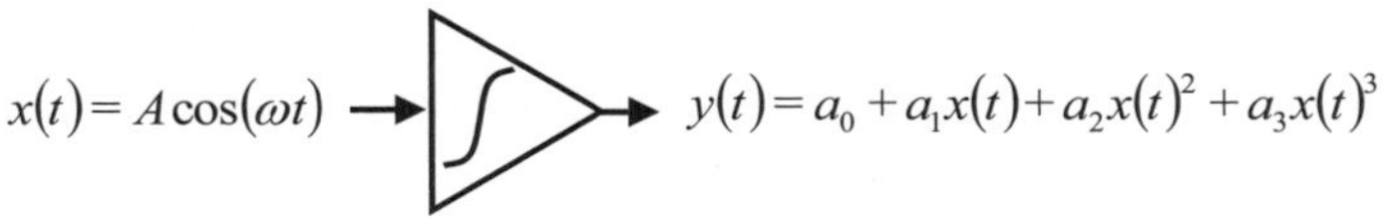

$x(t)=A\cos(\omega t)$ → [放大器] → $y(t)=a_0+a_1x(t)+a_2x(t)^2+a_3x(t)^3$

图2.21　非线性放大电路

非线性电路的输出$y(t)$以输入$x(t)$的三次多项式来表示，假设施加输入振幅为A的基波成分$x(t)=A\cos(\omega t)$，则此时的输出为：

$$\begin{aligned}
y(t) &= a_0+a_1A\cos(\omega t)+a_2A^2\cos^2(\omega t)+a_3A^3\cos^3(\omega t) \\
&= a_0+a_1A\cos(\omega t)+\frac{a_2A^2}{2}\left[1+\cos(2\omega t)\right] \\
&\quad +\frac{a_3A^3}{4}\left[3\cos(\omega t)+\cos(3\omega t)\right] \\
&= a_0+\frac{a_2A^2}{2}+\left(a_1A+\frac{3a_3A^3}{4}\right)\cos(\omega t)+\frac{a_2A^2}{2}\cos(2\omega t) \\
&\quad +\frac{a_3A^3}{4}\cos(3\omega t)
\end{aligned} \tag{2.35}$$

首先关注基波成分的振幅，在$a_3<0$的场合，随着振幅A的增加，基波增益降低（图2.22），此时把增益相比于a_1小1dB的输出功率定义为增益压缩点P_{1dB}。1dB增益压缩点对应的输入功率可以通过下面求得，当输入这个功率以上强度的信号时，需要考虑针对放大器增益下降的对策。

$$
\begin{aligned}
&a_1A_{-1dB}+\frac{a_3A_{-1dB}^3}{4}=10^{-\frac{1}{20}}\times a_1A_{-1dB}\\
&A_{-1dB}=\sqrt{0.145\left|\frac{a_1}{a_3}\right|}
\end{aligned}
\tag{2.36}
$$

具有非线性的放大电路除基波成分以外，还有振幅（$a_2A^2/2$）的二次谐波成分、振幅（$a_3A^3/4$）的三次谐波成分产生。一般来说，对于输入振幅A，可产生与A^n成比例的n次谐波成分。当输入幅度较小时，高次谐波较微小，强输入（幅度大）的场合，高次谐波则会显著增大。

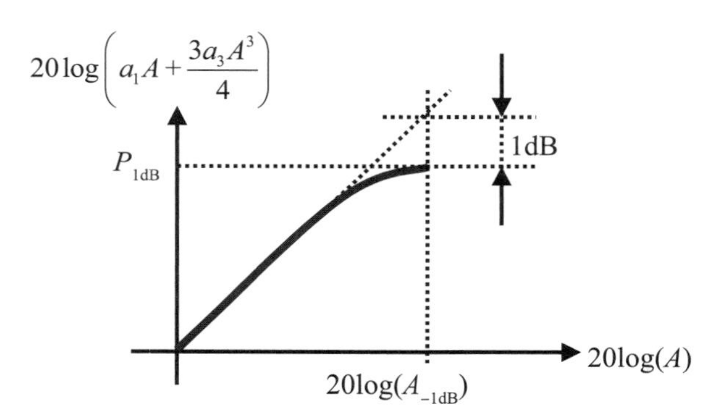

图2.22　1dB增益压缩点P_{1dB}

放大器的非线性项a_1、a_3难以直接评估，因此经常采用间接的方法（2tone test，双音测试）来进行评估。双音测试如图2.23所示，给放大器输入振幅相等而频率不同的两个信号。此时，输出处产生的信号成分有DC及基波成分：

$$
a_2A^2+\left(a_1A+\frac{9a_3A^3}{4}\right)\left[\cos(\omega_1t)+\cos(\omega_2t)\right]
\tag{2.37}
$$

二次及三次谐波成分：

$$
a_2A^2\left[\cos(2\omega_1t)+\cos(2\omega_2t)\right]+\frac{a_3A^3}{4}\left[\cos(3\omega_1t)+\cos(3\omega_2t)\right]
\tag{2.38}
$$

二阶互调（IM2）：

$$\frac{a_2A^2}{2}\left[\cos(\omega_1-\omega_2)t+\cos(\omega_1+\omega_2)t\right] \tag{2.39}$$

三阶互调（IM3）：

$$\frac{3a_3A^3}{4}\left[\cos(2\omega_1-\omega_2)t+\cos(2\omega_1+\omega_2)t+\cos(2\omega_2-\omega_1)t + \cos(2\omega_2+\omega_1)t\right] \tag{2.40}$$

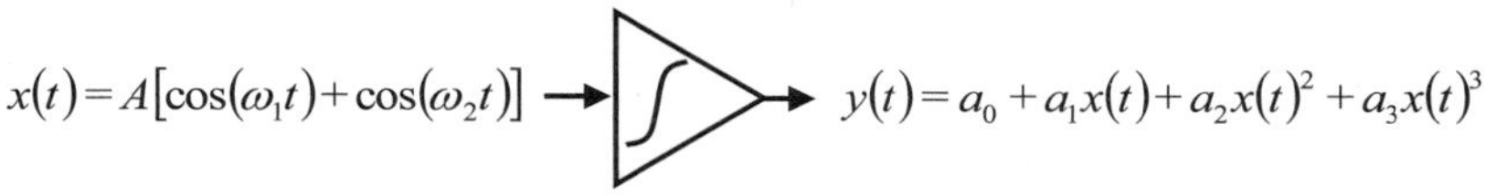

$x(t)=A[\cos(\omega_1 t)+\cos(\omega_2 t)]$ → $y(t)=a_0+a_1x(t)+a_2x(t)^2+a_3x(t)^3$

图2.23 双音测试

若ω_1和ω_2的差较小，则$2\omega_1-\omega_2$，$2\omega_2-\omega_1$频点处的三阶互调失真成分存在于ω_1和ω_2的旁边，成为问题。这样的互调失真成分难以用滤波器除去。基波延长线和三阶互调失真成分延长线的交点被称为三阶截点（$P_{IP3}=20\log$（OIP3）），如图2.24所示，由双音测试产生的基波和三阶互调失真成分延长线的交点（小信号分析）可以求得a_1和a_3的比。此处输入的基波成分振幅A很小时对线进行延长，振幅的三次方项则可以忽略。因此，用dB表示的输入参考三阶截点（Input-referred Third Order Intercept Point，IIP3）：

$$|a_1A_{IIP3}|=\left|\frac{3}{4}a_3A_{IIP3}^3\right|$$

从而有：

$$A_{IIP3}=\sqrt{\frac{4}{3}\left|\frac{a_1}{a_3}\right|}$$

而IIP3则为：

$$\text{IIP3}=20\log(A_{IIP3})$$

接下来求P_{1dB}和P_{IP3}的关系。将各式的定义式代入截点，得到：

$$\begin{aligned}
P_{IP3}&=\frac{3}{4}a_3\frac{4}{3}\left|\frac{a_1}{a_3}\right|\sqrt{\frac{4}{3}\left|\frac{a_1}{a_3}\right|}=\sqrt{\frac{4}{3}}\times\left(|a_1|\sqrt{\left|\frac{a_1}{a_3}\right|}\right)\\
P_{1dB}&=10^{-\frac{1}{20}}\times a_1\sqrt{0.145\left|\frac{a_1}{a_3}\right|}=10^{-\frac{1}{20}}\times\sqrt{0.145}\times\left(|a_1|\sqrt{\left|\frac{a_1}{a_3}\right|}\right)\\
P_{IP3}&=P_{1dB}+10dB
\end{aligned} \tag{2.41}$$

当得到P_{1dB}的值之后，即可预估P_{IP3}的值比它大约10dB。

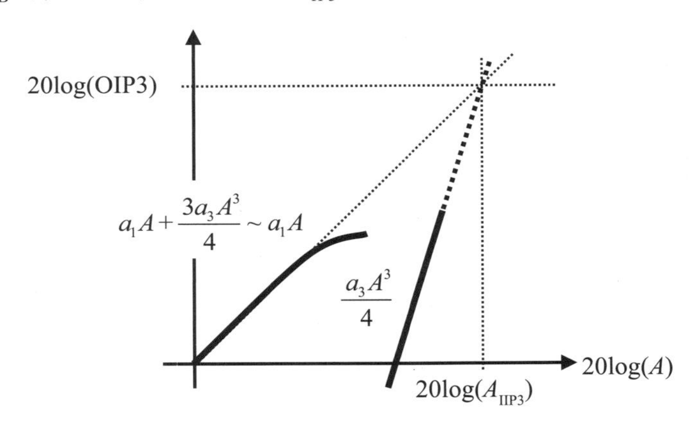

图2.24　IIP3和OIP3

如图2.25所示，考虑n级电路级联的接收机，可以得到各电路的增益和三阶截点（IIP3）。设定各自的G_k和IIP3_k（$k=1\sim n$），则接收机整体的三阶截点为：

$$\text{IIP3}_{\text{IN}}=\cfrac{1}{\cfrac{1}{\text{IIP3}_1}+\cfrac{G_1}{\text{IIP3}_2}+\cfrac{G_1G_2}{\text{IIP3}_3}+\cdots+\cfrac{G_1G_2\cdots G_{n-1}}{\text{IIP3}_n}} \tag{2.42}$$

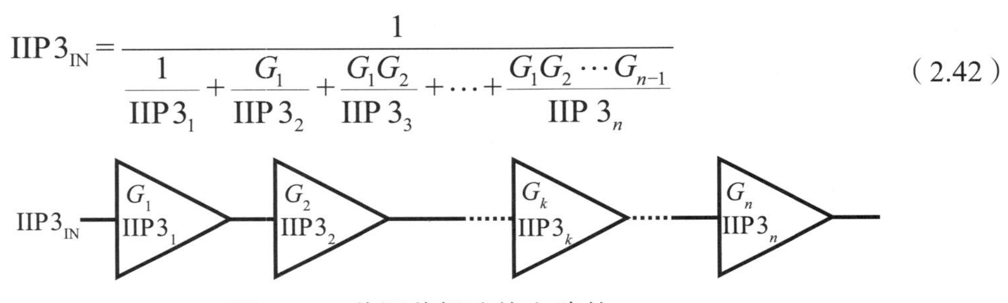

图2.25　共源共栅连接电路的IIP3

如上所述，具有非线性的放大电路，输入较大时，由于LNA的非线性，基波产生失真，在基波旁边产生互调失真，为了避免失真，需要调整增益。有一些增益可变的方法，如图2.26所示，有将LNA旁路掉，以及为使增益衰减而插入电阻等手段[8, 9]。

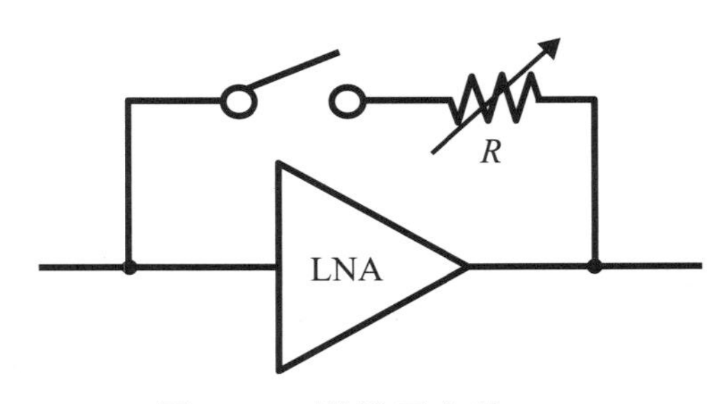

图2.26　增益可变的LNA

图2.27是一个2级组成的LNA，使得2级差分放大器获得可变的增益[10]。增益可变是指，在信号旁路上添加的MOS开关所含电阻成分可以获得衰减的效果[12]。

2级组成的LNA方面，可以改变2级的增益，因此在不对输入匹配施加影响的条件下也可以做到增益调整。

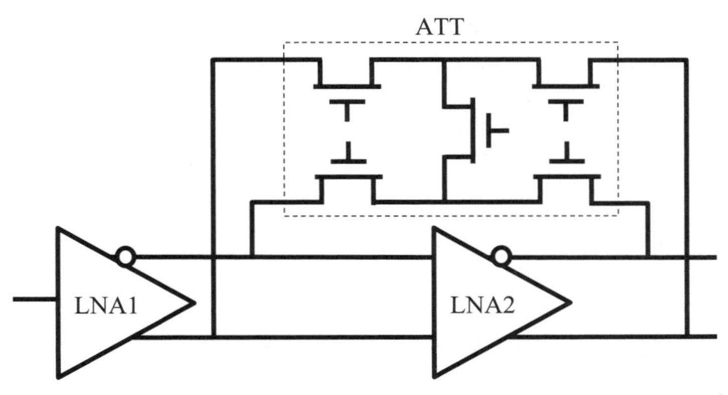

图2.27　2级组成的增益可变LNA

2.12　噪声消除型LNA

匹配电路一般由电感和电容组成，设计时希望所在频率附近的窄带范围内阻抗可以保持一致。因此，输入输出匹配低噪声放大器工作于窄带。与此相对，处理地面数字播放等宽带信号的系统则需要宽带的低噪声放大器。本节将介绍与噪声消除型宽带低噪声放大电路的设计方法相关的内容[11]。

噪声消除的原理如图2.28所示。此电路中，LNA输入部分的放大级（MOS器件）产生的噪声经反相合成之后，虽然信号源（天线输入）的噪声不能被消除，但可以降低对接收机整体的噪声系数有较大影响的LNA电路加性噪声。此外，这个电路没有在输入匹配中使用谐振电路，因此可以获得宽带的低噪声特性。

图2.28中，MOS器件的噪声电流i_{ni}通过反馈电阻R流动，端口X和Y的噪声电

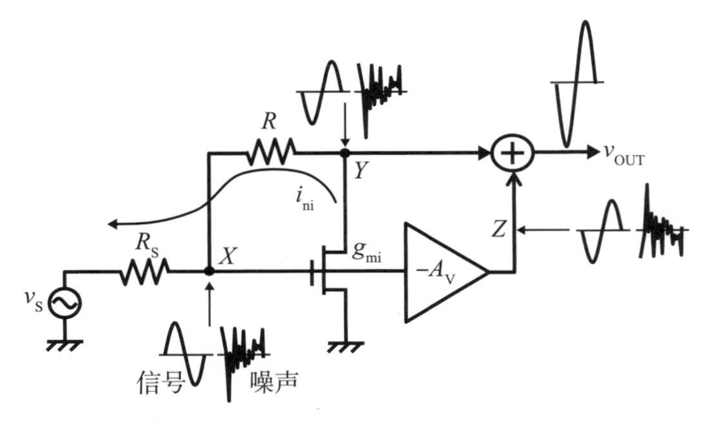

图2.28　噪声消除的原理

压则会变成同相位。另外，端口Z的噪声因为增益为$-A_V$而相位相反。如果Y端口和Z端口的噪声成分相位完全相反的话，合成的噪声成分为0。另一方面，输入信号因初级MOS器件而反相，端口X和Y上的信号相位反转，Y端口和Z端口的信号相位为同相，合成的输出功率为2倍。

设由输入电阻和LNA初级MOS的g_{mi}决定的噪声电流为$\alpha(R_S,\ g_m)\cdot i_{ni}$，则端口$X$及$Y$上的噪声成分$v_{X,\ ni}$，$v_{Y,\ ni}$为：

$$\begin{aligned} v_{X,ni} &= \alpha\left(R_S, g_{mi}\right)\cdot i_{ni} \times R_S \\ v_{Y,\ ni} &= \alpha\left(R_S, g_{mi}\right)\cdot i_{ni} \times\left(R_S + R\right) \end{aligned} \tag{2.43}$$

合成反相放大器的输出端Z和端口Y的噪声的输出信号$V_{OUT,\ ni}$则为：

$$v_{OUT,ni} = v_{Y,ni} - v_{X,ni} \times A_V = \alpha\left(R_S, g_{mi}\right)\cdot i_{ni} \times\left(R_S + R - A_V R_S\right) \tag{2.44}$$

使输出端的噪声成分为0则需要满足：

$$A_{V,c} = v_{Y,\ ni} / v_{X,\ ni} = 1 + R/R_S$$

另一方面，Y输出端的信号电压为$V_Y = (1-g_{mi}R)V_X$，合成的输出信号则为$v_{OUT} = (1-g_{mi}R)v_X - A_V v_X$。此时求输入匹配相关的条件，可以得到$Z_{IN} = 1/g_{mi} = R_S$。因此，将输入匹配和去噪声的条件代入，可以求得LNA的整体增益A_{VF}为：

$$A_{VF} = \frac{v_{OUT}}{v_X} = 1 - g_{mi}R - A_{V,c} = -g_{mi}R - \frac{R}{R_S} = -2\frac{R}{R_S} \tag{2.45}$$

由此，在满足输入匹配条件且将反馈电阻R设计得较大时，可以得到较高的LNA增益。

图2.29为反相放大合成电路的具体例子。在此电路中，LNA第二级反相放大增益A_V由$-g_{m2}/g_{m3}$给出，因为LNA整体的增益为：

$$A_{VF} = \frac{v_{OUT}}{v_X} = 1 - g_{mi}R - \frac{g_{m2}}{g_{m3}} \tag{2.46}$$

因此可以知道：

$$\frac{g_{m2}}{g_{m3}} = 1 + \frac{R}{R_S} \tag{2.47}$$

接下来求此电路的噪声系数。噪声系数F由初级输入电感匹配电路的噪声系数F_{MD}、反馈电阻的噪声系数F_R、反相合成噪声的反相放大器噪声系数F_A组成：

$$F = 1 + F_{MD} + F_R + F_A \tag{2.48}$$

初级电路的噪声为信号源电阻所产生的噪声成分和初级MOS管产生的噪声成分之比。将MOS器件的噪声成分$|i_{ni}|^2 = 4kT\gamma g_{mi}\Delta f$和匹配条件$1/g_{mi} = R_S$代入，则有：

$$\begin{aligned} F_{MD} &= \frac{\overline{v_{n,OUT}^2}}{A_{VF}^2 \overline{v_{R_S}^2}} = \frac{\overline{|i_{ni}^2|} R_L^2}{A_{VF}^2 \overline{v_{R_S}^2}} = \frac{4kT\gamma g_{mi}\Delta f \times (R_S + R - A_V R_S)^2}{A_{VF}^2 \times 4kTR_S\Delta f} \\ &= \gamma \frac{(R_S + R - A_V R_S)^2}{A_{VF}^2 \times R_S^2} \end{aligned} \tag{2.49}$$

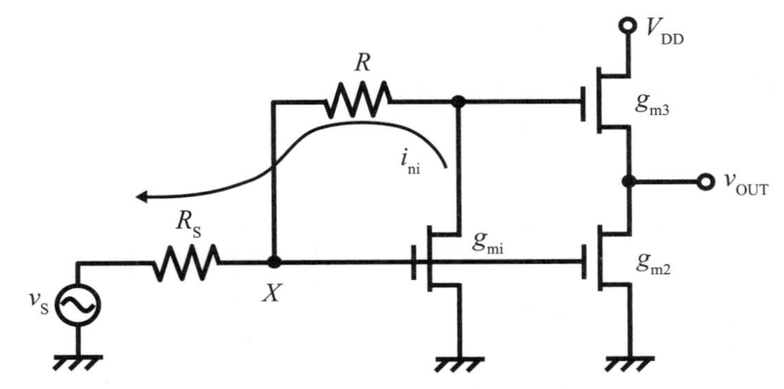

图2.29　信号/噪声成分的反相合成电路举例

此外，反馈电阻的噪声系数为：

$$F_R = \frac{1}{A_V - 1} = -\frac{2}{A_{VF}}$$

因为反相放大合成电路的等效输出电阻为$1/g_{m3}$，所以噪声系数F_A为：

$$\begin{aligned} F_A &= \frac{\overline{v_{O,M2}^2} + \overline{v_{O,M3}^2}}{A_{VF}^2 v_{R_S}^2} = \frac{\dfrac{4kT\gamma}{g_{m2}}\left[\left(\dfrac{g_{m2}}{g_{m3}}\right)^2 + \left(\dfrac{g_{m2}}{g_{m3}}\right)\right]}{4kTR_S A_{VF}^2} \\ &= \frac{\dfrac{\gamma}{g_{m2}}\left(A_V^2 + A_V\right)}{R_S A_{VF}^2} = \frac{\gamma}{g_{m2} R_S A_{VF}^2}\left[\left(1 + \frac{R}{R_S}\right) + \left(1 + \frac{R}{R_S}\right)^2\right] \\ &= \frac{\gamma}{g_{m2} R_S A_{VF}^2}\left\{1 + \frac{R}{R_S} + \left[1 + \frac{2R}{R_S} + \left(\frac{R}{R_S}\right)^2\right]\right\} = \frac{\gamma}{g_{m2} R_S A_{VF}^2}\left[2 + 3\frac{R}{R_S} + \left(\frac{R}{R_S}\right)^2\right] \\ &= \frac{\gamma}{g_{m2} R_S A_{VF}^2}\left(2 - \frac{3}{2}A_{VF} + \frac{1}{4}A_{VF}{}^2\right) = \frac{\gamma}{4 g_{m2} R_S A_{VF}^2}\left(8 - 6A_{VF} + A_{VF}{}^2\right) \end{aligned} \tag{2.50}$$

再然后，将噪声消除的条件$-A_{v,c}=v_{Y,ni}/v_{X,ni}=1+R/R_S$代入，可以得到：

$$F=1+\frac{R_S}{R}+\frac{\gamma}{4g_{m2}}\left(\frac{1}{R}+\frac{3}{R_S}+\frac{2R_S}{R^2}\right) \tag{2.51}$$

此处将$g_{m2}R_S$值调到极大，则噪声系数F：

$$F=1+\frac{R_S}{R} \tag{2.52}$$

通过以上结果可以得知，将反馈电阻设计得很大可以降低噪声系数。

图2.30为添加了偏置电路后的实际电路设计例子[11]。此例中LNA输入级由CMOS组成，偏置方面则是采用了使用PMOS管的电流镜电路。初级电路的输出端通过电容耦合进入第二级的反相放大电路。

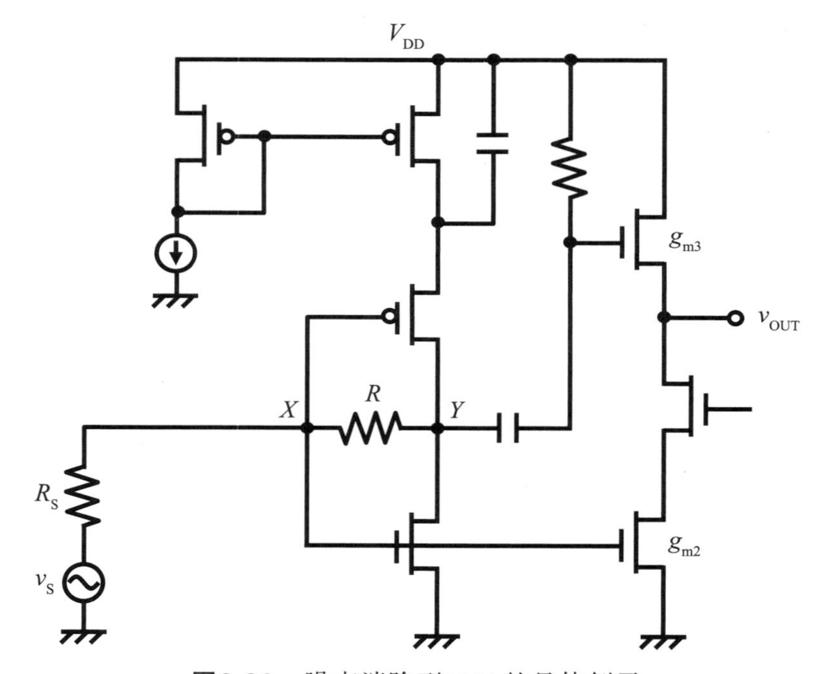

图2.30　噪声消除型LNA的具体例子

参考文献

[1] 岩井誠人, 前川泰之, 市坪信一. 電波伝搬. 朝倉書店.

[2] 守倉正博, 久保田周治. 改訂版802.11高速無線LAN教科書. インプレスR&D.

[3] "Bluetooth Core Specification v 5.0", Bluetooth SIG, Publication Date: Dec 062016.

[4] 式部幹, 田中公男, 橋本秀雄. 大学課程情報伝送工学. オーム社.

[5] 市川古都美, 市川裕一. 高周波回路設計のためのSパラメータ詳解. CQ出版.

[6] 松平健. 等価雑音源による回路雑音理論とスミスチャートによるその応用. 一般社団法人映像情報メディア学会. 1970, 24(5): 352-360.

[7] 橋口住久. 低周波ノイズ1fゆらぎとその測定法. 朝倉書店.

[8] 浅田邦博. 松津昭. アナログRFCMOS集積回路設計. 培風館.

[9] 黒田忠広. アナログCMOS集積回路の設計. 丸善出版.

[10] Tadashi Maeda, Noriaki Matsuno, Shinichi Hori, Tomoyuki Yamase, Takashi Tokairin, Kiyoshi Yanagisawa, Hitoshi Yano, Robert Walkington, Keiichi Numata, Nobuhide Yoshida, Yuji Takahashi, and Hikaru Hida, "A Low-power Dual-band Triple-mode WLAN CMOS Transceiver", IEEE Journalof Solid State Circuits, 2006, 41(11): 2481-2490.

[11] Federico Bruccoleri, Eric A. M. Klumperink, Bram Nauta, "Wide-Band CMOS Low-Noise Amplifier Exploiting Thermal Noise Canceling", Journal of Solid-State Circuits, 2004, 39(2): 275-282.

第3章
混频器

混频器（MIX）是实现在接收时把输入信号的频率从RF频段变换到基带频段（下变频：down-conversion），在发射时把频率从基带频带变换到RF频段（上变频：up-conversion）的功能的电路。本章就混频器的工作原理、电路结构以及设计上作为性能指标的镜像抑制度和跟噪声系数相关的下变频工作过程进行说明的同时，对最新的电路开发例子进行相关阐述。

3.1 频率变换的原理

关于混频器的工作原理，考虑频率不一样的两个余弦波信号输入到乘法电路就容易理解了。图3.1显示了作为输入信号的角频率为ω_{IN}的载波信号$S_{IN}(t)$（下面记为RF信号）和本地振荡器所产生的角频率为ω_{LO}的信号$LO(t)$（下面记为LO信号）所输入的乘法电路。

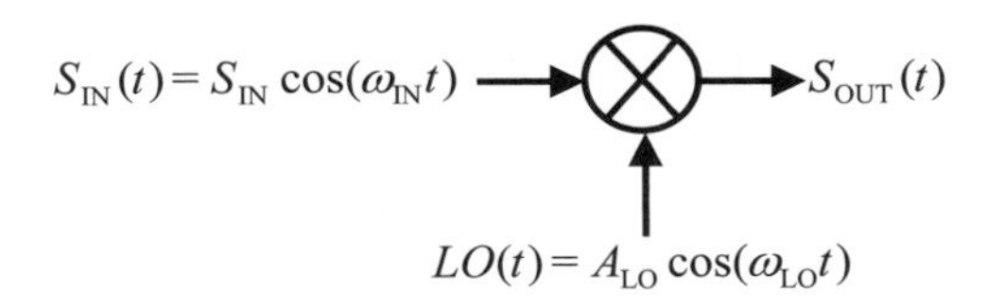

图3.1 MIX电路的工作

此处各个信号的振幅表示为S_{IN}和A_{LO}，则在输出端的两个信号的积$S_{OUT}(t)$中，如式（3.1）所示，输入信号的和以及差产生了对应的频率成分。我们将这种频率成分的产生过程称为频率变换。

$$\begin{aligned} S_{OUT}(t) &= S_{IN}(t)\times LO(t)=S_{IN}\cos(\omega_{IN}t)\times A_{LO}\cos(\omega_{LO}t) \\ &= S_{IN}\frac{A_{LO}}{2}\left[\cos(\omega_{IN}+\omega_{LO})t+\cos(\omega_{IN}-\omega_{LO})t\right] \end{aligned} \tag{3.1}$$

接收时使用低通滤波器获取低频率的差频信号，即进行所谓“下变频”的频率变换；而发射时则使用高通滤波器获取高频率成分的信号，即进行所谓“上变频”的频率变换。

RF信号上叠加了调制信号，载波频率和LO信号频率相同时，下变频得到的信号在去除了载波成分后，可以看作被称为基带的调制信号，进行这种频率变换的接收结构被称为直接下变频（direct conversion receiver，DCR）。另一方面，RF信号和LO信号的频率差与直接下变频不一样时，经过下变频之后的信号在被称为中频（intermediate frequency）的频带中进行变换。

这种频率变换到几MHz的方式被称为低IF（low-IF，LIF）方式，变换到几百MHz的方式则被称为超外差式（super-heterodyne，SHET）[1, 2]。设计接收机时，根据调制方式和载波频率选择什么样的方式是需要好好考虑的问题。

3.2 镜频信号

在图3.1所示的简单的混频器中，LNA输出端的RF信号频率与LO信号频率差的绝对值相同的话，则不管符号是正还是负，下变频得到的信号都会变换到相同的频带内。这个变换成与RF信号（期望波）相同频率的信号被称为镜频信号。一旦变换到相同的IF频带，后面就难以把它们分离，因此镜频信号的抑制变得非常重要。

图3.2说明了这种频率变换的情况。设RF信号（期望波）的角频率为ω_{IN}，LO信号的角频率为ω_{LO}，镜频信号的角频率与LO信号的频率差与RF信号和LO信号的频率差相同，因此可以表示为：$\omega_{IMG}=\omega_{IN}-2(\omega_{IN}-\omega_{LO})$。

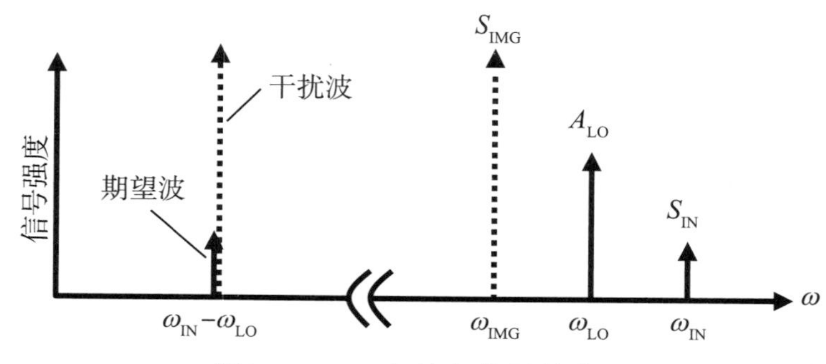

图3.2 MIX上镜频信号的产生

混频器将RF信号和镜频信号同时进行频率变换，因此输出$S_{OUT}(t)$为：

$$
\begin{aligned}
S_{OUT}(t) &= \left[S_{IN}\cos(\omega_{IN}t)+S_{IMG}\cos(\omega_{IMG}t)\right]\times A_{LO}\cos(\omega_{LO}t) \\
&= S_{IN}\frac{A_{LO}}{2}\left[\cos(\omega_{IN}+\omega_{LO})t+\cos(\omega_{IN}-\omega_{LO})t\right] \\
&\quad +S_{IMG}\frac{A_{LO}}{2}\left[\cos(\omega_{IMG}+\omega_{LO})t+\cos(\omega_{IMG}-\omega_{LO})t\right]
\end{aligned} \tag{3.2}
$$

此处使用高通滤波器除去高频成分，下变频得到的信号为：

$$
\begin{aligned}
S_{OUT}(t) &= \frac{A_{LO}}{2}\left[S_{IN}\cos(\omega_{IN}-\omega_{LO})t\right. \\
&\quad \left.+S_{IMG}\cos(\omega_{IN}-2\omega_{IN}+2\omega_{LO}-\omega_{LO})t\right] \\
&= \frac{A_{LO}}{2}(S_{IN}+S_{IMG})\cos(\omega_{IN}-\omega_{LO})t
\end{aligned} \tag{3.3}
$$

如此，镜频信号和RF信号变换到了同样的频率，从而难以区分。如图3.2所示，当镜频信号（干扰波）的强度比作为期望波的RF信号高出很多时，接收操作则无法完成。设计无线收发信机时，为了在这样的场合不让接收过程受到影响，必须降低下变频得到的镜频信号。作为对策，可以在混频器进行频率变换前的阶段设置除去来自镜频信号频带干扰波的带通滤波器。然而一般在高频段具有高频率选择性的声表面滤波器（surface acoustic waveguide filter，SAW）还不能适合集成化的趋势，这是另外一个课题了。

3.3 镜频抑制混频器

本节介绍获得期望波信号的同时抑制镜频的镜频抑制混频器（image rejection mixer，IRM）工作原理。如图3.3所示，镜频抑制混频器由混频器和LPF以及移相器组成的双系统电路进行输出合成得到，它们各自混频器输入的LO信号有90°相位差。这种结构不需要SAW滤波器，具有可以集成的优点。

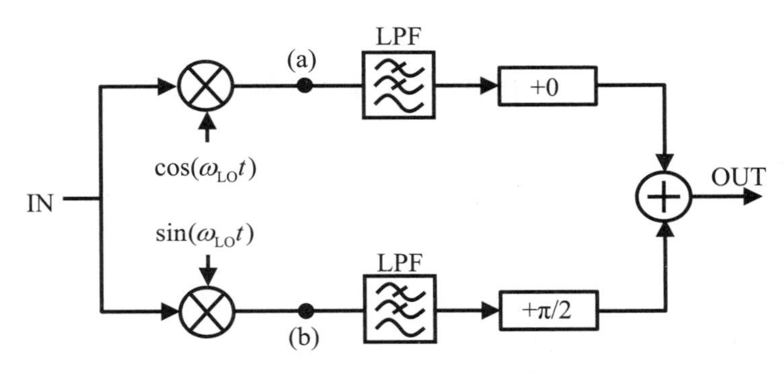

图3.3 镜频抑制混频器

这个电路中(a)点的输出为：

$$
\begin{aligned}
S_a(t) &= \left[S_{IN}\cos(\omega_{IN}t) + S_{IMG}\cos(\omega_{IMG}t)\right] \times A_{LO}\cos(\omega_{LO}t) \\
&= S_{IN}\frac{A_{LO}}{2}\left[\cos(\omega_{IN}+\omega_{LO})t + \cos(\omega_{IN}-\omega_{LO})t\right] \\
&\quad + S_{IMG}\frac{A_{LO}}{2}\left[\cos(3\omega_{LO}-\omega_{IN})t + \cos(\omega_{IN}-\omega_{LO})t\right]
\end{aligned} \tag{3.4}
$$

另一方面，(b)点的输出为：

$$
\begin{aligned}
S_b(t) &= \left[S_{IN}\cos(\omega_{IN}t) + S_{IMG}\cos(\omega_{IMG}t)\right] \times A_{LO}\sin(\omega_{LO}t) \\
&= S_{IN}\frac{A_{LO}}{2}\left[\sin(\omega_{IN}+\omega_{LO})t + \sin(\omega_{IN}-\omega_{LO})t\right] \\
&\quad + S_{IMG}\frac{A_{LO}}{2}\left[\sin(3\omega_{LO}-\omega_{IN})t - \sin(\omega_{IN}-\omega_{LO})t\right]
\end{aligned} \tag{3.5}
$$

用低通滤波器除去(b)点的高频输出成分，再进行90°相移，得到：

$$
S_b'\left(t+\frac{\pi}{2}\right) = \frac{A_{LO}}{2}(S_{IN} - S_{IMG})\cos(\omega_{IN} - \omega_{LO})t \tag{3.6}
$$

用低通滤波器除去(a)点的高频输出成分，再进行合成，得到：

$$
\begin{aligned}
S_a'(t)+S_b'\left(t+\frac{\pi}{2}\right) &= \frac{A_{LO}}{2}(S_{IN}+S_{IMG})\cos(\omega_{IN}-\omega_{LO})t \\
&\quad +\frac{A_{LO}}{2}(S_{IN}-S_{IMG})\cos(\omega_{IN}-\omega_{LO})t \\
&= S_{IN}A_{LO}\cos(\omega_{IN}-\omega_{LO})t
\end{aligned}
\tag{3.7}
$$

如此便得到了期望波的输出信号，它已经抑制了镜频信号。

3.4 镜频抑制度

若图3.3中镜频抑制混频器所输入的LO信号为具有相同的振幅，且相位差为90°的理想信号，则可以完全抑制镜频信号。然而实际上由于器件制造的工艺稳定性和寄生参数等的影响，理想值并不能达到，因此并不能完全抑制镜频。此残留的镜频信号与期望波信号之间的强度比则被称为镜频抑制度（image rejection ratio，IRR）。接下来我们从理论上求考虑器件工艺稳定性之后的镜频抑制度。

对于镜频抑制混频器，试着求一下sin信号相对于cos信号振幅比为$(1+\varDelta)$，相位偏移为δ(rad)时的各点信号。此外，鉴于频率变换时所生成的高频信号已被低通滤波器抑制，在以下的解析中将被省略描述。

在图3.3的回路中，(a)点的输出没有相位偏移和振幅偏移，因此：

$$
\begin{aligned}
S_a(t) &= \left[S_{IN}\cos(\omega_{IN}t)+S_{IMG}\cos(\omega_{IMG}t)\right]\times A_{LO}\cos(\omega_{LO}t) \\
&= \frac{A_{LO}}{2}(S_{IN}+S_{IMG})\cos(\omega_{IN}-\omega_{LO})t
\end{aligned}
\tag{3.8}
$$

(b)点的输出则考虑LO信号的振幅偏移和相位偏移，有：

$$
\begin{aligned}
S_b(t) &= \left[S_{IN}\cos(\omega_{IN}t)+S_{IMG}\cos(\omega_{IMG}t)\right]\times A_{LO}(1+\varDelta)\sin(\omega_{LO}t+\delta) \\
&= \frac{A_{LO}}{2}(1+\varDelta)\left\{S_{IN}\sin\left[(\omega_{IN}-\omega_{LO})t-\delta\right]-S_{IMG}\sin\left[(\omega_{IN}-\omega_{LO})t+\delta\right]\right\} \\
&= \frac{A_{LO}}{2}(1+\varDelta)(S_{IN}-S_{IMG})\cos\delta\sin(\omega_{IN}-\omega_{LO})t
\end{aligned}
\tag{3.9}
$$

对(b)点的输出进行90°相移，则有：

$$
S_b\left(t+\frac{\pi}{2}\right)=\frac{A_{LO}}{2}(1+\varDelta)(S_{IN}-S_{IMG})\cos\delta\cos(\omega_{IN}-\omega_{LO})t \tag{3.10}
$$

将它们进行合成，得到：

$$\begin{aligned}S_{\mathrm{OUT}}(t)&=S_{\mathrm{a}}(t)+S_{\mathrm{b}}\left(t+\frac{\pi}{2}\right)\\&=\frac{A_{\mathrm{LO}}}{2}(S_{\mathrm{IN}}+S_{\mathrm{IMG}})\cos(\omega_{\mathrm{IN}}-\omega_{\mathrm{LO}})t\\&\quad+\frac{A_{\mathrm{LO}}}{2}(1+\Delta)(S_{\mathrm{IN}}-S_{\mathrm{IMG}})\cos\delta\cos(\omega_{\mathrm{IN}}-\omega_{\mathrm{LO}})t\\&=\frac{A_{\mathrm{LO}}}{2}\left\{S_{\mathrm{IN}}\left[1+\cos\delta(1+\Delta)\right]\right.\\&\quad\left.+S_{\mathrm{IMG}}\left[1-\cos\delta(1+\Delta)\right]\right\}\cos(\omega_{\mathrm{IN}}-\omega_{\mathrm{LO}})t\end{aligned}\tag{3.11}$$

设混频器输入端期望波信号与镜频信号的功率比值为$S^2_{\mathrm{IMG}}/S^2_{\mathrm{IN}}$，输出端方面按同比例进行相除后，得到镜频抑制度的定义：

$$\begin{aligned}IRR&=\left|\frac{1-(1+\Delta)\cos\delta}{1+(1+\Delta)\cos\delta}\right|^2=\left|\frac{1-2(1+\Delta)\cos\delta+(1+\Delta)^2\cos^2\delta}{1+2(1+\Delta)\cos\delta+(1+\Delta)^2\cos^2\delta}\right|\\&\approx\left|\frac{1-2(1+\Delta)\cos\delta+(1+\Delta)^2}{1+2(1+\Delta)\cos\delta+(1+\Delta)^2}\right|\end{aligned}\tag{3.12}$$

从这个结构我们可以看到，镜频抑制度由（90° 相位差）正交信号的相位精度和振幅偏移决定。图3.4显示出了对应相位偏移和振幅偏移，镜频抑制度恶化的情况。完全控制正交信号的振幅以及相位较为困难，即使是在振幅偏移只有

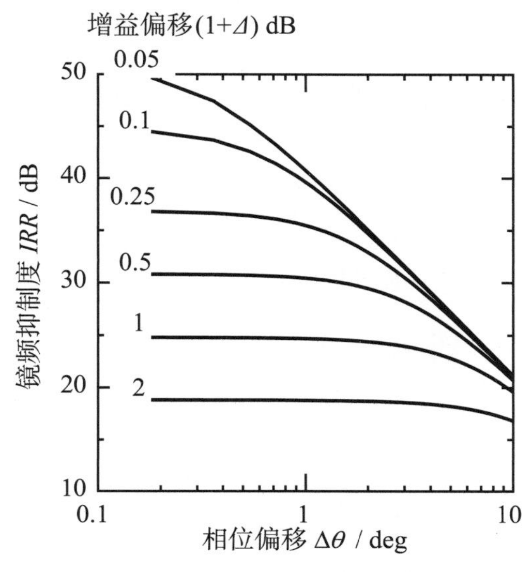

图3.4 对应相位及振幅偏移的镜频抑制度

0.5dB（约5%），且相位偏移只有2～3deg的情况下，镜频抑制度也已经恶化至30～35dB。另一方面，已有方案提出，通过在数字领域进行补偿，镜频抑制度可以提高到60dB左右[3,4]。

3.5　相位差π/2（90°）的信号产生电路

镜频抑制混频器中所需要的90°相位差产生电路，可通过多相滤波器和触发器得到，本节就此进行介绍。

3.5.1　多相滤波器

多相滤波器（polyphase filter）的基本结构如图3.5所示，由一阶低通滤波器（LPF）和一阶高通滤波器（HPF）组成。此电路中LPF的输出相位滞后于输入信号，HPF的输出相位超前于输入信号，如此实现了90°的相位差。

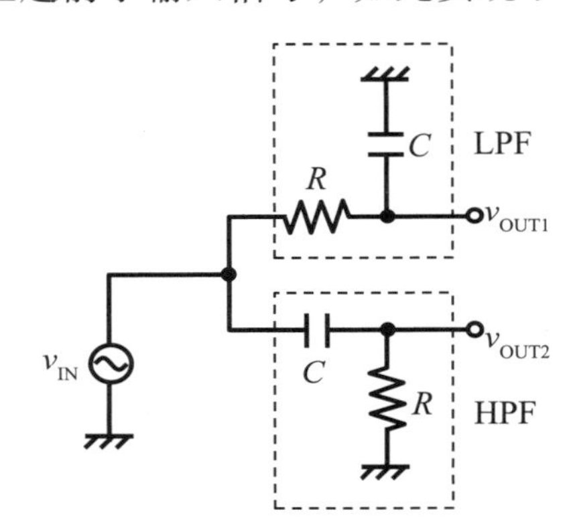

图3.5　多相滤波器基本组成

此时，针对角频率ω，LPF的输出振幅和相位可以由传递函数求得：

$$\left|H_{LPF}(\omega)\right| = \left|\frac{v_{OUT1}}{v_{IN}}\right| = \left|\frac{1}{1+j\omega CR}\right| = \frac{1}{\sqrt{1+(\omega CR)^2}}$$
$$\angle H_{LPF}(\omega) = \tan^{-1}(-\omega CR) \tag{3.13}$$

另一方面，HPF的输出振幅和相位为：

$$\left|H_{HPF}(\omega)\right| = \left|\frac{v_{OUT2}}{v_{IN}}\right| = \left|\frac{j\omega CR}{1+j\omega CR}\right| = \frac{\omega CR}{\sqrt{1+(\omega CR)^2}}$$
$$\angle H_{HPF}(\omega) = \tan^{-1}\left(\frac{1}{\omega CR}\right) \tag{3.14}$$

两路的相位差为：

$$\angle H_{\mathrm{LPF}}(\omega)-\angle H_{\mathrm{HPF}}(\omega)=\tan^{-1}(1/\omega CR)-\tan^{-1}(-\omega CR)=90^{\circ} \tag{3.15}$$

从这个结果可以知道，为了使用镜频抑制滤波器，对于振幅相同相位差为90°的信号，最好将电阻和电容值的积CR设定为RF角频率ω_0的倒数（$\omega_0=1/CR$）。

图3.6为此电路振幅和相位相对于归一化角频率（$\omega_0=1/CR$）的图形。上图表示振幅，下图表示相位，实线为LPF，虚线为HPF。

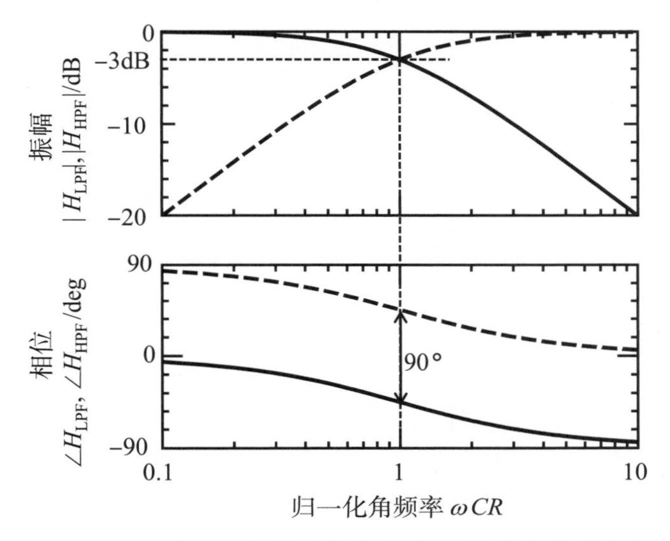

图3.6 LPF及HPF相位和振幅的归一化角频率依赖性

若为差分结构，则需要四个振幅相同、相位差互为90°的信号。此时，图3.7所示的多相电路结构比较适合。

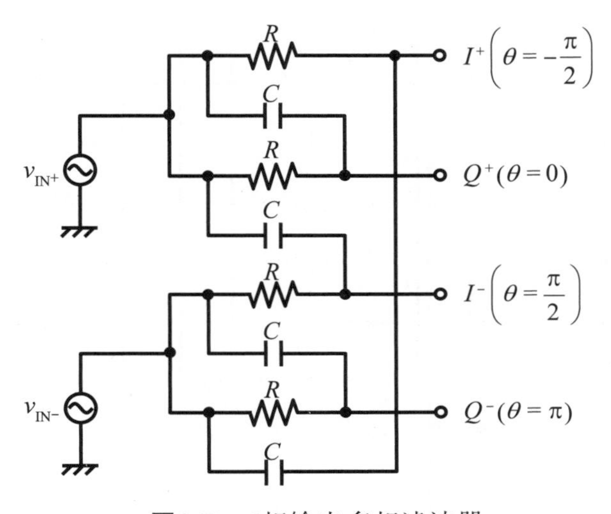

图3.7 4相输出多相滤波器

各输出振幅一定，角频率$\omega_0 = 1/CR$时的相位为：

$$\left|H_{\mathrm{I+}}(\omega)\right| = \left|\frac{v_{\mathrm{I+}}}{v_{\mathrm{IN+}}}\right| = \left|\frac{1-j\omega CR}{1+j\omega CR}\right| = 1$$
$$\angle H_{\mathrm{I+}}(\omega_0) = \tan^{-1}\left[\frac{-2\omega_0 CR}{1-(\omega_0 CR)^2}\right] = \tan^{-1}(-\infty) = -\frac{\pi}{2} \tag{3.16}$$

$$\left|H_{\mathrm{Q+}}(\omega)\right| = \left|\frac{v_{\mathrm{Q+}}}{v_{\mathrm{IN+}}}\right| = 1,\quad \angle H_{\mathrm{Q+}}(\omega) = 0 \tag{3.17}$$

$$\left|H_{\mathrm{I-}}(\omega)\right| = \left|\frac{v_{\mathrm{I-}}}{v_{\mathrm{IN+}}}\right| = \left|\frac{1-j\omega CR}{1+j\omega CR}\right| = 1$$
$$\angle H_{\mathrm{I-}}(\omega_0) = \tan^{-1}\left[\frac{2\omega_0 CR}{(\omega_0 CR)^2-1}\right] = \tan^{-1}(\infty) = \frac{\pi}{2} \tag{3.18}$$

$$\left|H_{\mathrm{Q-}}(\omega)\right| = \left|\frac{v_{\mathrm{Q-}}}{v_{\mathrm{IN+}}}\right| = 1,\quad \angle H_{\mathrm{Q-}}(\omega) = \pi \tag{3.19}$$

另一方面，集成电路上制作的电阻R和电容C的工艺稳定性误差相对较大，它们的积（即时间常数）变化会达到10%～20%。因此，在组成多相滤波器的场合，将具有不同时间常数的电路按照纵列进行多级连接，即便时间常数会变化，我们也可以得到所期望的性能。图3.8所示的例子为3级结构的多相滤波器[5]。

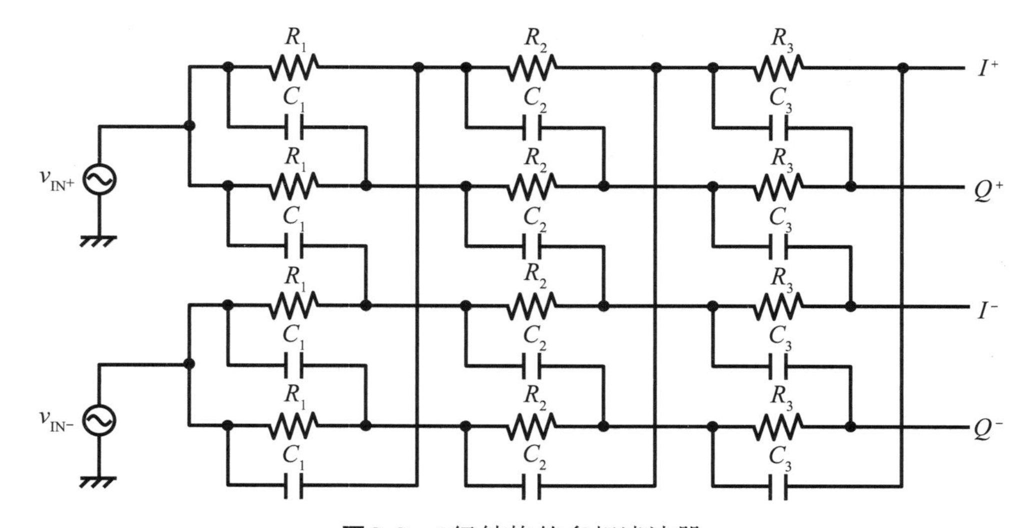

图3.8　3级结构的多相滤波器

3.5.2　使用触发器的电路

镜频抑制滤波器所需要的90° 相位差也可以利用图3.9(a)所示的触发器来产生得到。使用触发器来产生信号取决于时钟的时序相位，因而受器件变动的影响较小。另一方面，必须要有期望波频率的4倍（$4f_0$）的信号，且组成电路的触发器也需要能够进行4倍频率的高速时钟动作，这些都将成为问题。

相位差生成电路由2级纵列连接的1/2分频器和2级纵列连接的触发器组成。2级纵列连接的分频器将输入时钟信号进行1/4分频，因此，分频器输出端的频率为期望波的频率，后面连接的触发器使用4倍频率的时钟信号使输出滞后，从而产生90° 相位差。图3.9(b)为时钟信号和各电路输出的时序图。此外，在这个图中将触发器电路自身的滞后设为0，而实际上存在滞后，因此在电路设计中需要进行滞后补偿。

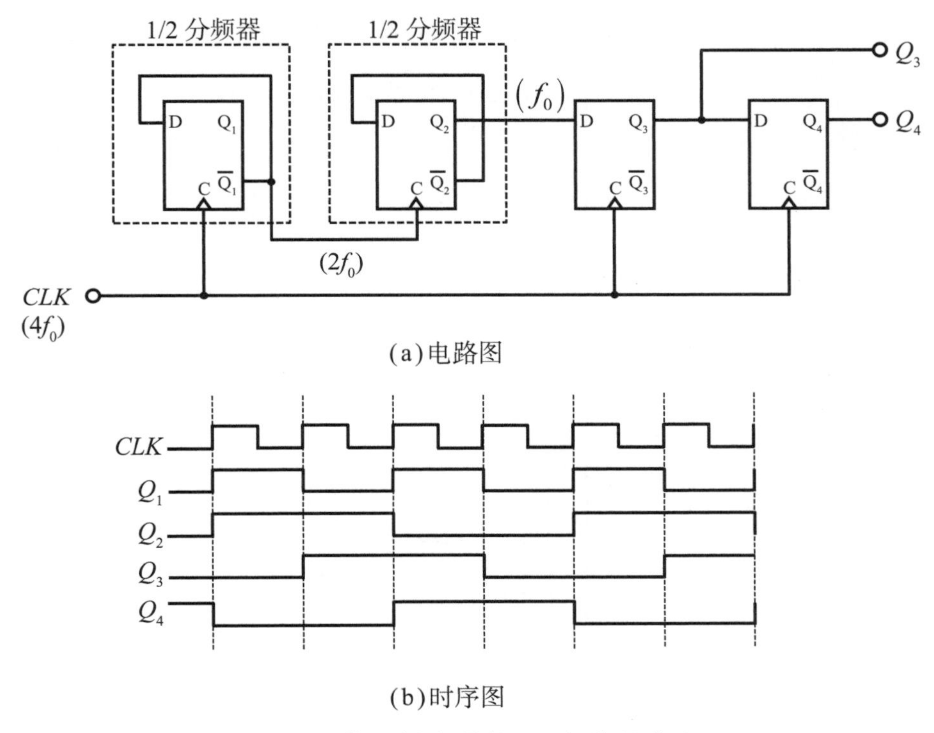

(a)电路图

(b)时序图

图3.9　使用触发器的90° 相位差产生

3.6　混频器的具体例子

混频器可分为不具备增益的无源混频器（passive mixer）和具备增益的有源混频器（active mixer）两类。有源混频器因具备增益，具有降低后级噪声影响的优点，但在强输入时由于信号失真会导致无法获得动态范围（dynamic range）的问题。而无源混频器因为增益在1以下，虽然具有易受后级噪声影响的问题，但动态范围较大，可以应用于后述的RF-BPF，近年来也多有被采用。本节对有源和无源混频器的结构特征进行相关阐述。

3.6.1　无源混频器

将受LO信号控制的MOS器件当作开关使用，则可构成无源混频器，如图3.10所示。假设输入信号为余弦波$S_{IN}(t) = S_0 + S_1\cos\omega_{IN}t$，其中直流成分为$S_0$，信号振幅为$S_1$，期望波的角频率为$\omega_{IN}$。

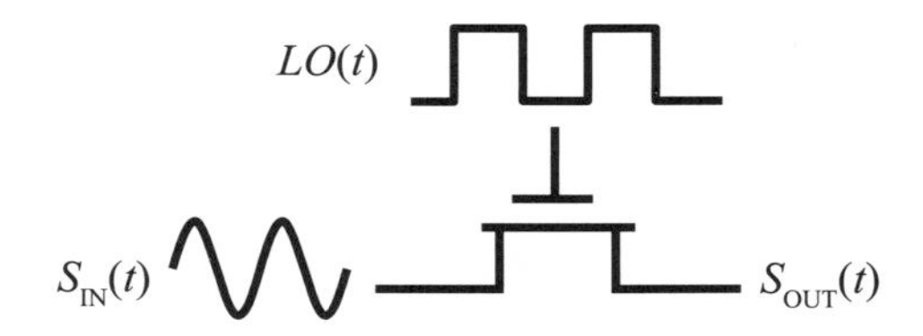

图3.10　输入矩形波LO信号的无源混频器

另一方面，设LO信号是振幅为1、基波频率为ω_{LO}、占空比为50%的矩形波，则它的系数可以由傅里叶级数展开得到：

$$LO(t)=\frac{1}{2}-\frac{2}{\pi}\sum_{n=1}^{\infty}(-1)^n\frac{\cos(2n-1)\omega_{LO}t}{2n-1} \tag{3.20}$$

此时输出$S_{OUT}(t)$为：

$$\begin{aligned}S_{OUT}(t)&=S_{IN}(t)LO(t)\\&=(S_0+S_1\cos\omega_{IN}t)\left[\frac{1}{2}-\frac{2}{\pi}\sum_{n=1}^{\infty}(-1)^n\frac{\cos(2n-1)\omega_{LO}t}{2n-1}\right]\\&=\frac{S_0}{2}+\frac{S_1}{2}\cos\omega_{IN}t+\frac{2}{\pi}S_0\cos\omega_{LO}t-\frac{2}{3\pi}S_0\cos3\omega_{LO}t+\cdots\\&\quad+\frac{S_1}{\pi}\left[\cos(\omega_{LO}+\omega_{IN})t+\cos(\omega_{LO}-\omega_{IN})t\right]+\cdots\end{aligned} \tag{3.21}$$

虽然LO信号输入的是矩形波，但混频器输出端已是RF信号和LO信号的频率和信号以及频率差信号$\cos(\omega_{RF}+\omega_{LO})t$，$\cos(\omega_{RF}-\omega_{LO})t$。而转换增益可以由输出振幅的系数$1/\pi$求得。在此结构中，输入信号和LO信号的频率成分不经过频率变换就出现在了IF输出端。此输出端出现的信号则称为RF-IF间泄漏，以及LO-IF间泄漏，在下变频方式中将会使得IF段的基带信号恶化，因此需要将其降低。另一方面，高阶频率成分$\cos 3\omega_{LO}t$与期望波信号相距较远因而没有影响，可以再通过滤波器等很容易地进行抑制。

接下来针对抑制泄漏的无源混频器，分单平衡无源混频器（single balanced mixer）和双平衡无源混频器（double balanced mixer）进行介绍。

1. 单平衡无源混频器

单平衡无源混频器的结构如图3.11所示，LO信号驱动的MOS开关和与其相位相反的LO信号驱动的MOS开关，两者互补工作，取其输出($S_{OUT,\ p}$, $S_{OUT,\ n}$)的差。此时若设输入信号及LO信号与图3.10相同，则输出为：

$$\begin{aligned}S_{OUT}(t)&=S_{IN}(t)\left[LO(t)-\overline{LO(t)}\right]=S_{IN}(t)\left[1-2\times LO(t)\right]\\&=\left(S_0+S_1\cos\omega_{IN}t\right)\left[\frac{4}{\pi}\sum_{n=1}^{\infty}(-1)^n\frac{\cos(2n-1)\omega_{LO}t}{2n-1}\right]\\&=\frac{4}{\pi}S_0\cos\omega_{LO}t+\frac{2}{\pi}S_1\left[\cos(\omega_{LO}+\omega_{IN})t+\cos(\omega_{LO}-\omega_{IN})t\right]+\cdots\end{aligned}\tag{3.22}$$

单平衡无源混频器从原理上来说不存在RF-IF间泄漏，与单一的开关结构比较，获得增益为其2倍。

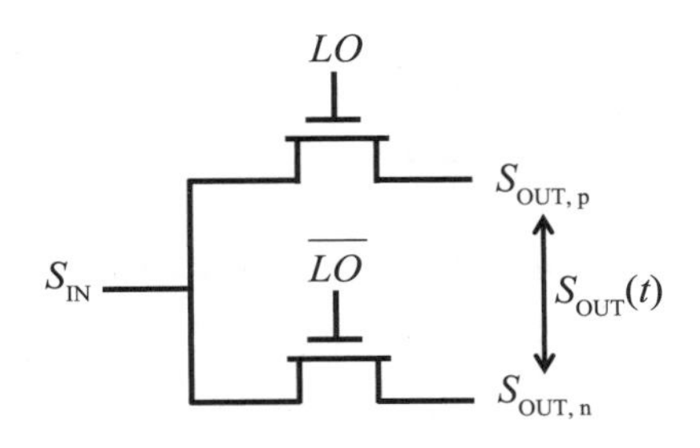

图3.11　单平衡无源混频器

2. 双平衡无源混频器

接下来对图3.12所示的双平衡无源混频器进行分析。

双平衡型混频器使用了2个单平衡混频器系统，将输入信号$S_{IN,\ p}$和相位相反的$S_{IN,\ n}$经各自的单平衡型混频器进行频率变换后，再进行合成得到。

对于相位相反的两个输入，它们的直流成分相等，交流成分的符号相反，可以用下式表示：

$$\begin{aligned}S_{IN,p}(t)&=S_0+S_1\cos\omega_{IN}t\\S_{IN,n}(t)&=S_0-S_1\cos\omega_{IN}t\end{aligned}\tag{3.23}$$

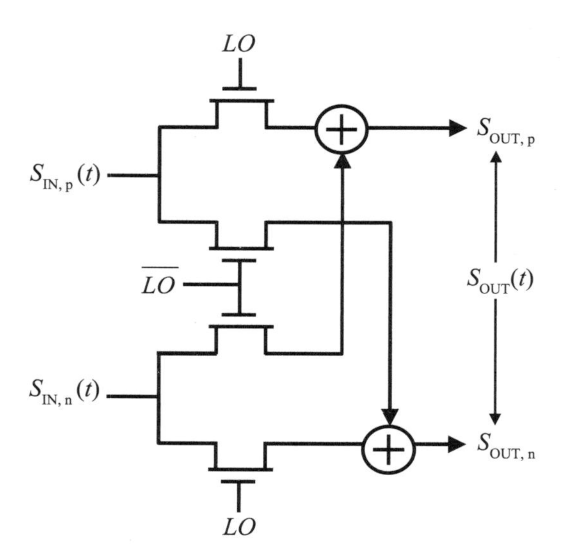

图3.12　双平衡无源混频器

各输入信号对应LO信号ON和OFF时的输出合成结果为：

$$\begin{aligned} S_{OUT}(t) &= S_{IN,p}(t)\left[LO(t)-\overline{LO(t)}\right]+S_{IN,n}(t)\left[\overline{LO(t)}-LO(t)\right] \\ &= \left[S_{IN,p}(t)-S_{IN,n}(t)\right]\times\left[1-2\times LO(t)\right] \\ &= \left(2S_1\cos\omega_{IN}t\right)\left[\frac{4}{\pi}\sum_{n=1}^{\infty}(-1)^n\frac{\cos(2n-1)\omega_{LO}t}{2n-1}\right] \end{aligned} \tag{3.24}$$

可以看到，混频器输出端也没有出现LO-IF间泄漏。此外，事实上器件的相对误差所造成的非对称性以及来自LO矩形波信号占空比50%的误差等将引起泄漏残余，通常被抑制在几个百分点以下。再者，此结构的增益变换为4/π，是单一开关结构的4倍。

3.6.2　无源混频器的噪声

混频器中，均匀存在于任何频带的热噪声也同时进行着频率变换。如前节所述，混频器中镜频信号带存在频率变换，此频带内的热噪声也同时向IF频带变换。此处，理想的混频器被假定为内部没有噪声。设RF信号的角频率为ω_{RF}，LO信号的角频率为ω_{LO}，它们的角频率差为ω_{IF}，则混频器进行下变频得到的角频率ω_{IF}输出信号中，会同时出现信号带的热噪声以及镜频带的热噪声（图3.13）。因此，输出端SNR恶化为1/2，没有内部噪声的理想混频器噪声系数为3dB，被称为单边带（single-sideband）噪声系数，期望波信号不管是出现于比LO信号频率高的地方还是出现于比LO信号频率低的地方，都只是仅仅存在于一边的频带内。

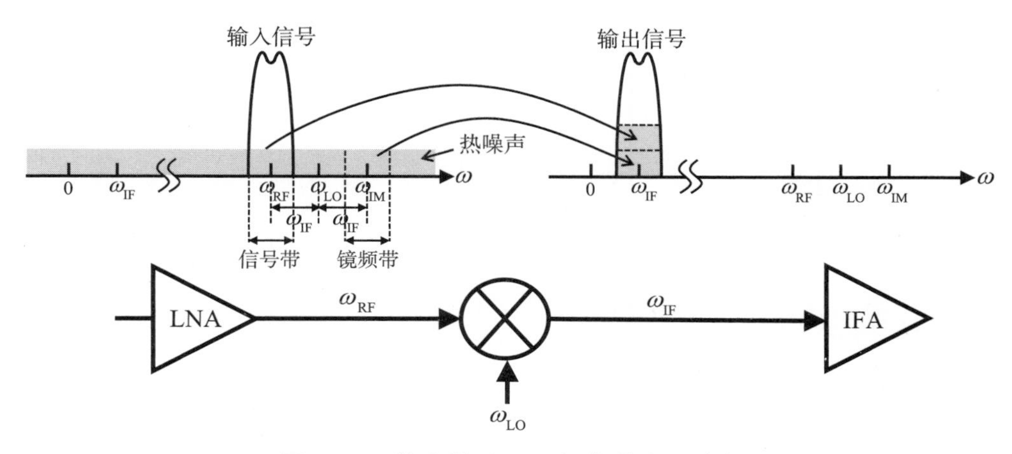

图3.13　单边带（SSB）热噪声下变频

另一方面，使用与RF信号频率相同的LO信号进行下变频时，只有信号带的信号和噪声进行频率变换，因此SNR不变，噪声系数为0dB，被称为双边带（double-sideband）噪声系数（图3.14）。

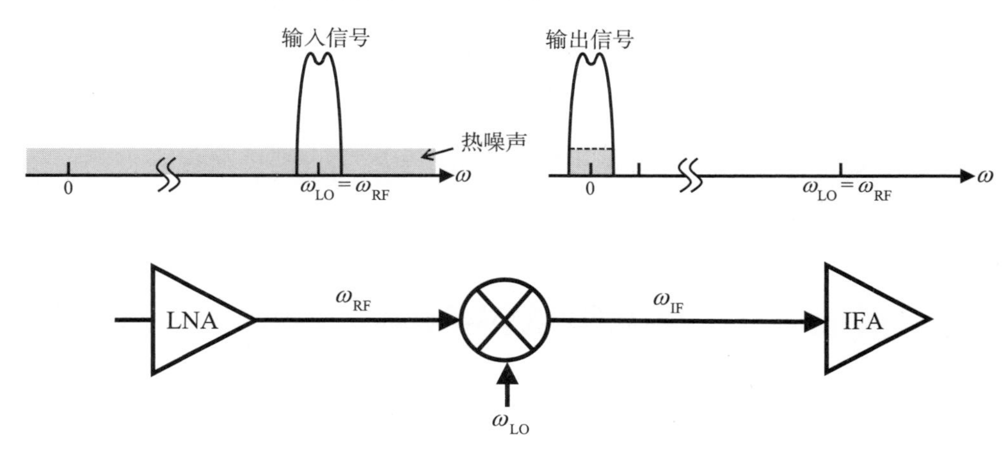

图3.14　双边带（DSB）热噪声下变频

接下来就混频器的内部噪声进行介绍。应该考虑的噪声成分为热噪声和闪烁噪声，无源混频器中没有DC电流流动，因而闪烁噪声（$1/f$噪声）很少。以下忽略闪烁噪声的影响，仅仅将热噪声作为无源混频器的噪声进行分析。

无源混频器中设LO信号是占空比为50%的矩形波，最初先考虑混频器内部不产生噪声的场合。假定输出端出现的热噪声仅仅为控制信号LO半周期时的信号源电阻R_S的热噪声，即将LO信号叠加到$2kTR_S$中。此处，连续且有区分的平滑信号在每单位时间内的平均功率可以用等于傅里叶系数平方和的Parseval等式来计算。于是，噪声功率为：

$$\begin{aligned}\overline{v_{\mathrm{n,OUT}}^2} &= 2kTR_\mathrm{S}\left[\frac{1}{2^2}+\frac{1}{2}\sum_{n=1}^{\infty}\left(\frac{2}{\pi}\frac{1}{2n-1}\right)^2\right]\\ &= 2kTR_\mathrm{S}\left[\frac{1}{2^2}+\frac{2}{\pi^2}\sum_{n=1}^{\infty}\frac{1}{(2n-1)^2}\right]\\ &= 2kTR_\mathrm{S}\left(\frac{1}{2^2}+\frac{2}{\pi^2}\frac{\pi^2}{8}\right) = kTR_\mathrm{S}\end{aligned} \tag{3.25}$$

如已介绍的那样，混频器中进行频率变换时，镜频频率的噪声成分也变换到了相同的频率，因此输出噪声为$2kTR_\mathrm{S}$。

接下来看图3.15所示的电路，受占空比为50%的LO信号驱动的无源混频器其开关的导通电阻为R_ON，输出端连接的负载电阻为R_L，计算其噪声。开关截止时的输出噪声为$2kTR_\mathrm{S}$，开关导通时的输出噪声则为$2kT$（$R_\mathrm{ON} // R_\mathrm{L}$），一个周期内总的输出噪声为：

$$\overline{v_{\mathrm{n,OUT}}^2} = 2kT\left(R_\mathrm{L}+\frac{R_\mathrm{ON}R_\mathrm{L}}{R_\mathrm{ON}+R_\mathrm{L}}\right) \tag{3.26}$$

负载电阻远大于开关导通时的电阻时（$R_\mathrm{ON}=R_\mathrm{L}$），则可简化为：

$$\overline{v_{\mathrm{n,OUT}}^2} = 2kTR_\mathrm{L} \tag{3.27}$$

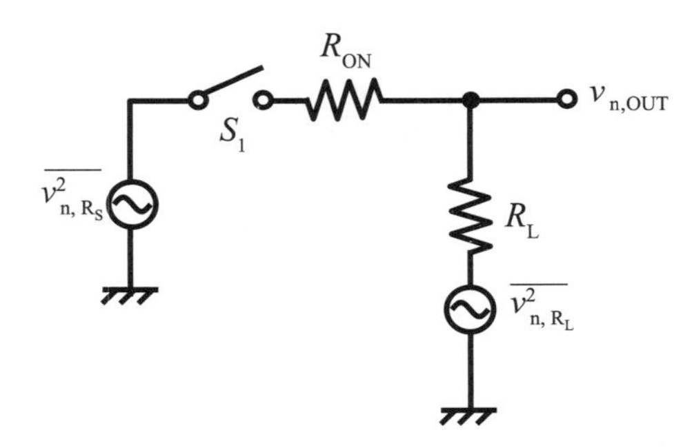

图3.15　计算无源混频器噪声的等效电路

50%占空比的LO信号所驱动的无源混频器其电压转换增益为1/π，将此电压的平方进行除法运算后可以求得输入参考噪声：

$$\overline{v_{\mathrm{n,IN}}^2} = \frac{2kTR_\mathrm{L}}{(1/\pi)^2} = 2\pi^2 kTR_\mathrm{L} \tag{3.28}$$

这个输入参考噪声已经增幅至R_L噪声功率$4kTR_L$的5倍左右。

负载电阻为2kΩ时的无源混频器输入参考噪声以及50Ω信号输入时的噪声系数可如下计算：

$$
\begin{aligned}
\sqrt{\overline{v_{n,IN}^2}} &= 2\pi^2 kTR_L = 12.8\left(\text{nV}/\sqrt{\text{Hz}}\right) \\
NF &= 10\log\left(1+\frac{\overline{v_{n,IN}^2}}{N_{in}}\right) = 10\log\left(1+\frac{2\pi^2 kTR_L}{4kTR_S}\right) \\
&= 10\log\left(1+\frac{\pi^2 R_L}{2R_S}\right) = 23(\text{dB})
\end{aligned}
\tag{3.29}
$$

当转换增益较低，负载电阻值较大时，NF值会变得非常大，因此前级LNA的增益需要尽可能大。

3.6.3　有源混频器的转换增益

图3.16为单平衡有源混频器的例子。此电路中，首先MOS器件M_1处先将输入信号电压变换为信号电流。变换得到的电流在差分对MOS器件M_2处改换路径，以负载阻抗Z_L上的差分电压输出的形式被获得。与无源混频器不同的是，单平衡有源混频器有以下两个优点：

（1）凭1级获得的增益可以降低后级噪声的影响。

（2）输入和输出可以隔离（isolation）。

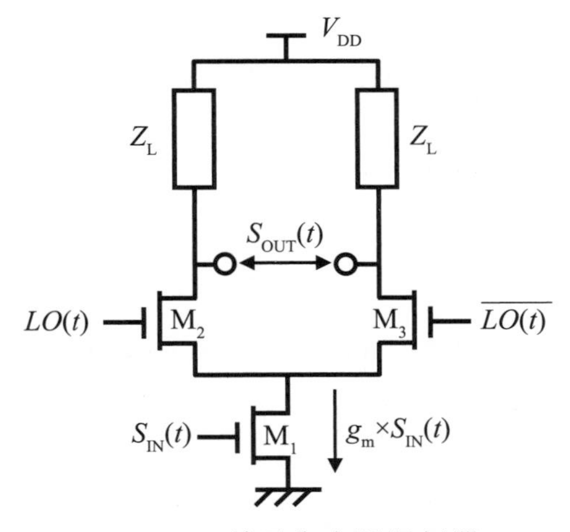

图3.16　单平衡有源混频器

与单平衡无源混频器的分析相同，输入电压$S_{IN}(t)$的直流成分为S_0，振幅为S_1，角频率为ω_{IN}，则流经MOS器件M_1的电流$i_{RF}(t)$为：

$$
\begin{aligned}
&S_{\mathrm{IN}}(t)=S_0+S_1\cos\omega_{\mathrm{IN}}t\\
&i_{\mathrm{RF}}(t)=g_{\mathrm{m1}}\times S_{\mathrm{IN}}(t)=g_{\mathrm{m1}}(S_0+S_1\cos\omega_{\mathrm{IN}}t)
\end{aligned}
\tag{3.30}
$$

此处g_{m1}为MOS器件M_1的跨导。

另一方面，在受LO信号控制的MOS器件对M_2和M_3处，将切换电流的开关函数以振幅为1、基波频率为ω_{LO}、占空比为50%的矩形波形式进行傅里叶级数展开，得到：

$$
S_{\mathrm{LO}}(t)=\frac{1}{2}-\frac{2}{\pi}\sum_{n=1}^{\infty}(-1)^n\frac{\cos(2n-1)\omega_{\mathrm{LO}}t}{2n-1}
\tag{3.31}
$$

输出电流$i_{\mathrm{OUT}}(t)$为：

$$
\begin{aligned}
i_{\mathrm{OUT}}(t)&=i_{\mathrm{RF}}(t)\left[S_{\mathrm{LO}}(t)-\overline{S_{\mathrm{LO}}(t)}\right]\\
&=i_{\mathrm{RF}}(t)\left[1-2\times S_{\mathrm{LO}}(t)\right]\\
&=g_{\mathrm{m}}(S_0+S_1\cos\omega_{\mathrm{IN}}t)\left[\frac{4}{\pi}\sum_{n=1}^{\infty}(-1)^n\frac{\cos(2n-1)\omega_{\mathrm{LO}}t}{2n-1}\right]\\
&=\frac{4}{\pi}g_{\mathrm{m1}}S_0\cos\omega_{\mathrm{LO}}t+\frac{2}{\pi}g_{\mathrm{m1}}S_1\left[\cos(\omega_{\mathrm{LO}}+\omega_{\mathrm{IN}})t\right.\\
&\quad\left.+\cos(\omega_{\mathrm{LO}}-\omega_{\mathrm{IN}})t\right]+\cdots
\end{aligned}
\tag{3.32}
$$

IF频率$\omega_{\mathrm{LO}}-\omega_{\mathrm{I}}$的输出电压成分为：

$$
V_{\mathrm{OUT}}(t)=\frac{2}{\pi}g_{\mathrm{m1}}Z_{\mathrm{L}}S_1\cos(\omega_{\mathrm{LO}}-\omega_{\mathrm{IN}})t
\tag{3.33}
$$

因此，此混频器的电压转换增益为：

$$
G=\frac{2}{\pi}g_{\mathrm{m1}}Z_{\mathrm{L}}
\tag{3.34}
$$

此外，此增益适用的条件为矩形波LO信号频率十分低，MOS器件的寄生电容和导线电容影响较小的场合。当计算工作频率较高时的转换增益时，为了较好地推测表达式，将差分对设想为完全导通和完全截止，单平衡混频器使用共源共栅连接的电路为好，如图3.17所示。此时设差分MOS源端的寄生电容为C_{P}，与工作角频率ω相关的C_{P}阻抗和从源端看到的MOS器件阻抗$1/g_{\mathrm{m2}}$按照比例将MOS器件M_1变换出的电流进行分流。

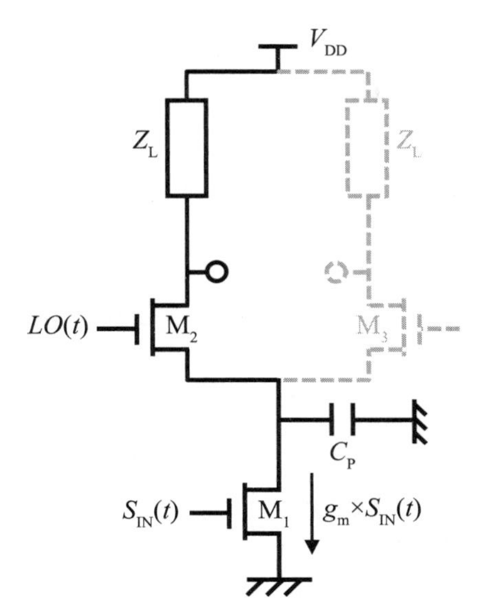

图3.17 单平衡有源混频器等效电路

根据此分流，流经M_2的电流为：

$$
\begin{aligned}
i_{M2}(t) &= \left| \frac{1/j\omega C_p}{1/g_{m2} + 1/j\omega C_p} \right| i_{RF}(t) \\
&= \left| \frac{g_{m2}}{j\omega C_P + g_{m2}} \right| i_{RF}(t) \\
&= \frac{g_{m2}}{\sqrt{\omega^2 C_P^2 + g_{m2}^2}} i_{RF}(t)
\end{aligned}
\tag{3.35}
$$

转换增益则为：

$$
G = \frac{2}{\pi} g_{m1} Z_L \frac{g_{m2}}{\sqrt{\omega^2 C_p^2 + g_{m2}^2}} \tag{3.36}
$$

接下来，将具体的数值代入，计算求得转换增益。假设工作频率为2.4GHz，负载电阻为2kΩ，MOS器件M_1，M_2的跨导分别为10mS，20mS，差分对源端的寄生电容为50fF，可以计算得到转换增益为22dB。此时可以知道，由于工作频率不高，差分对源端的寄生电容影响可以不加考虑。

3.6.4 有源混频器的噪声

若LO信号为矩形波，有源混频器的差分对完全进行开关动作的话，混频器可以按照图3.18所示的共源共栅电路形式进行分析。此时，差分对M_2的噪声由节点寄生电容的阻抗产生[1, 2, 6]。

因此可以求得输出端一侧的噪声：

$$\begin{aligned}\overline{v_{\mathrm{n,OUT}}^{2}} &= \frac{1}{2}\left(\overline{i_{\mathrm{n,M1}}^{2}}+\overline{v_{\mathrm{n,M2}}^{2}}C_{\mathrm{P}}^{2}\omega^{2}\right)R_{\mathrm{L}}^{2}+4kTR_{\mathrm{L}} \\ &= \frac{1}{2}\left(4kT\gamma g_{\mathrm{m1}}+\frac{4kT\gamma}{g_{\mathrm{m2}}}C_{\mathrm{P}}^{2}\omega^{2}\right)R_{\mathrm{L}}^{2}+4kTR_{\mathrm{L}}\end{aligned} \tag{3.37}$$

差分输出的噪声为此值的2倍。将输入参考噪声除以图3.17所求得的转换增益，则有：

$$\begin{aligned}\overline{v_{\mathrm{n,IN}}^{2}} &= \frac{\left(4kT\gamma g_{\mathrm{m1}}+\frac{4kT\gamma}{g_{\mathrm{m2}}}C_{\mathrm{P}}^{2}\omega^{2}\right)R_{\mathrm{L}}^{2}+8kTR_{\mathrm{L}}}{\frac{4}{\pi^{2}}g_{\mathrm{m1}}^{2}R_{\mathrm{L}}^{2}\frac{g_{\mathrm{m2}}^{2}}{C_{\mathrm{P}}^{2}\omega^{2}+g_{\mathrm{m2}}^{2}}} \\ &= \pi^{2}kT\left(1+\frac{C_{\mathrm{P}}^{2}\omega^{2}}{g_{\mathrm{m2}}^{2}}\right)\left(\frac{\gamma}{g_{\mathrm{m1}}}+\frac{\gamma C_{\mathrm{P}}^{2}\omega^{2}}{g_{\mathrm{m1}}^{2}g_{\mathrm{m2}}}+\frac{2}{g_{\mathrm{m1}}^{2}R_{\mathrm{L}}}\right)\end{aligned} \tag{3.38}$$

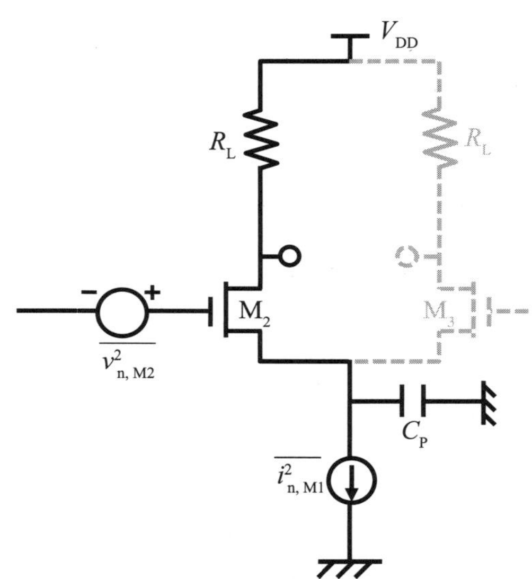

图3.18　有源混频器噪声分析的等效电路

若可以忽略寄生电容C_{P}的影响，则可以简化为：

$$\overline{v_{\mathrm{n,IN}}^{2}} = \pi^{2}kT\left(\frac{\gamma}{g_{\mathrm{m1}}}+\frac{2}{g_{\mathrm{m1}}^{2}R_{\mathrm{L}}}\right) \tag{3.39}$$

计算负载电阻为2kΩ，$\gamma=1$，$g_{\mathrm{m1}}=10\mathrm{mS}$时有源混频器的输入参考噪声以及50Ω信号输入时的噪声系数：

$$\sqrt{\overline{v_{\mathrm{n,IN}}^2}} = \pi\sqrt{kT\left(\frac{\gamma}{g_{\mathrm{m1}}} + \frac{2}{g_{\mathrm{m1}}^2 R_{\mathrm{L}}}\right)} = 2.1\left(\mathrm{nV}/\sqrt{\mathrm{Hz}}\right)$$

$$NF = 10\log\left(1 + \frac{\overline{v_{\mathrm{n,IN}}^2}}{N_{\mathrm{in}}}\right) = 10\log\left(1 + \frac{\overline{v_{\mathrm{n,IN}}^2}}{4kTR_{\mathrm{S}}}\right) = 8.1(\mathrm{dB}) \tag{3.40}$$

与无源混频器比较可知，*NF*有所改善，即使如此也是比较大的值，因此需要增大LNA的增益。

图3.19为双平衡有源混频器的例子，被称为吉尔伯特（Gilbertcell）型混频器[7]。用这个电路组成集成电路时，RF端与IF端之间，LO端与IF端之间的隔离可以实现40～60dB。此时，进行Layout设计时对器件配置要确保对称性，且需要考虑走线寄生电容。

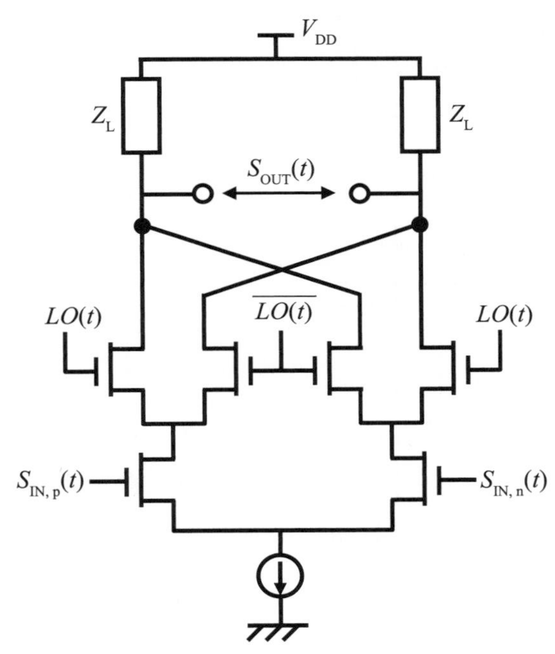

图3.19 双平衡有源混频器

3.7 谐波抑制混频器

混频器内输入矩形波LO信号时，LO信号所包含的很多高阶波成分和RF信号进行乘积计算的结果会出现在输出端。RF信号为窄带时，混频器频率变换所产生的RF信号和LO信号频率之和的信号$\cos(\omega_{\mathrm{RF}}+\omega_{\mathrm{LO}})t$以及更高阶的频率成分$\cos 3\omega_{\mathrm{LO}}t$等因为与期望波相差甚远，可以很容易地被滤波器等滤除。然而，美国所使用的TV用频率为48～860MHz，混频器所产生的成分变换到IF段时会成为干扰波。为解决这个问题，如图3.20(a)所示，可以抑制高阶波成分的谐波抑制混频器（harmonics rejection mixer）被提了出来[8, 9]。这个电路的输出端波形接近于正弦波，可以抑制奇次高阶波成分。矩形波LO信号，生成了相位分别为+45°，0°，−45°的三种不同信号，将它们的电流驱动能力加权分别设为1：$\sqrt{2}$：1，分别输入到并联的三个混频器中，它们的输出经叠加合成后近似于正弦波。若将相位差再减小，使叠加合成的LO信号数目再增加的话，则可以更加接近于正弦波。图3.20(b)则为等效的谐波抑制混频器。

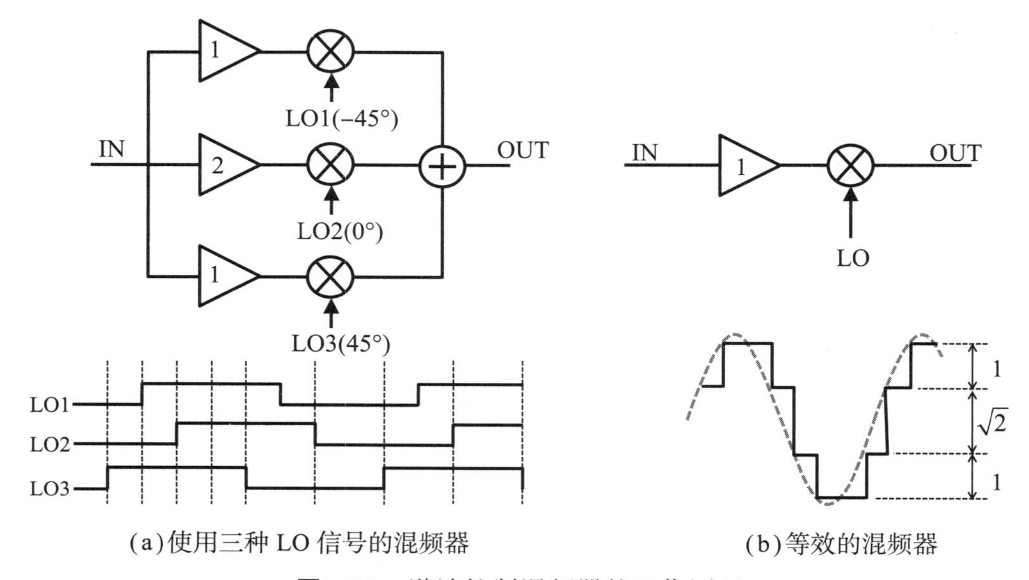

(a)使用三种LO信号的混频器　　(b)等效的混频器

图3.20　谐波抑制混频器的工作原理

图3.21为实现加权合成的混频器，采用差分结构。调整电流源电流值以及差分对MOSFET的栅极宽度使之与驱动能力加权相匹配。

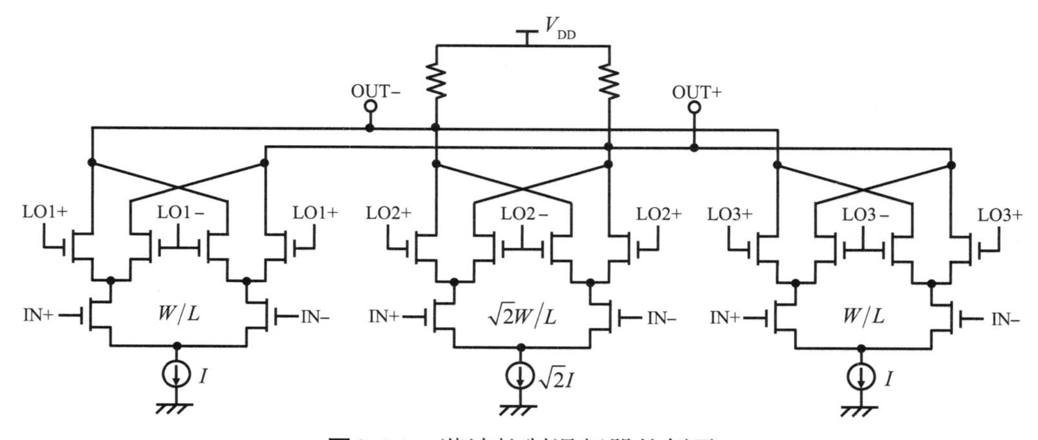

图3.21　谐波抑制混频器的例子

3.8 最新的混频器

接收机中有一项比较重要的性能指标——SFDR（spurious free dynamic range），表示不受非线性导致的高阶波成分（杂散）影响的信号动态范围。SFDR强烈依赖于电路的输出电压振幅，信号在LNA进行放大之后其SFDR受限于混频器的线性特性，此乃一大课题。再者，若将窄带LNA配置于接收机初级，则对应于软件无线电等需要并列放置几个频带的LNA。因此，接收机初级配置混频器，下变频之后再进行信号放大的电路结构（混频器优先架构：mixer first architecture）被提了出来[10, 11]。混频器优先架构中，下变频和干扰波滤除通过RF-BPF同时进行。图3.22为RF-BPF的结构例子。此电路为电压驱动开关电路且输入输出端为50Ω阻抗匹配下工作的混频器优先架构。

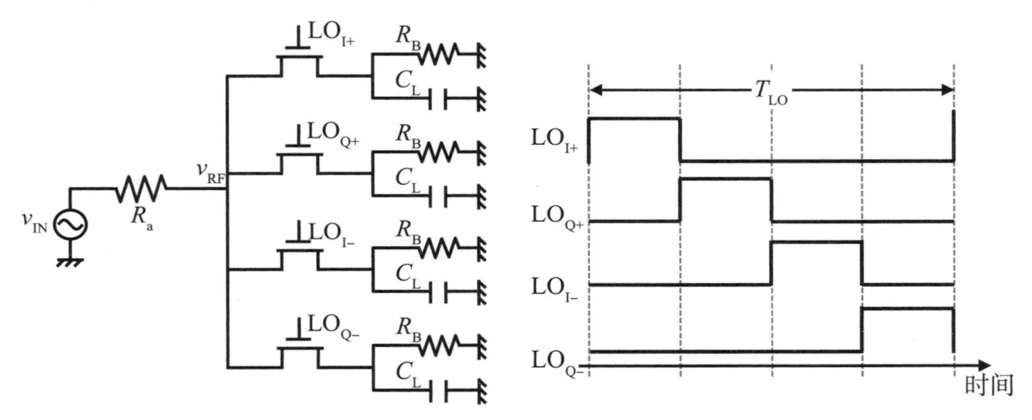

图3.22　占空比为25%的矩形波LO信号所控制的电压驱动无源混频器

另一方面，如图3.23所示，通过电流驱动，仅RF滤波就可以实现。

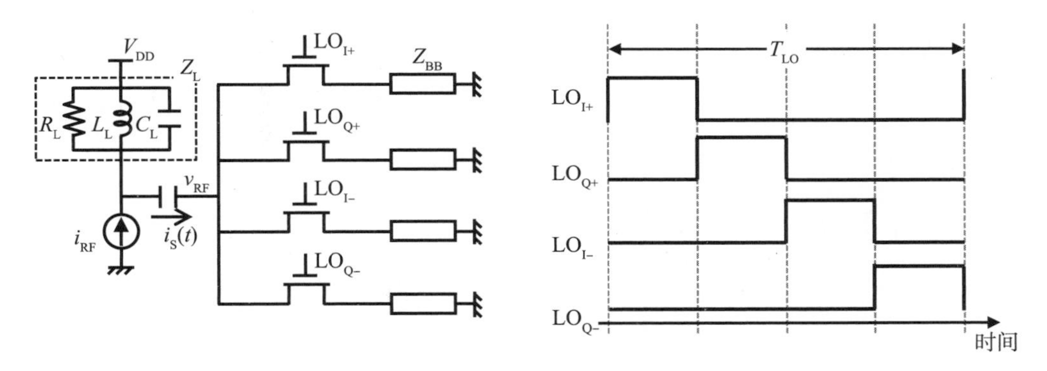

图3.23　占空比为25%的矩形波LO信号所控制的电流驱动无源混频器

为说明图3.23所示的电路滤波功能，使用25%占空比的4相矩形波驱动无源混频器，导出其输入阻抗。此时LO信号可以进行如下定义：

$$
\begin{aligned}
&S_{\mathrm{I+}}(t)=\begin{cases}1, & kT_{\mathrm{LO}}\leqslant t<\left(k+\dfrac{1}{4}\right)T_{\mathrm{LO}}\\[2ex] 0, & \left(k+\dfrac{1}{4}\right)T_{\mathrm{LO}}\leqslant t<(k+1)T_{\mathrm{LO}}\end{cases}\\
&S_{\mathrm{Q+}}(t)=S_{\mathrm{I+}}\left(t-\frac{T_{\mathrm{LO}}}{4}\right)\\
&S_{\mathrm{I-}}(t)=S_{\mathrm{I+}}\left(t-\frac{T_{\mathrm{LO}}}{2}\right)\\
&S_{\mathrm{Q-}}(t)=S_{\mathrm{I+}}\left(t-\frac{3T_{\mathrm{LO}}}{4}\right)
\end{aligned}
\tag{3.41}
$$

式中，k为整数。将这四个LO信号进行复数傅里叶级数展开：

$$
\begin{aligned}
&S_{\mathrm{I+}}(t)=\sum_{n=-\infty}^{n=+\infty}c_{n,\mathrm{I+}}e^{jn\omega_{\mathrm{LO}}t}=\sum_{n=-\infty}^{n=+\infty}\left[\frac{1}{4}e^{-j\frac{n\pi}{4}}\sin c\left(\frac{n\pi}{4}\right)\right]e^{-jn\omega_{\mathrm{LO}}t}=\sum_{n=-\infty}^{n=+\infty}a_n e^{jn\omega_{\mathrm{LO}}t}\\
&S_{\mathrm{Q+}}(t)=\sum_{n=-\infty}^{n=+\infty}c_{n,\mathrm{Q+}}e^{jn\omega_{\mathrm{LO}}t}=\sum_{n=-\infty}^{n=+\infty}e^{-j\frac{n\pi}{2}}a_n e^{jn\omega_{LO}t}\\
&S_{\mathrm{I-}}(t)=\sum_{n=-\infty}^{n=+\infty}c_{n,\mathrm{I-}}e^{jn\omega_{\mathrm{LO}}t}=\sum_{n=-\infty}^{n=+\infty}e^{-jn\pi}a_n e^{jn\omega_{LO}t}\\
&S_{\mathrm{Q-}}(t)=\sum_{n=-\infty}^{n=+\infty}c_{n,\mathrm{Q-}}e^{jn\omega_{\mathrm{LO}}t}=\sum_{n=-\infty}^{n=+\infty}e^{-j\frac{3n\pi}{2}}a_n e^{jn\omega_{LO}t}
\end{aligned}
\tag{3.42}
$$

无源混频器输入电流i_{RF}通过MOS开关进行下变频，可以得到基带电流$i_{\mathrm{BB,\,I\pm}}=S_{\mathrm{I\pm}}(t)i_{\mathrm{RF}}(t)$，$i_{\mathrm{BB,\,Q\pm}}=S_{\mathrm{Q\pm}}(t)i_{\mathrm{RF}}(t)$。

此电流流过基带阻抗$Z_{\mathrm{BB}}(t)$，可得到基带电压$V_{\mathrm{BB,\,I\pm}}=[S_{\mathrm{I\pm}}(t)i_{\mathrm{RF}}(t)]*Z_{\mathrm{BB}}(t)$，$V_{\mathrm{BB,\,Q\pm}}=[S_{\mathrm{Q\pm}}(t)i_{\mathrm{RF}}(t)]*Z_{\mathrm{BB}}(t)$。此处“*”表示卷积。另外，无源混频器输入输出间没有隔离，基带电压凭借MOS开关可以再度进行频率变换（上变频）。

上变频得到的$v_{\mathrm{RF}}(t)$通常由一个开关即可导通：

$$
\begin{aligned}
v_{\mathrm{RF}}(t)=R_{\mathrm{SW}}\times i_{\mathrm{RF}}(t)\\
&+S_{\mathrm{I+}}(t)\times\left\{\left[S_{\mathrm{I+}}(t)i_{\mathrm{RF}}(t)\right]*Z_{\mathrm{BB}}(t)\right\}\\
&+S_{\mathrm{Q+}}(t)\times\left\{\left[S_{\mathrm{Q+}}(t)i_{\mathrm{RF}}(t)\right]*Z_{\mathrm{BB}}(t)\right\}\\
&+S_{\mathrm{I-}}(t)\times\left\{\left[S_{\mathrm{I-}}(t)i_{\mathrm{RF}}(t)\right]*Z_{\mathrm{BB}}(t)\right\}\\
&+S_{\mathrm{Q-}}(t)\times\left\{\left[S_{\mathrm{Q-}}(t)i_{\mathrm{RF}}(t)\right]*Z_{\mathrm{BB}}(t)\right\}
\end{aligned}
\tag{3.43}
$$

为了求得此RF节点的电压频率特性，进行复数傅里叶变化：

$$\begin{aligned}&\Im\left\{S_{\mathrm{I+}}(t)*\left\{\left[S_{\mathrm{I+}}(t)i_{\mathrm{RF}}(t)\right]*Z_{\mathrm{BB}}(t)\right\}\right\}\\&=\Im\left\{\sum_{n=-\infty}^{n=+\infty}a_n e^{jn\omega_{\mathrm{LO}}t}\times\left\{\left[\sum_{n=-\infty}^{n=+\infty}a_n e^{jn\omega_{\mathrm{LO}}t}i_{\mathrm{RF}}(t)\right]*Z_{\mathrm{BB}}(t)\right\}\right\}\\&=\sum_{m=-\infty}^{m=+\infty}\sum_{n=-\infty}^{n=+\infty}a_m a_n I_{\mathrm{RF}}\left[\omega-(m+n)\omega_{\mathrm{LO}}\right]*Z_{\mathrm{BB}}(\omega-n\omega_{\mathrm{LO}})\end{aligned}\tag{3.44}$$

$$\begin{aligned}&\Im\left\{S_{\mathrm{Q+}}(t)\times\left\{\left[S_{\mathrm{Q+}}(t)i_{\mathrm{RF}}(t)\right]*Z_{\mathrm{BB}}(t)\right\}\right\}\\&=\sum_{m=-\infty}^{m=+\infty}\sum_{n=-\infty}^{n=+\infty}e^{-j\frac{(n+m)\pi}{2}}a_m a_n I_{\mathrm{RF}}\left[\omega-(m+n)\omega_{\mathrm{LO}}\right]*Z_{\mathrm{BB}}(\omega-n\omega_{\mathrm{LO}})\end{aligned}\tag{3.45}$$

$$\begin{aligned}&\Im\left\{S_{\mathrm{I-}}(t)\times\left\{\left[S_{\mathrm{I-}}(t)i_{\mathrm{RF}}(t)\right]*Z_{\mathrm{BB}}(t)\right\}\right\}\\&=\sum_{m=-\infty}^{m=+\infty}\sum_{n=-\infty}^{n=+\infty}e^{-j(n+m)\pi}a_m a_n I_{\mathrm{RF}}\left[\omega-(m+n)\omega_{\mathrm{LO}}\right]*Z_{\mathrm{BB}}(\omega-n\omega_{\mathrm{LO}})\end{aligned}\tag{3.46}$$

$$\begin{aligned}&\Im\left\{S_{\mathrm{Q-}}(t)\times\left\{\left[S_{\mathrm{Q-}}(t)i_{\mathrm{RF}}(t)\right]*Z_{\mathrm{BB}}(t)\right\}\right\}\\&=\sum_{m=-\infty}^{m=+\infty}\sum_{n=-\infty}^{n=+\infty}e^{+j\frac{(n+m)\pi}{2}}a_m a_n I_{\mathrm{RF}}\left[\omega-(m+n)\omega_{\mathrm{LO}}\right]*Z_{\mathrm{BB}}(\omega-n\omega_{\mathrm{LO}})\end{aligned}\tag{3.47}$$

式（3.43）可以变形为以下形式：

$$\begin{aligned}v_{\mathrm{RF}}(\omega)&=R_{\mathrm{SW}}\times i_{\mathrm{RF}}(\omega)+\sum_{m=-\infty}^{+\infty}\sum_{n=-\infty}^{+\infty}a_m a_n I_{\mathrm{RF}}\left[\omega-(m+n)\omega_{\mathrm{LO}}\right]*Z_{\mathrm{BB}}(\omega-n\omega_{\mathrm{LO}})\\&\quad+\sum_{m=-\infty}^{+\infty}\sum_{n=-\infty}^{+\infty}e^{-j(n+m)\pi}a_m a_n I_{\mathrm{RF}}\left[\omega-(m+n)\omega_{\mathrm{LO}}\right]*Z_{\mathrm{BB}}(\omega-n\omega_{\mathrm{LO}})\\&\quad+\sum_{m=-\infty}^{+\infty}\sum_{n=-\infty}^{+\infty}e^{-j\frac{(n+m)\pi}{2}}a_m a_n I_{\mathrm{RF}}\left[\omega-(m+n)\omega_{\mathrm{LO}}\right]*Z_{\mathrm{BB}}(\omega-n\omega_{\mathrm{LO}})\\&\quad+\sum_{m=-\infty}^{+\infty}\sum_{n=-\infty}^{+\infty}e^{+j\frac{(n+m)\pi}{2}}a_m a_n I_{\mathrm{RF}}\left[\omega-(m+n)\omega_{\mathrm{LO}}\right]*Z_{\mathrm{BB}}(\omega-n\omega_{\mathrm{LO}})\\&=R_{\mathrm{SW}}\times i_{\mathrm{RF}}(\omega)+\sum_{m=-\infty}^{+\infty}\sum_{n=-\infty}^{+\infty}a_m a_n I_{\mathrm{RF}}\left[\omega-(m+n)\omega_{\mathrm{LO}}\right]\\&\quad*Z_{\mathrm{BB}}(\omega-n\omega_{\mathrm{LO}})\left[1+(-1)^{n+m}+e^{-j\frac{(n+m)\pi}{2}}+e^{+j\frac{(n+m)\pi}{2}}\right]\\&=R_{\mathrm{SW}}\times i_{\mathrm{RF}}(\omega)+4\sum_{m=-\infty}^{+\infty}\sum_{n=-\infty}^{+\infty}a_m a_n I_{\mathrm{RF}}\left[\omega-(m+n)\omega_{\mathrm{LO}}\right]*Z_{\mathrm{BB}}(\omega-n\omega_{\mathrm{LO}})\end{aligned}\tag{3.48}$$

式中，$m+n=4k,\ k\in Z$。

此处$m+n=4$这一条件意味着，角频率为ω的正弦波RF电流输入时，RF端口的电压V_{RF}中，只出现了ω、$\omega \pm 4\omega_{LO}$、$\omega \pm 8\omega_{LO}$这样的4倍频成分，没有出现其他频率成分。这些频率成分与期望波的基波频率相差甚远，因而可以很容易地被滤波器滤除，不需要多加考虑。因此，仅仅关注$k=0$时的频率成分，则有：

$$v_{RF}(\omega)=R_{SW}\times I_{RF}(\omega)+4\sum_{m=-\infty}^{+\infty}\sum_{n=-\infty}^{+\infty}a_m a_n I_{RF}(\omega)* Z_{BB}(\omega-n\omega_{LO}) \tag{3.49}$$

另外，因为：

$$\begin{aligned}\sum_{m=-\infty}^{+\infty}\sum_{n=-\infty}^{+\infty}a_m a_n &=\sum_{n=-\infty}^{+\infty}\sum_{k=-\infty}^{+\infty}a_n a_{4k-n}\\ &=\sum_{n=-\infty}^{+\infty}a_n a_{-n}\\ &=\sum_{n=-\infty}^{+\infty}\left[\frac{1}{4}e^{-j\frac{n\pi}{4}}\sin c\left(\frac{n\pi}{4}\right)\times\frac{1}{4}e^{+j\frac{n\pi}{4}}\sin c\left(-\frac{n\pi}{4}\right)\right]\\ &=\sum_{n=-\infty}^{+\infty}a_n a_n^*=\sum_{n=-\infty}^{+\infty}|a_n|^2\end{aligned} \tag{3.50}$$

于是：

$$v_{RF}(\omega)=R_{SW}\times I_{RF}(\omega)+4\sum_{m=-\infty}^{+\infty}\sum_{n=-\infty}|a_n|^2 I_{RF}(\omega)*Z_{BB}(\omega-n\omega_{LO}) \tag{3.51}$$

从RF端口看到的阻抗为：

$$\begin{aligned}Z_{RF}(\omega)&=R_{SW}+4\sum_{n=-\infty}^{+\infty}|a_n|^2 Z_{BB}(\omega-n\omega_{LO})\\ &=R_{SW}+\frac{1}{4}Z_{BB}(\omega)+\frac{2}{\pi^2}\left[Z_{BB}(\omega-\omega_{LO})+Z_{BB}(\omega+\omega_{LO})\right]\\ &\quad+\frac{1}{\pi^2}\left[Z_{BB}(\omega-2\omega_{LO})+Z_{BB}(\omega+2\omega_{LO})\right]\end{aligned} \tag{3.52}$$

因此，所关注频率成分的阻抗为：

$$Z_{RF}(\omega)=R_{SW}+\frac{2}{\pi^2}\left[Z_{BB}(\omega-\omega_{LO})+Z_{BB}(\omega+\omega_{LO})\right] \tag{3.53}$$

可以知道，该阻抗具备以ω_{LO}为中心角频率的滤波器特性，可以实现高Q值。

图3.24是25%占空比的2.4GHz矩形波LO信号所控制的BPF特性举例，可以看到实现了以2.4GHz为中心的高截止特性。此电路中，对驱动无源混频器的时

钟信号进行相位控制较为重要，时钟信号的波形和相位也会导致特性恶化。对于时钟信号的不完整性相关影响，其研究结果可参照参考文献［15］和参考文献［16］。

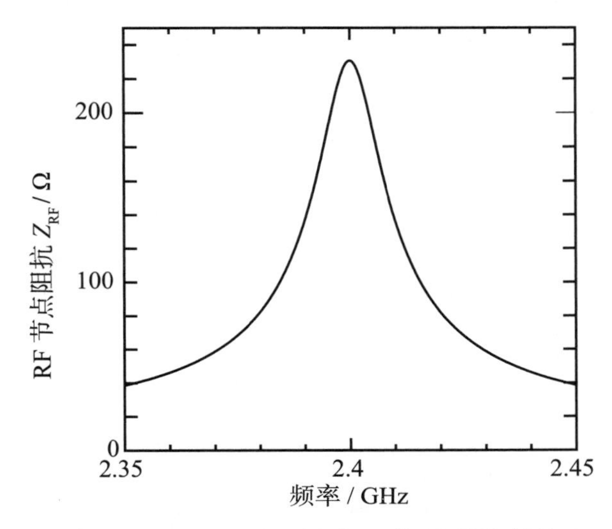

图3.24 25%占空比的2.4GHz矩形波LO信号所控制的BPF特性举例

参考文献

[1] 山黒田忠広. 第2版RFマイクロエレクトロニクス入門編. 丸善出版.

[2] Behzad Razavi. RF Microelectronics 2nd edition, McGraw-Hill International Edition, Electrical Engineering Edition.

[3] Youngjin Kim, Sangho Shin, and Kwyro Lee. Architecture and Algorithm For High Precision Image Rejection and Spurious Rejection Mixers Using Digital Compensation. 2002 IEEE MTT-S International Microwave Symposium Digest, WE2B-4, 2002, 709-802.

[4] Ediz Cetin, Izzet Kale and Richard C. S. Morling. ADAPTIVE SELF CALIBRATING IMAGE REJECTION RECEIVER. 2004 IEEE International Conference on Communications, 2004, 2731-2735.

[5] Farbod Behbahami. Yoji Kishigami, John Leete, and Asas A. Abidi. CMOS Mixers and Polyphase Filters for Large Image Rejection. IEEE Journal of Solid-State Circuits, 2001, 36(6): 873-886.

[6] Manolis T. Terrovitis, and Robert G. Meyer. Noise in Current-Commutating CMOS Mixers. IEEE Journal of Solid-State Circuits, 1999, 34(6): 772-783.

[7] B. Gilbert. A precise four quadrant multiplier with subnanosecond response. IEEE Journal of Solid-State Circuits, 1968, SC-3(4): 365-373.

[8] Jeffrey A. Weldon, R. Sekhar Narayanaswami, Jacques C. Rudell, Li Lin, Masanori Otsuka, Sebastien Dedieu, Luns Tee, King-Chun Tsai, CheolWoong Lee, and Paul R. Gray. 1.75-GHz Highly Integrated Narrow-Band CMOS Transmitter with Harmonic-Rejection Mixers. IEEE Journal of SolidState Circuits, 2001, 36(12): 2003-2014.

[9] Supisa Lerstaveesin, Manoj Gupta, David Kang, and Bang-Sup Song. A48-860 MHzCMOS Low-IF Direct-Conversion DTV Tuner. IEEE J of Solid-state Circuits, 2008, 43(9): 2013-2024.

[10] Caroline Andrews and Alyosha C Molnar. A Passive-Mixer-First Receiver with Baseband-Controlled RF Impedance Matching, < 6dB NF, and > 27dBm Wideband IIP3. Digest of 2010 IEEE International Solid-State Circuits Conference, 2010, 46-47.

[11] Eric A.M. Klumperink, Hugo J. Westerveld and Bram Nauta. N-path filters and Mixer-First Receivers: A Review. 2017 IEEE Custom Integrated Circuits Conference, 2017.

[12] A. Mirzaei, H. Darabi, A. Yazdi, Z. Zhou, E. Chang, and P Suri. A65nm CMOS Quad-Band SAW-Less Receiver SoC for GSMlGPRS/EDGE. IEEE J of Solid-state Circuits, 2011, 46(4): 950-964.

[13] A. Mirzaei, H. Darabi, J. C. Leete, and Y. Chang. Analysis and Optimization of Direct Conversion Receivers With 25% Duty-Cycle Current-Driven Passive Mixers. IEEE Trans. on Circuits and Systems-I, 2010, 57(9): 2353-2366.

[14] A. Mirzaei, H. Darabi, J. C. Leete, X. Chen, K. Juan, and A. Yazdi. Analysis and Optimization of Current-Driven Passive Mixers in Narrowband DirectConversion Receivers. IEEE J of Solid-state Circuits, 2009, 44(10): 2678-2688.

[15] A. Mirzaei and H. Darabi. Analysis of Imperfections on Performance of 4-Phase Passive-Mixer-Based High-Q Bandpass Filters in SAW-Less Receivers. IEEE Trans. on Circuits and Systems-I, 2011,58(5): 879-892.

[16] Kazuki Kishida, Tadashi Maeda. Simple, Analytical Expressions of an Effect of Local Signal Imperfections on 4-Phase Passive Mixer Based Bandpass Filter. IEEE Transactions on Circuits and Systems 1: Regular Papers, 2019, 66(1): 147-160.

第4章

压控振荡器

生成RF收发信机接收和发送时进行频率变换所需信号的压控振荡器（voltage controlled oscillator，VCO）即为本章将要阐述的内容。振荡器利用正反馈来实现振荡现象，其电路结构大致可分为将反相电路进行奇数级环形纵向连接的环形振荡器和利用LC并联谐振电路的LC振荡器。相比于环形振荡器，LC振荡器的振荡频率更稳定（相位噪声较低），因此常用于无线领域。本章针对LC振荡器设计的要点进行介绍。

4.1　LC振荡器的起振条件

对于LC并联电路，设电感值为L，电容值为C，角频率为ω，则$\omega^2 = 1/LC$成立时阻抗为无穷大，从而引起谐振现象（起振）。此时器件产生的热噪声里只有谐振频率成分得到放大，将其作为输出取出的电路即为起振电路。此外，谐振电路的电感和电容中储存有电磁能量，这种并联电路也被称为tank电路（tank circuit）。另一方面，各器件内部存在电阻成分造成的损耗，使得振荡衰减并最终停止振荡。为了让振荡器持续振荡，有必要添加消除此成分的负阻成分。

如图4.1所示，将电感和电容的电阻成分整体等效为电阻$R_{\text{tank}} = 1/g_{\text{tank}}$，将负阻成分设为$-R_{\text{active}} = -1/g_{\text{tank}}$，为了使振荡持续稳定，需要满足$\alpha \cdot g_{\text{tank}} < |-g_{\text{active}}|$的条件。$\alpha$为起振裕度，通常应设计为3～5。起振裕度较小时，器件特性误差和温度变化会导致无法起振，或是振荡无法稳定持续，这一点在电路设计时需要留意[1, 2]。

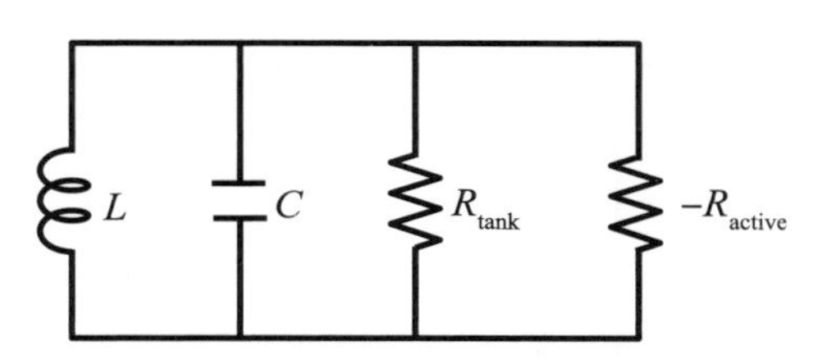

图4.1　LC振荡器的起振条件

接下来求LC谐振电路的电阻（损耗）成分。设电感的串联电阻为r_{L}，电容的串联电阻为r_{C}，图4.2(a)所示的电导Y可以通过电感的Q值$Q_{\text{L}} = \omega_{\text{L}}/r_{\text{L}}$，以及电容的$Q$值$Q_{\text{C}} = 1/\omega_{\text{C}} r_{\text{C}}$求得：

$$\begin{aligned} Y &= \frac{j\omega_{\text{C}}}{1 + j\omega_{\text{C}} r_{\text{C}}} + \frac{1}{r_{\text{L}} + j\omega_{\text{L}}} = \frac{j\omega_{\text{C}}}{1 + j/Q_{\text{C}}} + \frac{1}{r_{\text{L}}\left(1 + jQ_{\text{L}}\right)} \\ &= \frac{j\omega_{\text{C}} Q_{\text{C}}^{\ 2} + \omega_{\text{C}} Q_{\text{C}}}{Q_{\text{C}}^{\ 2} + 1} + \frac{1 - jQ_{\text{L}}}{r_{\text{L}}\left(1 + Q_{\text{L}}^{\ 2}\right)} \end{aligned} \tag{4.1}$$

此时若设定$Q_{\text{L}}^{\ 2}$，$Q_{\text{C}}^{\ 2} \gg 1$，则电导近似于：

$$Y \approx \frac{j\omega_{\text{C}} Q_{\text{C}}^{\ 2} + \omega_{\text{C}} Q_{\text{C}}}{Q_{\text{C}}^{\ 2}} + \frac{1 - jQ_{\text{L}}}{r_{\text{L}} Q_{\text{L}}^{\ 2}} = j\omega_{\text{C}} + \omega_{\text{C}}^2 r_{\text{C}} + \frac{r_{\text{L}}}{\omega_{\text{L}}^2} + \frac{1}{j\omega_{\text{L}}} \tag{4.2}$$

因此，图4.2(b)所示tank电路的等效电阻成分R_{tank}为：

$$R_{\text{tank}}=\left(\frac{1}{\omega^2C^2r_{\text{C}}}\right)//\left(\frac{\omega^2L^2}{r_{\text{L}}}\right)=\frac{\omega^2L^2}{\omega^4C^2L^2r_{\text{C}}+r_{\text{L}}} \tag{4.3}$$

此处代入谐振条件$\omega^2=1/LC$，得到：

$$R_{\text{tank}}=\frac{\frac{1}{LC}L^2}{r_{\text{C}}+r_{\text{L}}}=\frac{L}{C}\times\frac{1}{r_{\text{C}}+r_{\text{L}}} \tag{4.4}$$

维持振荡所需要的负阻如后所述可通过反馈电路来实现，而为了削减电路电流和抑制噪声电流，应该提高tank电路的等效电阻。从式（4.4）可以看到，电感值和电容值的比L/C设计得大一些比较好，但是由于电感的电阻成分和电感值成比例，因此无法做到将等效电阻提高到某种程度以上。另外，在数百Hz以上的高频段利用较高感值的电感时，电感的寄生电容也需要进入考虑范围。

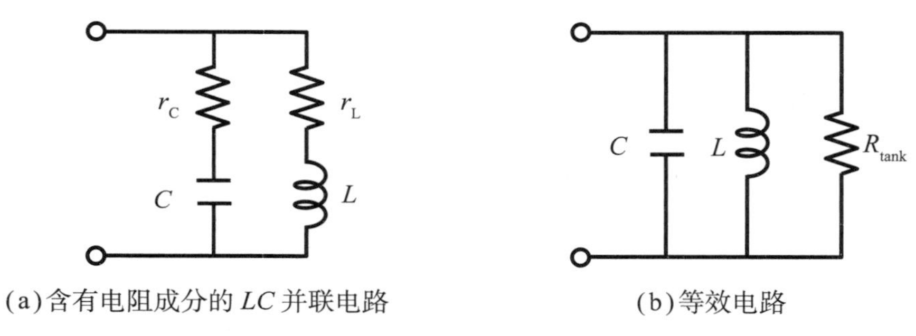

(a)含有电阻成分的 LC 并联电路　　(b)等效电路

图4.2　LC并联谐振电路的电阻成分

接下来从巴克豪森准则（Barkhausen criterion）出发求使用MOS器件的振荡电路的起振条件。图4.3所示的反馈电路根据此条件，增益在1以上，合成的相位偏移达到2π以上时输出因正反馈而引起振荡现象。比如说，传输系数$H(S)=-1$时，反馈电路的相位滞后为π，则合成的相位偏移为2π，从而满足振荡条件。

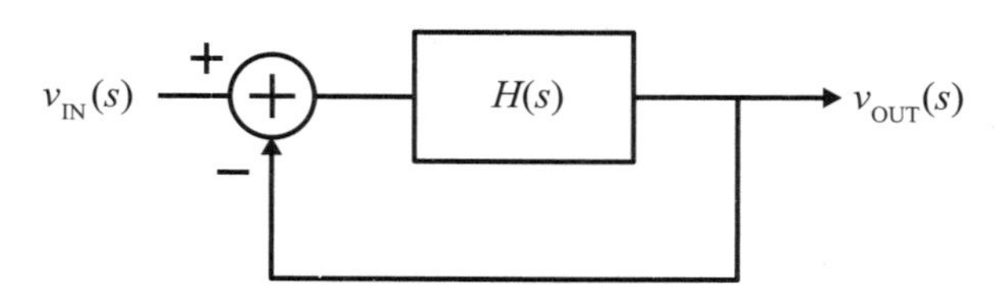

图4.3　反馈电路和起振条件

图4.4为使用MOS器件构成的反馈电路概念图。输出端接有tank电路，而MOS器件的栅极则有输出信号经反相后输入。此时流经MOS管的电流为$-g_{\text{m}}v_{\text{OUT}}$，从输出端看来就成了负阻。接下来求这个电路的起振条件。

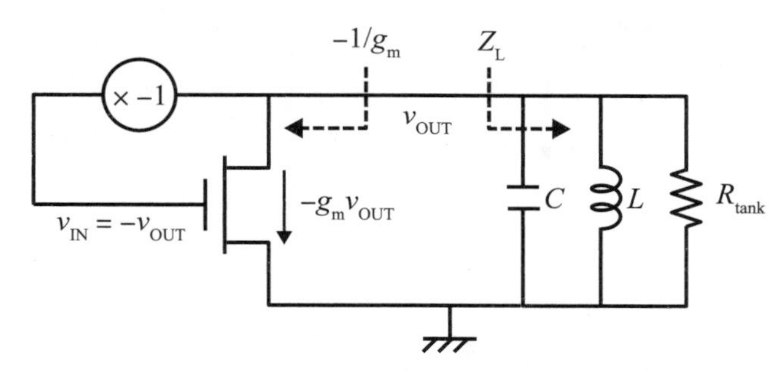

图4.4 使用MOS器件的负阻概念图

设tank电路的阻抗为$Z_L(\omega)$，设等效电阻为R_{tank}，则有：

$$Z_L(\omega)=\frac{j\omega LR_{tank}}{R_{tank}\left(1-\omega^2CL\right)+j\omega L} \tag{4.5}$$

此电路的开环增益A_V为：

$$A_V=\frac{v_{OUT}}{v_{IN}}=g_mZ_L(\omega)=\frac{g_m\left[j\omega LR_{tank}\left(1-\omega^2CL\right)+\omega^2L^2R_{tank}\right]}{R_{tank}\left(1-\omega^2CL\right)^2+\omega^2L^2} \tag{4.6}$$

此电路的起振条件可以从$g_mR_{tank}\geqslant 1$求得。在该式中代入谐振条件，可得：

$$g_m\geqslant\frac{\omega^4C^2L^2r_C+r_L}{\omega^2L^2}=\frac{C}{L}\left(r_C+r_L\right) \tag{4.7}$$

因为跨导g_m的倒数即为电阻成分，因此可以明白这与图4.2所述的起振条件相同。

接下来代入具体的数值，以谐振频率为2.4GHz的tank电路为例，选择电感参数L = 5nH、R_L = 9Ω，电容参数C = 0.88pF、R_C = 3.0Ω，为抵消tank电路等效电阻所必需的最小g_m为2mS，若起振裕度为5倍，则维持起振所需要的g_m为10mS。

接下来对半导体基板上所形成的电感电容特性以及等效电路相关的内容进行阐述。振荡频率为几GHz的振荡器中使用的电感需要有1nH ~ 几nH的电感值，而半导体基板上为了紧凑地形成电感，多会使用螺旋电感。图4.5为其等效电路，形成电感的金属走线电阻R_S与电感L_S串联连接。另外，C_S为螺旋电感走线间的电容。半导体基板的影响体现为在氧化膜电容C_{ox}上直接连接的C_{sub}和R_{sub}。对于这些实际值，可以将该结构进行三维电磁场仿真分析求得相关S参数，也可以与电路仿真求得的等效电路模型S参数进行比较拟合，算出结果。

此外，电磁场仿真也会因为分析空间的限制以及mesh数目的限制而显得不准确，最终还是需要通过TEG（test equipment group），以及拟合来确定模型参数。再者，高频模拟电路中所使用的高电阻Si基板上制作的螺旋电感Q值在10以下。其原因为基板的电阻率为10Ω/cm，基板寄生器件对电感特性（Q值）具有很大的影响。

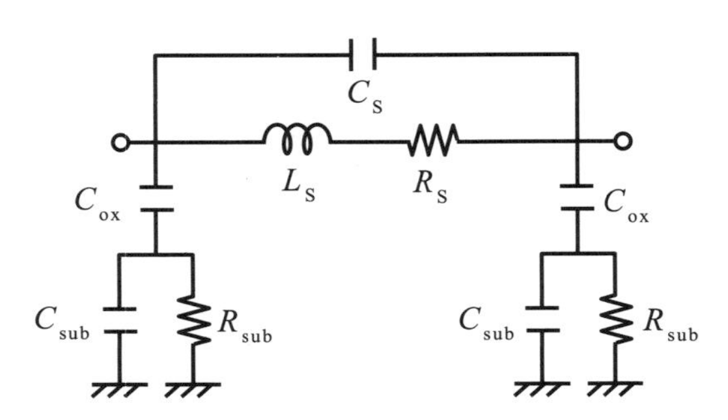

图4.5　螺旋电感的等效电路例子

另一方面，利用半导体基板上的走线层金属可以形成电容，举例来说，最上层和其下层走线的金属电极所夹氧化膜层可以形成MIM（metal-insulator-metal）结构的电容。此外，为了提高每单位面积的电容值，会存在为减小电极间距离而专门制造的MIM电容下层电极走线层。这种电容的等效电路例子如图4.6所示。与电容C_S串联连接的寄生电阻R_S为电极的电阻。再者，与电感的情况相同，基板的寄生效果主要出现在下层电极，使得等效电路成为左右不对称的电路（图中右侧为下层电极）。

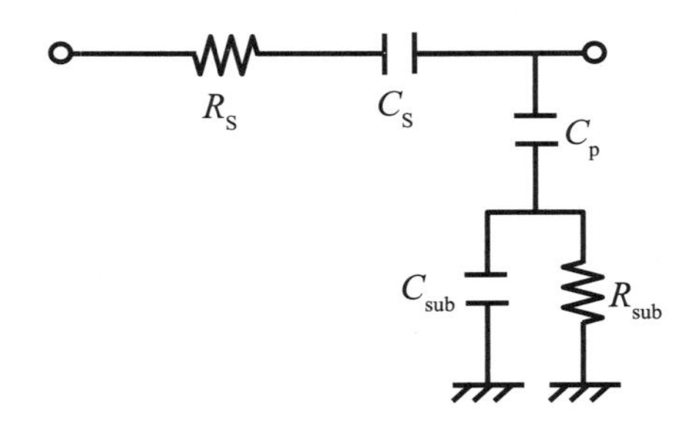

图4.6　MIM电容的等效电路例子

接下来对LC结构振荡器所必需的负阻产生电路进行相关阐述。图4.7为差分结构的栅极和漏极互相连接的交叉耦合电路。若MOS器件M_1的漏极电位上升Δv，则MOS器件M_2的漏极电流以MOS管的跨导g_m为比例增加$g_m\Delta v$。漏极电流一增加，（图中并未画出的）负载器件电位下降，从而导致M_2漏极电位的降低。若这个电路是以对称的方式工作，M_2的漏极电压降低Δv的话，M_1的漏极电流则减少$g_m\Delta v$。因此，差分端之间的电压$v_x = 2\Delta v$对应的电流i_x变化量，即电阻成分为：

$$\frac{v_x}{i_x}=\frac{2\Delta v}{-g_m\Delta v}=-\frac{2}{g_m} \tag{4.8}$$

这个值用于抵消tank电路的等效电阻成分，需要好好设计MOSFET的g_m值。

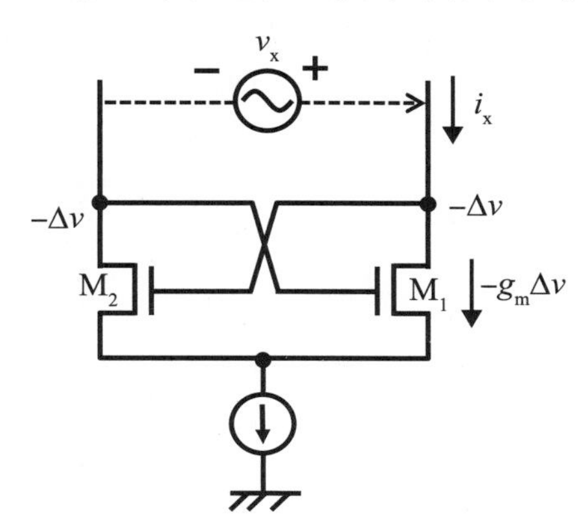

图4.7 使用交叉耦合MOS的负阻

4.2 相位噪声

LC-VCO的振荡频率会因构成振荡电路的器件所带噪声而变动，这种频率变动被称为相位噪声。式（4.9）为角频率ω_0和振幅V_0完全没变化的理想VCO输出$v(t)$：

$$v(t)=V_0\cos(\omega_0 t) \tag{4.9}$$

VCO因噪声而受到相位调制和幅度调制时，振荡器因正反馈而起振的话，考虑电压振幅输出最大为好[3]。无视幅度调制的成分，可以将其表示为：

$$v(t)=V_0\cos\left[\omega_0 t+\phi(t)\right] \tag{4.10}$$

此处$\phi(t)$为因噪声而产生的相位调制成分。接下来我们从理论上推导这个相位调制成分的解析式。首先假设相位调制是产生于tank电路的等效电阻（等效电导）产生的噪声。图4.8(a)示出了tank电路的等效电导G的噪声频率特性概念图。低频段由闪烁噪声支配而高频段只表现为热噪声的噪声成分。图4.8(b)示出了tank电路阻抗$Z_T(\omega)$的频率特性。谐振频率ω_0处阻抗为最大值R_{tank}，随着频率点远离谐振频率，阻抗值具有接近于0的特性。从这个特性可以预想到，图4.8(c)所示的热噪声只在谐振频率附近出现于输出端，其他频率处则会受到抑制。

如此，谐振频率附近的频率变动起因于热噪声，将噪声的大小以中心频率（谐振频率）的信号功率为标准进行归一化，可以表示相位噪声这一指标（图4.9）。

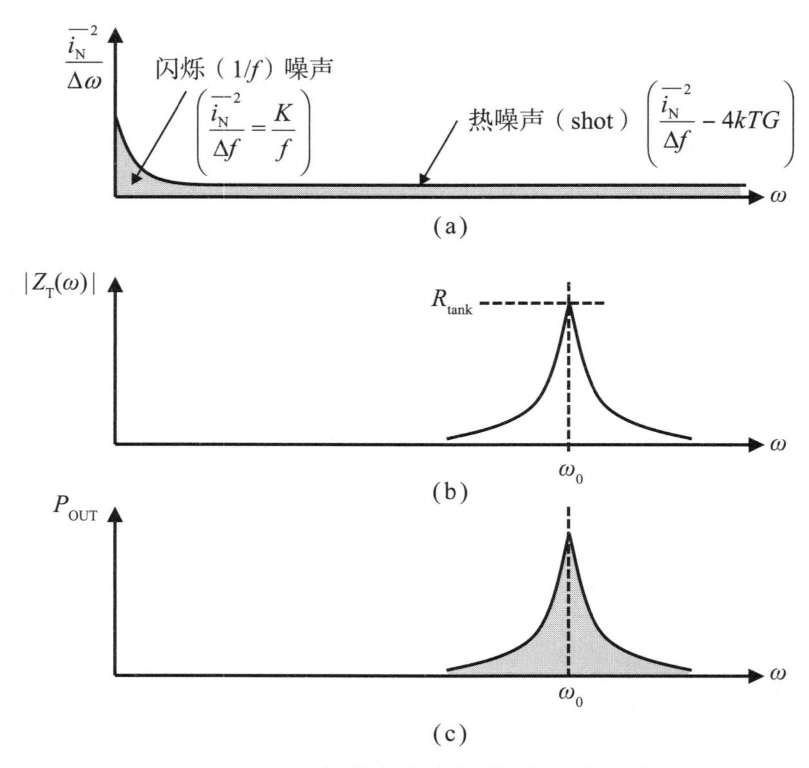

图4.8　tank电路噪声和相位噪声的关系

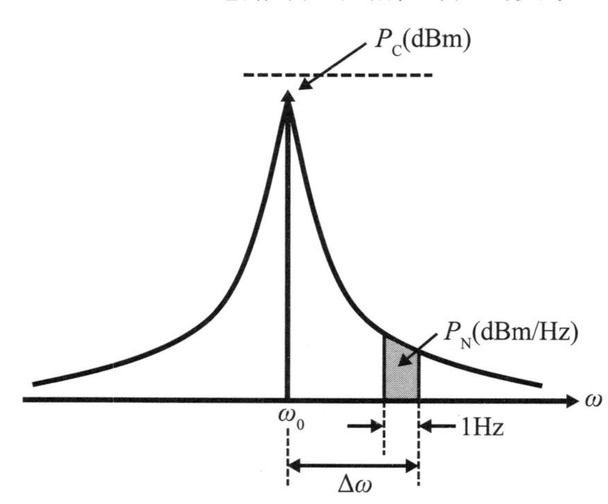

图4.9　相位噪声的定义

现在，设中心角频率为ω_0（通常将载波频率设定为谐振频率），该频率的信号功率设为P_C（dBm），从中心角频率偏离$\Delta\omega$的频率（偏移角频率）处的每1Hz噪声功率设为P_N（dBm/Hz），则相位噪声L（$\Delta\omega$）为：

$$L(\Delta\omega)=10\times\log_{10}\left[\frac{P_N(\omega_0+\Delta\omega,1\text{Hz})}{P_C}\right] \tag{4.11}$$

接下来定量地估计热噪声的影响。设玻尔兹曼常数为k，绝对温度为T，tank电路的跨导为G，则有：

$$\begin{aligned}\frac{\overline{v_n(\omega_0+\Delta\omega)}^2}{\Delta f}&=\frac{\overline{i_n(\omega_0+\Delta\omega)}^2\left|Z_L(\omega_0+\Delta\omega)\right|^2}{\Delta f}\\&=4kTG\times\left|Z_L(\omega_0+\Delta\omega)\right|^2\end{aligned}\tag{4.12}$$

因此，

$$L(\Delta\omega)=10\log\left[\frac{\overline{v_n}^2/\Delta f}{\overline{v_C}^2}\right]=10\log\left[\frac{4kTG\left|Z_L(\omega_0+\Delta\omega)\right|^2/\Delta f}{\overline{v_C}^2}\right]\tag{4.13}$$

此处导出偏移角频率$\omega_0+\Delta\omega$处的跨导Y_L。考虑谐振条件$\omega_0{}^2=1/LC$、$\omega_0>>\Delta\omega$，可以得到跨导：

$$\begin{aligned}Y_L(\omega_0+\Delta\omega)&=G+\frac{1}{j(\omega_0+\Delta\omega)L}+j(\omega_0+\Delta\omega)C\\&=G+\frac{1-(\omega_0+\Delta\omega)^2LC}{j(\omega_0+\Delta\omega)L}=G-\frac{2\omega_0\Delta\omega+\Delta\omega^2}{j(\omega_0+\Delta\omega)L\omega_0{}^2}\\&\approx G+j\frac{2(\Delta\omega/\omega_0)}{\omega_0L}\end{aligned}\tag{4.14}$$

此处假定振荡电路的负阻成分G_{active}等于tank电路的电导成分G，代入并联谐振电路的Q值（$Q=R/\omega_0L=1/\omega_0LG$），整理可得：

$$\begin{aligned}Y_L(\Delta\omega)&=Y_L(\omega_0+\Delta\omega)-G_{active}=G-G+j\frac{2(\Delta\omega/\omega_0)}{\omega_0L}\\&=jG\frac{2(\Delta\omega/\omega_0)}{\omega_0LG}=j2QG(\Delta\omega/\omega_0)\end{aligned}\tag{4.15}$$

因此，阻抗Z_L（$\Delta\omega$）为：

$$Z_L(\Delta\omega)=\frac{1}{j2QG(\Delta\omega/\omega_0)}=-j\frac{1}{2QG(\Delta\omega/\omega_0)}\tag{4.16}$$

再者，因为$P_C=v_C{}^2G$，可以求得：

$$L(\Delta\omega)=10\log\left[\frac{2kT}{P_C}\left(\frac{\omega_0}{Q\Delta\omega}\right)^2\right]\tag{4.17}$$

由此可以知道，相位噪声在偏移角频率或者Q值变为2倍时可以改善6dB，信号功率变为2倍时可以改善3dB。另外，中心角频率变为2倍的话，相位噪声则会恶化6dB。

再者，此解析式仅仅考虑了热噪声，不适用于中心频率附近的相位噪声。此时的相位噪声可以由下面所示的Leeson-Culter经验式[4]求得：

$$L(\Delta\omega)=10\log\left\{\frac{2FkT}{P_{\mathrm{C}}}\cdot\left[1+\left(\frac{\omega_0}{2Q\Delta\omega}\right)^2\right]\cdot\left(1+\frac{\Delta\omega_{1/f^3}}{|\Delta\omega|}\right)\right\} \tag{4.18}$$

此处F为经验值，ω_{1/f^3}为热噪声占主导的频段和闪烁噪声频段的拐角频率。图4.10表示了根据Leeson-Culter经验式求得的相位噪声的频率依赖性。

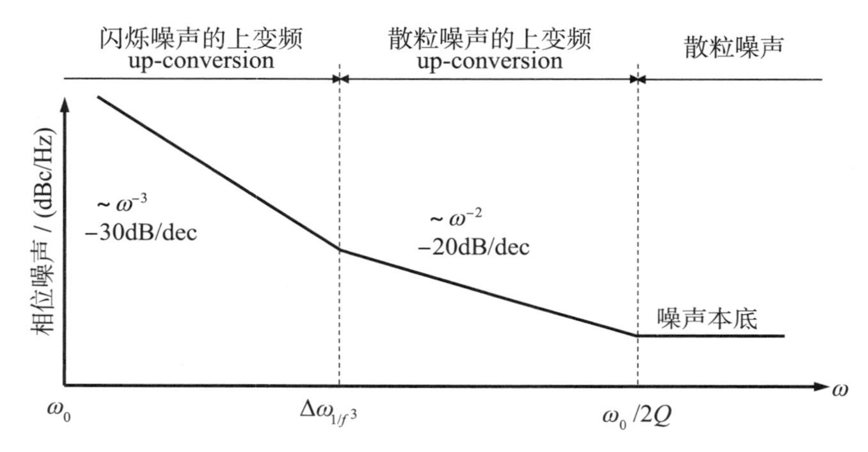

图4.10　相位噪声的偏移频率依赖性

偏移频率接近于中心频率的场合，相位噪声以−30dB/dec的斜率进行变化，热噪声频带则以−20dB/dec的斜率进行变化。另外，从谐振电路的3dB带宽$\Delta f/2$处开始，偏移成分剧烈衰减，偏移频率达到$\omega_0/2Q$时的定值被称为噪声本底。

4.3　其他噪声的路径（上变频）及噪声抑制电路

在前节中，假设仅仅tank电路电导的热噪声贡献了相位噪声，因而求得了解析式。可以预测到，相位噪声可以与输出信号的功率成反比例降低。尽管可以通过增大VCO电流源的电流来增大振荡器的输出信号强度，但受VCO电源电压的影响，输出幅度会达到饱和，因此在那以上即使再增加电流，电流源的噪声成分也是相位噪声占主导，因而需要关注实现低相位噪声的最佳偏置电流[5]。

再者，器件的非线性和电源的变动会对VCO的相位噪声具有很大的影响[2,3]。电源变动导致控制电压变动，所以电流源器件M_1的栅极电压大多利用图4.11所示的电流镜电路。此电流镜电路的噪声成分将影响电流源MOS管，从而恶化VCO的相位噪声。电流源M_1沟道电流的热噪声会在VCO交叉耦合电路源极处混入VCO振荡频率的2次高阶成分$2\omega_0$中。

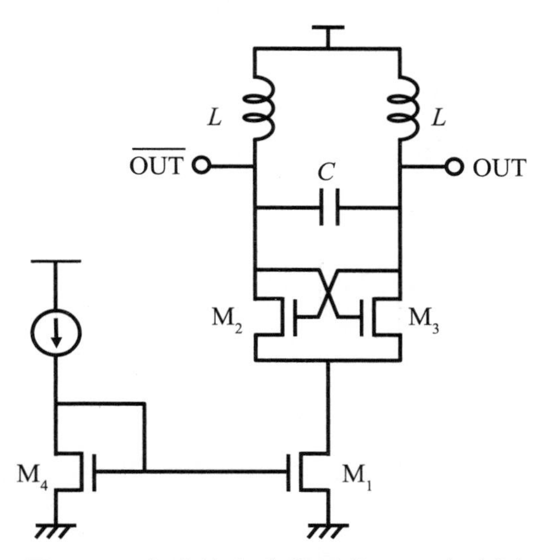

图4.11 电流镜电路偏置的VCO电流源

此噪声成分经过VCO的交叉耦合电路M_2和M_3进行频率变换，出现于VCO输出端。VCO交叉耦合电路源极处混入的频率为$2\omega_0+\Delta\omega$的噪声电流可表示为：

$$I_n = I_{n0}\cos(2\omega_0+\Delta\omega)t \tag{4.19}$$

假设交叉耦合电路中电流为50%占空比进行完全切换，则VCO差分输出处的噪声电流为：

$$\begin{aligned} I_{n\_OUT} &= I_{n0}\cos(2\omega_0-\Delta\omega)t\times\frac{4}{\pi}\sum_{n=1}^{\infty}\frac{(-1)^{n-1}}{2n-1}\cos(2n-1)\omega_0 t \\ &= \frac{4}{\pi}I_{n0}\times\frac{1}{2}\left\{\left[\cos(\omega_0-\Delta\omega)t+\cos(3\omega_0-\Delta\omega)t\right]\right. \\ &\quad \left. -\frac{1}{3}\left[\cos(\omega_0+\Delta\omega)t+\cos(5\omega_0-\Delta\omega)t\right]+\ldots\right\} \end{aligned} \tag{4.20}$$

此式中，接近于VCO振荡输出频率ω_0、应该列入相位噪声考虑范围的频率成分为：

$$I_{n\_OUT}(\omega_0+\Delta\omega) = \frac{4}{\pi}I_{n0}\left[\frac{1}{2}\cos(\omega_0-\Delta\omega)t-\frac{1}{6}\cos(\omega_0+\Delta\omega)t\right] \tag{4.21}$$

从这个式子可以看到，振荡输出中出现了$\Delta\omega$的频率调制成分以及$I_{n0}/6$的幅度调制成分[14, 15]。考虑相位噪声时，去除振幅调制成分，频率调制成分为：

$$I_{n\_OUT\_FM}=\frac{4}{\pi}I_{n0}\frac{1}{3}\left[\cos\left(\omega_0-\Delta\omega\right)t-\cos\left(\omega_0+\Delta\omega\right)t\right] \tag{4.22}$$

因此，设电流源电流为I_0，谐振频率处tank电路的电导为G，则混入电流源电流中的噪声所引起的VCO输出相位噪声为：

$$L\left(\Delta\omega\right)=\frac{\left(\frac{1}{3}\frac{4}{\pi}\right)^2\overline{I_n}^2\left(\frac{\omega_0}{2QG\Delta\omega}\right)^2}{\frac{4}{\pi^2}\frac{I_0^2}{G^2}}=\frac{4}{9}\frac{\overline{I_n}^2}{I_0^2}\left(\frac{\omega_0}{2Q\Delta\omega}\right)^2 \tag{4.23}$$

如此，因为VCO相位噪声受到了电流源噪声成分的很大影响，因此在交叉耦合MOS管源极连接点使用谐振电路对输出频率的二次高阶波信号进行抑制的电路（图4.12）被提了出来[6, 7]。此电路中，VCO交叉耦合部分的源极连接点处连接上LC滤波器用以防止二次高阶波成分的混入，从而抑制相位噪声的恶化。

另外，组成电流镜电路的MOS器件中产生的闪烁噪声和热噪声会以镜像比与电流源MOS的电流进行重叠，因此希望偏置电路的电流比不要大到某个极限值。

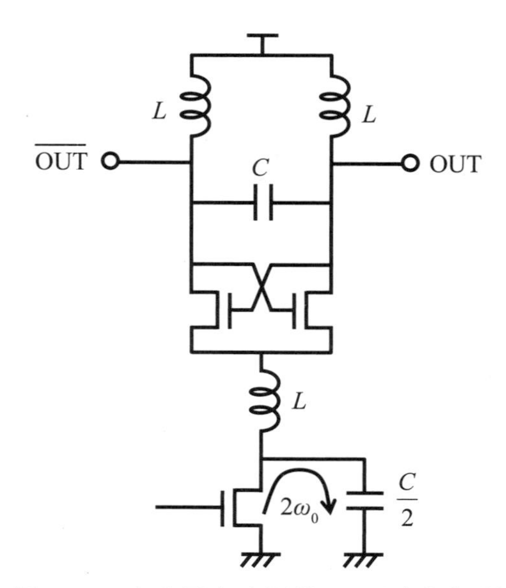

图4.12　来自尾电流源的$2\omega_0$下变频抑制

4.4 相位噪声对接收时的影响

本节就存在相位噪声时下变频所得信号将受到怎样的影响进行说明。设期望波信号振幅为A_D，其角频率为ω_D，作为干扰波的镜频信号振幅为A_{UD}，其角频率为ω_{UD}，没有相位噪声的LO信号角频率为ω_{LO}，则下变频得到的信号具有图4.13(a)所示的各种频率成分。另外，频率变换情形如图4.13(b)所示。

$$S_D(t)+S_{UD}(t) = A_D\cos(\omega_D t)+A_{UD}\cos(\omega_{UD} t)$$

$$LO(t)=A_{LO}\cos(\omega_{LO} t)$$

$$\begin{cases} S_{IF-D}(t)=\dfrac{A_D A_{LO}}{2}\cos(\omega_D-\omega_{LO})t \\ S_{IF-UD}(t)=\dfrac{A_{UD} A_{LO}}{2}\cos(\omega_{UD}-\omega_{LO})t \end{cases}$$

(a)

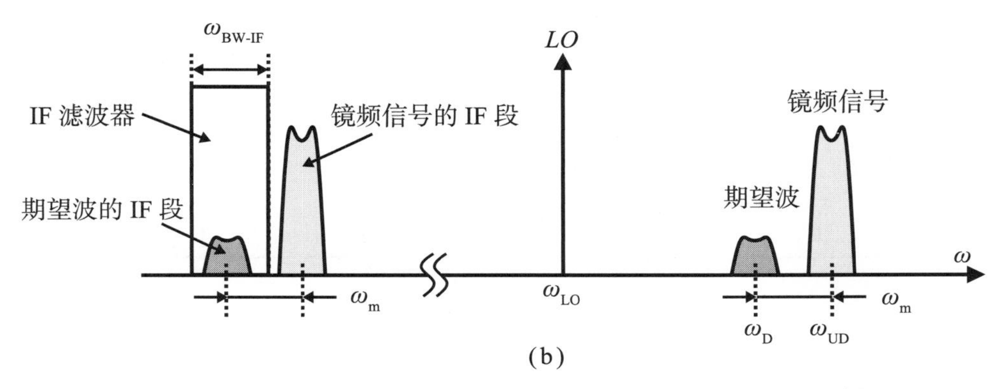

(b)

图4.13 没有相位噪声时期望波和镜频信号（干扰波）的下变频

LO信号没有相位噪声时，下变频得到的无用波远离期望波的角频率ω_m，此频率差与信号带宽ω_{BW}相比非常大的话，则可以由ω_{BW-IF}通带的IF滤波器除去。

与之相对，LO信号中存在相位噪声时的情况如图4.14所示。此时下变频得到的无用波与期望波具有相同的频率，它不能被IF滤波器滤除。此外，无用波的振幅仅衰减差频偏移处相位噪声$L(\omega_m)$（dB）。与图4.13相同，设期望波信号振幅为A_D，其角频率为ω_D，镜频信号振幅为A_{UD}，其角频率为ω_{UD}。下变频得到的信号因为存在相位噪声成分，因此除了LO信号角频率ω_{LO}以外，还需要考虑$\omega_{LO}+\omega_m$。特别地，由$\omega_{LO}+\omega_m$的频率成分经下变频后得到的镜频信号为：

$$S_{IF-UD}(t)=\frac{A_{UD}A_N}{2}\cos(\omega_{UD}-\omega_{LO}-\omega_m)t \tag{4.24}$$

因为镜频信号为$\omega_{UD}=\omega_D+\omega_m$，可以得到：

$$S_{IF-UD}(t)=\frac{A_{UD}A_N}{2}\cos\left[(\omega_D+\omega_m)-\omega_{LO}-\omega_m\right]t=\frac{A_{UD}A_N}{2}\cos(\omega_D-\omega_{LO})t \tag{4.25}$$

它具有跟期望波同样的频率，一旦经相同频率下变频，以后则无法再进行区分，它的强度大小显得非常重要。

$S_D(t)+S_{UD}(t)=A_D\cos(\omega_D t)+A_{UD}\cos(\omega_{UD}t)$

$LO(t)+LO_N(t)=A_{LO}\cos(\omega_{LO}t)+A_N\cos(\omega_{LO}+\omega_m)t$

$$\begin{cases}S_{IF-D}(t)=\dfrac{A_DA_{LO}}{2}\cos(\omega_D-\omega_{LO})t\\ S_{IF-UD}(t)=\dfrac{A_{UD}A_N}{2}\cos(\omega_{UD}-\omega_{LO}-\omega_m)t\end{cases}$$

(a)

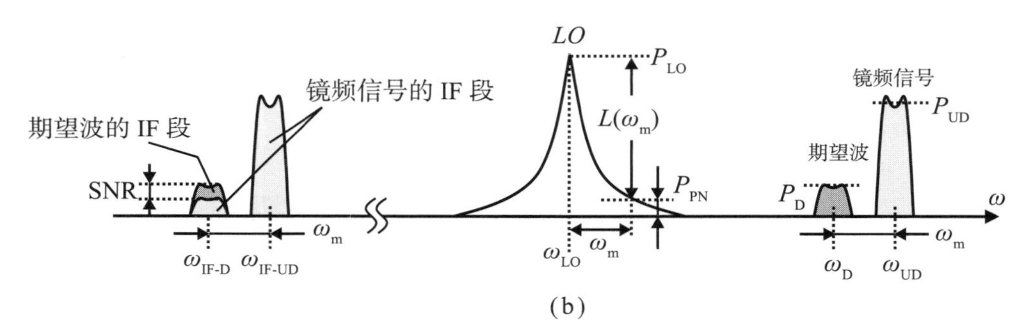

(b)

图4.14　存在相位噪声时期望波和镜频信号（干扰波）的下变频

接下来，设信号带宽为$f_{BW}=200\text{kHz}$，期望波功率为$P_D=-110\text{dBm}$，无用波功率为$P_{UD}=-40\text{dBm}$，期望波和无用波的差频为$f_m=600\text{kHz}$，为确保下变频后$SNR=6\text{dB}$，我们来计算所必需的相位噪声$L(f_m)$。下变频后期望波和无用波功率的比值，成为中频（IF）段的SNR。设输入输出阻抗为50Ω，各信号功率和振幅的关系为：

$$P_D=\frac{A_D^2}{2},\quad P_{UD}=\frac{A_{UD}^2}{2},\quad P_{LO}=\frac{A_{LO}^2}{2},\quad P_N=\frac{A_N^2}{2} \tag{4.26}$$

可以计算得到$SNR=P_DP_{LO}/P_{UD}P_N$。

相位噪声为载波信号功率P_{LO}与P_N的比，而P_N即期望波和无用波的差频为偏移频率的噪声功率。于是：

$$
\begin{aligned}
L(f_m@BW=200\text{kHz}) &= \frac{P_N}{P_{LO}} = \frac{1}{SNR} \times \frac{P_D}{P_{UD}} = -6 + [(-110) - (-40)] \\
&= -76(\text{dBc/200kHz}) \\
L(f_m@BW=1\text{Hz}) &= -76 - 10\log_{10}(200\times 10^3) \\
&= -76 - 53 = -129\,(\text{dBc/Hz})
\end{aligned}
\tag{4.27}
$$

据此，为了在IF段确保SNR有6dB，当相位噪声在600kHz偏移时，需要达到-129dBc/Hz。然而，因为集成电路上形成的电感Q值通常都在10以下，所以想要在集成电路上实现此相位噪声的目标值会非常困难。因此，在无线系统中，还需要具备第5章介绍的PLL结构。

4.5 VCO电路结构的例子

LC-VCO根据实现负阻的交叉耦合MOS电路的结构方式，可以分类为NMOS型、PMOS型、CMOS型等。本节就这三种VCO电路例子，介绍一下各自的优缺点。

图4.15为通过NMOS器件的交叉耦合连接实现负阻的振荡器。NMOS管的载流子为电子，其电流增益截止频率（cutoff frequency）f_T以及最大振荡频率（maximum oscillation frequency）f_{max}较高，适用于高频工作状态。

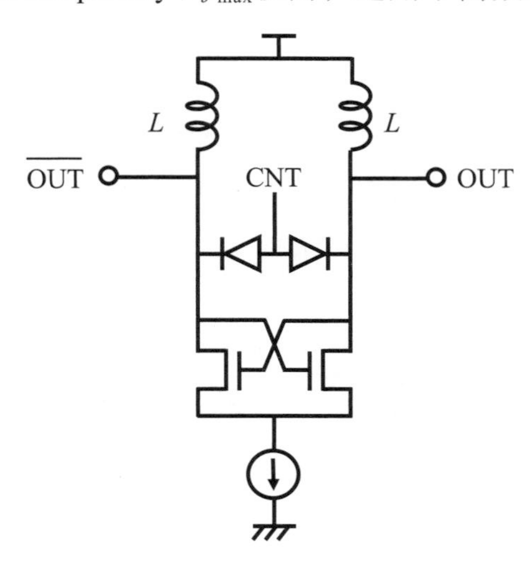

图4.15 NMOS器件以交叉耦合方式连接的VCO

此电路输出信号的直流电位即为电源电压，MOS器件上施加的最大电压为电源电压和输出信号振幅做加法运算后的值。此电路的电源电压必须在MOS器件的耐压减去输出振幅后的值以下。另一方面，由于振荡器的相位噪声与信号振幅成反比例，工作于低电压时则会具有相位噪声性能恶化的问题。再加上，振荡波形的上升时间t_r和下降时间t_f的对称性较差，导致NMOS器件相比于PMOS器件$1/f$噪声较大。

振荡器频率会因构成tank电路的电感和电容参数变动而产生大的变化，而且为了抑制器件本身的热噪声和闪烁噪声引发的相位噪声，需要进行电压控制。图4.15所示的二极管符号表示的器件被称为变容二极管（variable capacitance diode，VCD）。此二极管为NMOS器件在N阱层内形成的构造，通过施加在栅源间的反向偏置电压（V_{CNT}）改变电容值，调整压控振荡器的频率。

如图4.16所示，可变电容随着栅源间电压增加而单调增加。此C-V特性与下面的双曲线正切函数接近[14, 15]。各参数可以从TEG实测值拟合求得：

$$C_{var}(V_{GS})=\frac{C_{max}-C_{min}}{2}\tanh\left(a+\frac{V_{GS}}{V_0}\right)+\frac{C_{max}+C_{min}}{2} \tag{4.28}$$

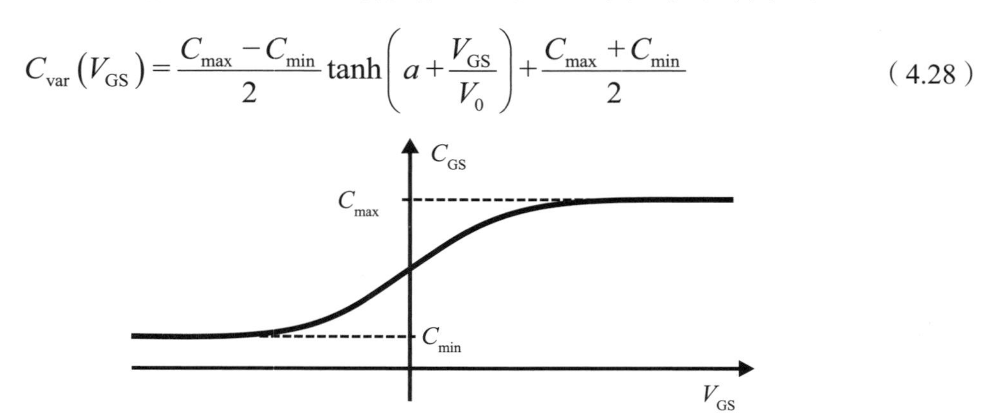

图4.16　可变电容的电压依赖性

加大可变电容的电压变化量可以扩大频率调整范围，但是另一方面，电源电压的变动和控制电压上叠加的噪声，都会使图4.17所示的振荡频率产生变动。举

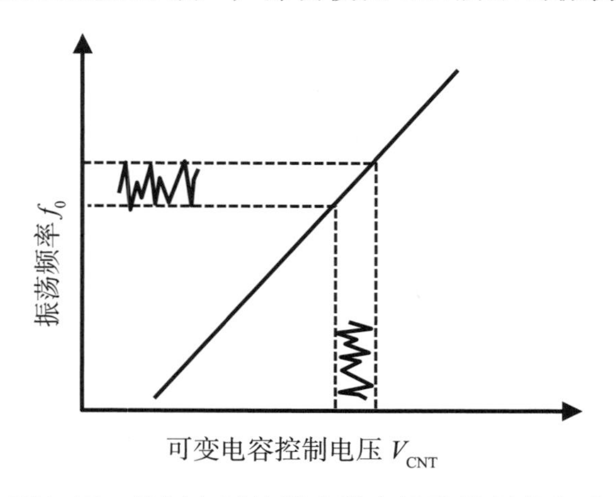

图4.17　控制电压处混入噪声导致的频率变动

例来说，对于2.4GHz频带的振荡器，考虑200MHz的频率调整，设可变调整电压V_{CNT}为1V，振荡器频率的变化率（频率调整敏感度）为200MHz/V，若调整电压中混入0.1%（1mV）的噪声，则振荡器输出变化200kHz。

为了使电源电压变动导致的频率变化得到较低程度抑制的同时，还可以扩大整体频率调整范围，如图4.18所示，MOS开关ON和OFF两种状态下可以切换电容的电路被提了出来。此时为了使tank电路的Q值不随开关切换而变化，MOS器件栅极宽度需要随着电容值而产生变化。图4.18的例子中，为了在尽可能少的信号切换中使频率调整范围最大化，MOS器件的栅极宽度也需要以二进制的方式设计得比较大（因为电容尺寸为二进制）。控制信号“0”和“1”分别对应于低电平和高电平。控制信号为低电平时MOS开关为截止状态。因此，所有的控制信号都为低电平的话，则VCO的tank电路连接不到可变电容以外的其他电容。另一方面，当所有的控制信号都为高电平时，tank电路即可连接上最大的电容。数字控制信号为LSB时连接的是最小电容值C对应的MOS开关，而数字控制信号为MSB时连接的则是最大电容值2^nC对应的MOS开关。电容值C应当如图4.19所示那样设计成使各频率特性互相重叠。这样做的理由是为了防止开关切换时产生频率遗漏。

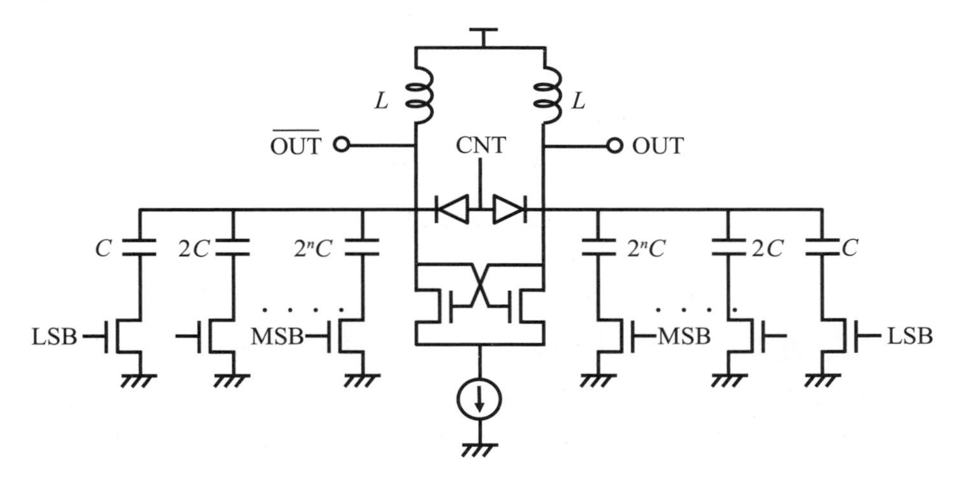

图4.18 电容切换导致的频率调整范围的扩大

另外，使用可变电容时还需要考虑因C-V特性的非线性而导致的频率变动[7]。带有非线性电容的振荡器电路方程式为非齐次微分方程，不能简单地进行求解。参考文献［2］和［3］中使用了摄动法来分析相位噪声。在实际的设计中，基于上述分析结果，在分析电路的噪声源时也决定了最优的电路参数。无论如何，仅通过大的可变电容调整频率会导致相位噪声恶化，因而不被推荐。

图4.20为通过PMOS器件的交叉耦合连接实现负阻的振荡器。PMOS器件因$1/f$噪声较小而具有振荡频率附近相位噪声较低的优点。

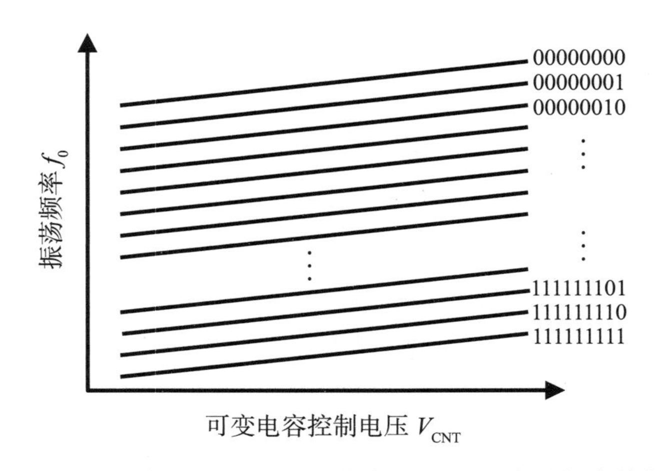

图4.19　电容切换型VCO的控制电压所对应的频率特性

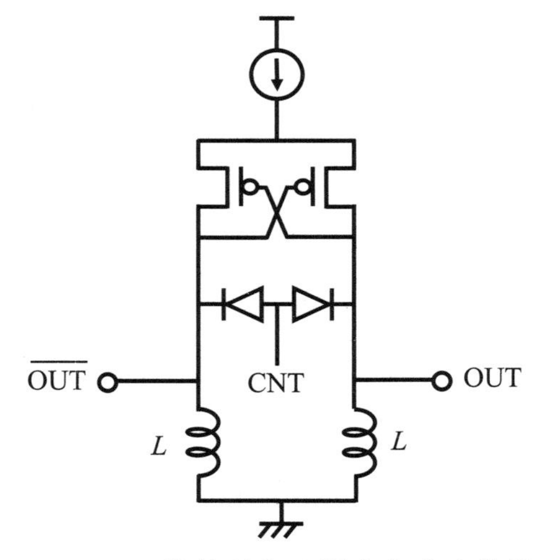

图4.20　PMOS器件以交叉耦合方式连接的VCO

另一方面，此电路输出电压的直流电位为GND，因此输出为负电位时，存在振幅不能增大的缺点。另外，PMOS器件的载流子为空穴，从而使得其电流增益截止频率和最大振荡频率与NMOS器件相比较低，振荡频率无法达到很高。再者，与用NMOS管实现的VCO一样，上升时间和下降时间的对称性不好。

图4.21为通过CMOS电路的交叉耦合结构实现负阻的振荡器。此电路的输出在电源电压和GND间浮动，因此没有MOS器件的耐压和基板的偏置问题。另一方面，相比于用NMOS器件以交叉耦合方式得到的VCO，电路更复杂，寄生电容也更多。因为使用了PMOS器件，所以与NMOS-VCO相比振荡频率不能太高。然而，近年来随着MOS器件的微细化，CMOS结构的VCO也可以做到几十GHz的振荡频率。

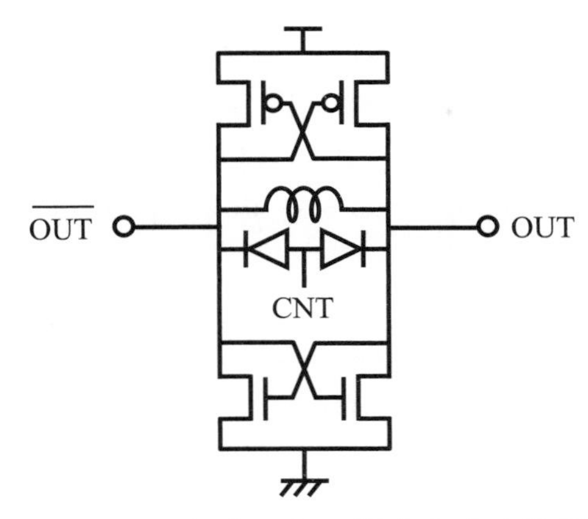

图4.21　CMOS电路以交叉耦合方式连接的VCO

4.6 正交VCO

除去镜频信号所需的相位相差90° 的不同信号——正交信号（quadrature）可以由前章所述的以二倍频振荡的VCO输出信号通过分频器进行分频得到。作为可以直接生成具有90° 相位差的不同信号的振荡器，正交VCO（quadrature-VCO）被提了出来[8, 9]。图4.22为差分结构的正交振荡器的例子。两个差分型

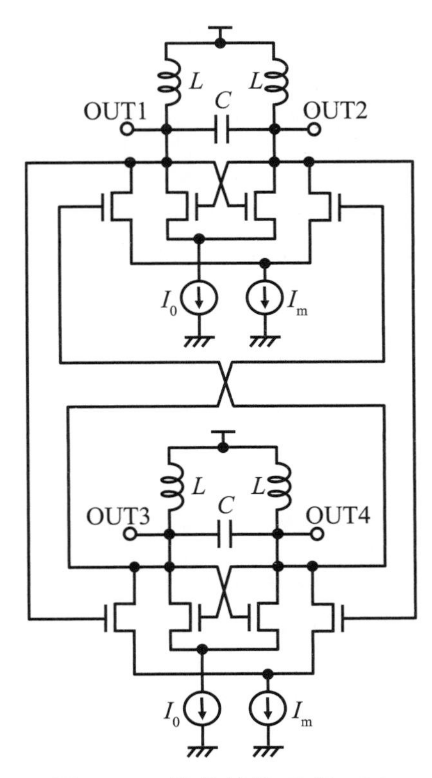

图4.22　差分结构正交VCO

LC-VCO的各个输出端以反相的方式注入彼此的VCO中。根据这个信号的注入，两个VCO受到互相输出的影响并进行“耦合”，其结果则为两个VCO的四个输出端具有互相相差90° 相位的输出。如果可以独立控制用于注入来自其他VCO的信号的差分对电流I_m和VCO核心差分对电流I_0，则此耦合强度可用耦合系数$m = I_m/I_0$来表示。

根据耦合，我们使用图4.23所示的传递函数模型来表示VCO输出相位。将VCO核心部分的传递函数各自表示为$G_1(s)$，$G_2(s)$，反馈电路的增益各自表示为m_1，m_2，则输出X，Y为：

$$\begin{aligned} X &= \left(m_2 Y - X\right) G_1(s) \\ Y &= \left(m_1 X - Y\right) G_2(s) \end{aligned} \tag{4.29}$$

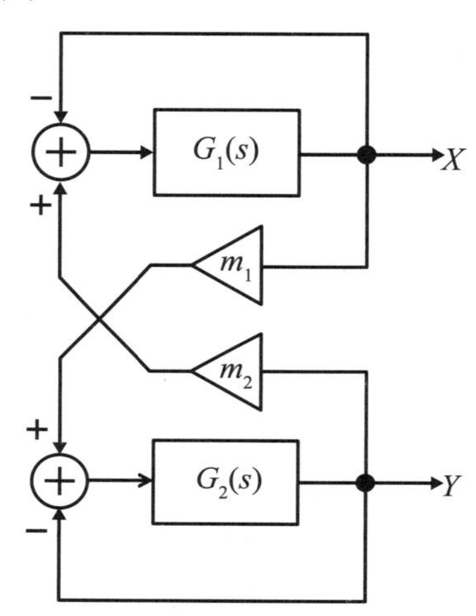

图4.23　正交VCO的传输函数模型

此处两个VCO完全一致，设$G_1(s) = G_2(s) = G(s)$，将上式两边各自乘以m_1X，m_2Y，则可以得到：

$$\begin{aligned} m_1X^2 &= m_1X\left(m_2Y - X\right)G(s) \\ m_2Y^2 &= m_2Y\left(m_1X - Y\right)G(s) \\ m_1X^2 - m_2Y^2 &= \left(m_1m_2XY - m_1X^2 - m_1m_2XY + m_2Y^2\right)G(s) \\ &= \left(-m_1X^2 + m_2Y^2\right)G(s) \\ \left(m_1X^2 - m_2Y^2\right)&\left[1 + G(s)\right] = 0 \end{aligned} \tag{4.30}$$

因为$1 + G(s) \neq 0$，可以求得$m_1X_2 - m_2Y_2 = 0$。

若反馈增益反相，即$m_1 = -m_2$，则有：

$$X = \pm jY \tag{4.31}$$

输出Y的虚数系数属于复数空间，意味着相对于输出X具有90° 相位偏移，由输出X和Y可以明白，正交VCO可以输出具有90° 相位差的正交信号。

4.7 注入同步VCO

振荡器电路内部端子中，若施加周期性的外部电压或者电流信号（强制注入），则振荡器的振荡频率受注入信号频率牵引，会产生与外部信号频率同步的现象。在注入同步现象的应用方面，因为可以将晶振的稳定信号作为参考信号来同步VCO以改善振荡器相位噪声，所以进行了很多研究[10~13]。

注入同步现象的性能指标中，有引起注入同步的外部输入信号频率的同步条件（locking range），表示输入信号频率不管与自谐振频率偏离多少都可以做到同步。图4.24为Adler论文中关于同步条件的注入同步VCO的模型电路和矢量图。

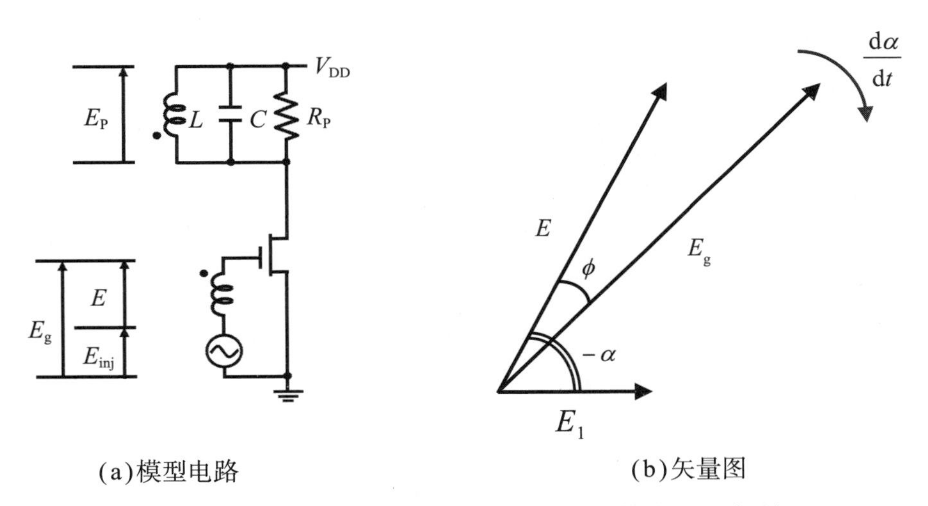

(a)模型电路　　　(b)矢量图

图4.24 注入同步VCO模型电路和输入输出电压矢量

此处E_p为谐振器的电压，E为栅极线圈电压，E_{inj}为注入信号电压，E_g为栅极电压，Q为谐振器Q值，α为E_{inj}和E的相位差，ω_0为自激角频率，ω_{inj}为注入信号的角频率，$\Delta\omega_0$为注入信号和自激信号的角频率差$\omega_0-\omega_{inj}$，ω为瞬时角频率，$\Delta\omega$为瞬时角频率和注入信号角频率之间的差$\omega-\omega_{inj}$，ϕ为E_g和E的相位差。

分析注入同步时，需要进行如下假设：

（1）注入信号频率离谐振器的通带中心相对较近（$\Delta\omega_0/2Q >> \Delta\omega_0$）。

（2）为了将非线性工作的振荡器当作线性系统模型来进行考虑，振荡器限幅器的时间常数τ_{limit}与振动周期相比要小（$\tau_{\text{limit}} \ll 1/\omega_0$）。

（3）注入信号E_{inj}与振荡器信号E相比非常小。

图4.24(b)的矢量图中，以注入信号角频率ω_{inj}为基准，栅极电压E_g可以表示为以差频$\Delta\omega = \mathrm{d}\alpha/\mathrm{d}t$进行顺时针旋转的矢量，其角频率为$\omega_{\text{inj}} + \mathrm{d}\alpha/\mathrm{d}t$。当不存在注入信号时，通过反馈电路（图4.24所示的电磁场耦合）返回的E与E_g具有相同的振幅和相位。

此处加上注入信号E_1，通过反馈电路返回的电压E与E_g具有不一样的相位，在图4.24(b)的矢量图中则表现为仅比E_g滞后ϕ。此时$E_{\text{inj}} \ll E$，所以可以将ϕ表示为：

$$\phi \approx \frac{E_{\text{inj}} \sin(-\alpha)}{E} = -\frac{E_{\text{inj}}}{E} \sin\alpha \tag{4.32}$$

图4.25表示谐振电路的相位-频率特性，假定斜率A为线性时，自谐振频率ω_0附近频率的相位ϕ为：

$$\phi = A(\omega - \omega_0) = \frac{\mathrm{d}\phi}{\mathrm{d}\omega}(\omega - \omega_0) \tag{4.33}$$

此处，根据$\Delta\omega = \omega - \omega_{\text{inj}} = \mathrm{d}\alpha/\mathrm{d}t$，$\Delta\omega = \omega_0 - \omega_{\text{inj}}$，上式可以转换为：

$$\begin{aligned} \phi = A(\omega - \omega_0) &= A\left[(\omega - \omega_{\text{inj}}) - (\omega_0 - \omega_{\text{inj}})\right] \\ &= A(\Delta\omega - \Delta\omega_0) = A\left(\frac{\mathrm{d}\alpha}{\mathrm{d}t} - \Delta\omega_0\right) \end{aligned} \tag{4.34}$$

因此，

$$\frac{\mathrm{d}\alpha}{\mathrm{d}t} = -B\sin\alpha + \Delta\omega_0 \tag{4.35}$$

此处，$B = (E_{\text{inj}}/E)$（1/A）。

另一方面，tank电路的相位偏移可以表示为：

$$\tan\phi = 2Q\frac{\omega - \omega_0}{\omega_0} \tag{4.36}$$

当ϕ比较小时，可以近似为：

$$\phi = 2Q\frac{\omega - \omega_0}{\omega_0} \tag{4.37}$$

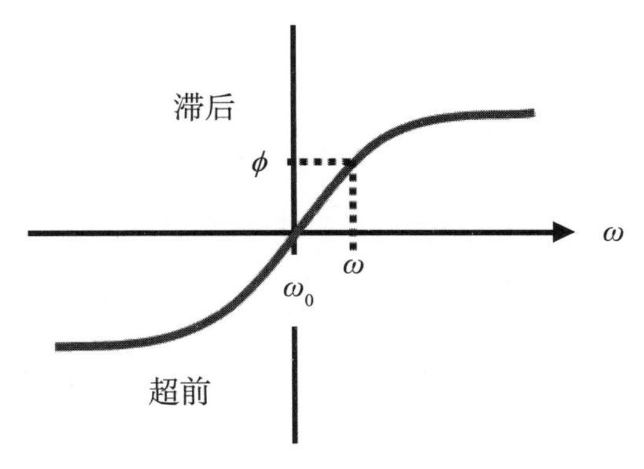

图4.25 谐振电路的相位频率特性

因为$A = \mathrm{d}\phi/\mathrm{d}\omega = 2Q/\omega_0$，系数$B = (E_{\mathrm{inj}}/E)(\omega_0/2Q)$，因此可以得到：

$$\frac{\mathrm{d}\alpha}{\mathrm{d}t} = -\frac{E_{\mathrm{inj}}}{E}\frac{\omega_0}{2Q}\sin\alpha + \Delta\omega_0 \tag{4.38}$$

稳定状态时，$\mathrm{d}\alpha/\mathrm{d}t$为0，则有：

$$0 = -\frac{E_{\mathrm{inj}}}{E}\frac{\omega_0}{2Q}\sin\alpha + \Delta\omega_0 \tag{4.39}$$

$\sin\alpha$取值范围为-1到1，可求得同步条件为：

$$\left|2Q\frac{E}{E_{\mathrm{inj}}}\frac{\Delta\omega_0}{\omega_0}\right| < 1 \tag{4.40}$$

图4.26显示了此函数，我们可以直观地明白使上式的解存在的条件。

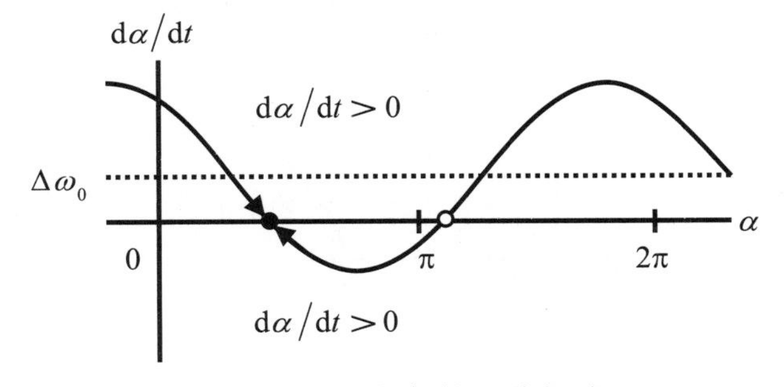

图4.26 同步条件的分析式

另外，尽管没有达到同步现象，也有必要考虑被称为Pulling的现象，它是指振荡器频率接近注入信号频率时的牵引现象。我们也需要了解牵引相关的现象，它是为了防止受外部信号影响而导致的振荡器频率偏移，这与同步现象相反。首先，在不满足同步条件的情况下进行分析，可以将微分方程式变形为如下形式：

$$\frac{\mathrm{d}\alpha}{\mathrm{d}t}=-B(\sin\alpha-K) \tag{4.41}$$

此处，$K=(E/E_{\mathrm{inj}})(\Delta\omega_0/\omega_0)$，不满足同步的条件意味着$|K|>1$。

此微分方程为齐次方程，因而可以用积分求解得到：

$$\tan\frac{\alpha}{2}=\frac{1}{K}+\frac{\sqrt{K^2-1}}{K}\tan\frac{B(t-t_0)}{2}\sqrt{K^2-1} \tag{4.42}$$

此处，α为：

$$\alpha=2\tan^{-1}\left[\frac{1}{K}+\frac{\sqrt{K^2-1}}{K}\tan\frac{B(t-t_0)}{2}\sqrt{K^2-1}\right] \tag{4.43}$$

其中，t_0为积分常数。当K非常大时，此式可近似为：

$$\alpha=B(t-t_0)\sqrt{K^2-1}=\frac{\Delta\omega_0(t-t_0)}{K}\sqrt{K^2-1} \tag{4.44}$$

α表示的是相位，将其对t进行微分，则2π周期内的平均差频为：

$$\overline{\Delta\omega}=\Delta\omega_0\frac{\sqrt{K^2-1}}{K} \tag{4.45}$$

图4.27表示的是解析式所表达的同步条件以外的频率特性。$|K|<1$的范围为

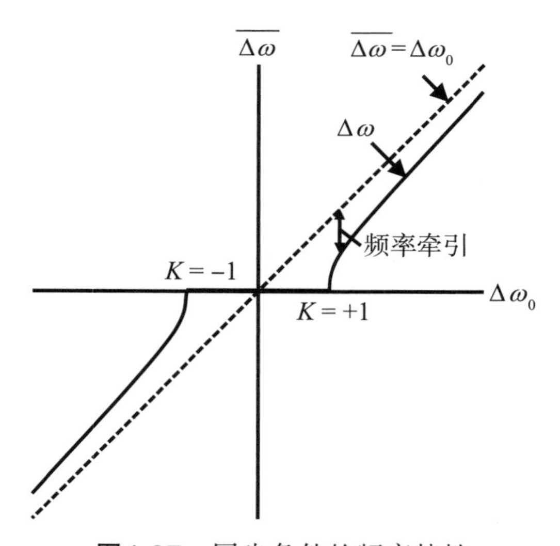

图4.27　同步条件的频率特性

$\overline{\Delta\omega}=0$，表示同步状态。图中虚线意味着即使存在注入信号，振荡频率也为自激频率。$|K|>1$的范围表示为与注入信号不同步，振荡频率为与自激频率不一样的频率，因为这是由注入信号引起的频率牵引（frequency pulling）。图4.27所示的虚线和实线间的差表示的是频率牵引。

当$\Delta\omega_0$（注入信号频率ω_{inj}和中心频率ω_0的差）越大时，牵引的影响越小，在图中则显示为实线逐渐靠近虚线。

以下用图表的方式来理解参考文献［12］的解析式[11]。如今，振荡器如图4.28所示，由tank电路、增益为−1的反馈电路以及MOS器件组成。此时，若振荡条件得到满足，则tank电路谐振频率ω_0处的阻抗达到最大并振荡。此处，如图4.28(b)所示，若因外部信号影响而导致相位ϕ_0发生变化，则为了维持振荡，tank电路的频率和相位也应进行相应的变化。

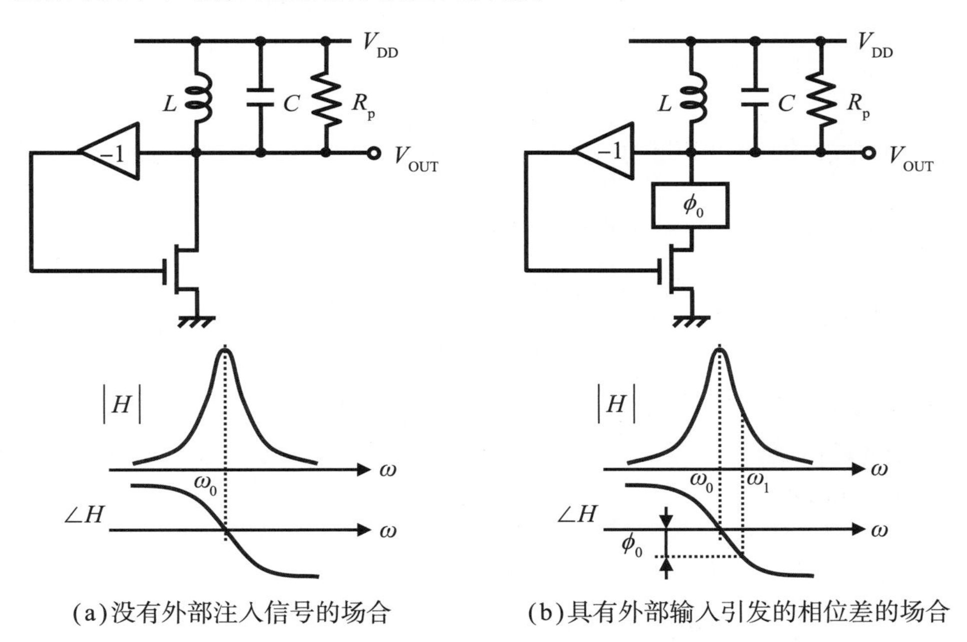

(a)没有外部注入信号的场合　　(b)具有外部输入引发的相位差的场合

图4.28　tank电路的相位和频率

接下来，如图4.29所示，注入外部电流信号I_{inj}，则流经tank电路的电流I_{tank}的矢量如图4.29(b)所示，用MOS器件的电流I_{OSC}的矢量和来表示。

此处，I_{tank}为tank电路的电流，I_{OSC}为振荡器的电流，I_{inj}为注入信号的电流，θ为I_{inj}和I_{OSC}的相位差，ϕ_0为I_{tank}和I_{OSC}的相位差。在矢量图中假设虚拟矢量为B，则它和tank电流的关系为：

$$\sin\phi_0=\frac{B}{I_{tank}} \tag{4.46}$$

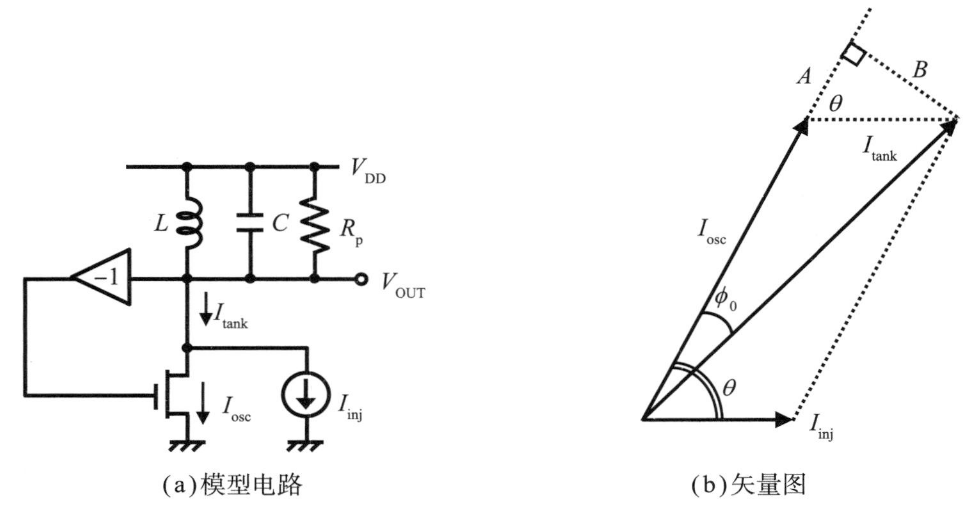

图4.29　存在外部注入电流时的模型电路和矢量图

更进一步，注入电流I_{inj}和I_{OSC}的相位差θ为：

$$\cos\left(\frac{\pi}{2}-\theta\right)=\sin\theta=\frac{B}{I_{inj}} \tag{4.47}$$

同步条件下的注入电流和振荡器电流的相位关系为：

$$\sin\phi_0=\frac{I_{inj}}{I_{tank}}\sin\theta=\frac{I_{inj}\sin\theta}{\left|I_{osc}e^{j\theta}+I_{inj}\right|}=\frac{I_{inj}\sin\theta}{\sqrt{I_{osc}^2+I_{inj}^2+I_{osc}I_{inj}2\cos\theta}} \tag{4.48}$$

图4.30表示了最大同步条件下的矢量图。I_{inj}和I_{tank}的相位差为π/2，输入I_{inj}和输出I_{OSC}之间的相位差为$\pi/2+\phi_0$。为求此时的I_{inj}，再度考虑并联tank电路的相位变动。此时，$\tan\phi_0=I_{inj}/I_{OSC}$，则有：

$$I_{tank}=\sqrt{I^2{}_{osc}-I^2{}_{inj}} \tag{4.49}$$

$$\tan\phi_0=2Q\frac{\omega_0-\omega_{inj}}{\omega_0}=\frac{I_{inj}}{I_{tank}}=\frac{I_{inj}}{\sqrt{I_{osc}^2-I_{inj}^2}} \tag{4.50}$$

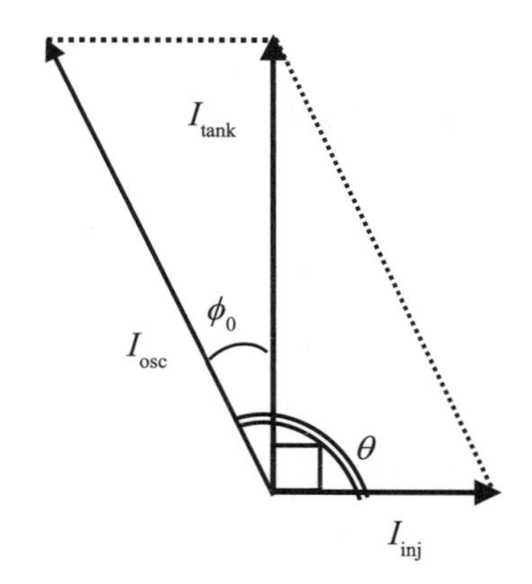

图4.30　最大同步条件下的矢量图

因此，最大同步条件ω_0-ω_{inj}为：

$$\omega_0-\omega_{inj}=\frac{\omega_0}{2Q}\frac{I_{inj}}{I_{osc}}\frac{1}{\sqrt{1-\frac{I_{inj}^2}{I_{osc}^2}}} \tag{4.51}$$

若此处注入信号I_{inj}与振荡器信号I_{OSC}相比非常小，则可以近似为$I_{tank}\sim I_{OSC}$，从而：

$$\sin\phi_0\approx\frac{I_{inj}}{I_{osc}}\sin\theta \tag{4.52}$$

另外，根据矢量图，因为$\sin\phi_0=I_{inj}/I_{OSC}$，$\tan\phi_0=I_{inj}/I_{tank}$，根据上述电流的近似，则$\sin\phi_0\sim\tan\phi_0$成立。因此：

$$\sin\phi_0\approx\frac{I_{inj}}{I_{osc}}\sin\theta\approx\tan\phi_0\approx\frac{2Q}{\omega_0}\left(\omega_0-\omega_{inj}\right) \tag{4.53}$$

因此，当ω_0-ω_{inj}达到最大，即$\sin\theta=1$（$\theta=\pi/2$）时，可求得最大同步条件ω_L为：

$$\omega_L\approx\frac{\omega_0}{2Q}\cdot\frac{I_{inj}}{I_{osc}} \tag{4.54}$$

在设计中为了回避器件参数变动所导致的锁定偏移，得到稳定的注入同步，需要选择注入电流来保证同步条件的最大化。

参考文献

[1] Ali Hajimiri, and Thomas H. Lee. The Design of Low Noise Oscillators. Kluwer Academic Publishers, 2004.

[2] 相川正義, 大平孝, 徳満恒雄, 広田哲夫, 村口正弘. モノリシックマイクロ波集積回路(MMIC). 電子情報通信学会、コ ロナ社.

[3] 大平孝. 発振回路における歪と雑音. MWE2003 Microwave Workshop Digest. TL03-02.

[4] D. B. Leeson. A Simple Model of Feedback Oscillator Noise Spectrum. Proceedings of the IEEE, 1966, 54 (2): 329-330.

[5] 伊藤信之. CMOS集積回路上の発振器設計の基礎. MWE2015 Microwave Workshop Digest, WE3B-1, 2015, 35-44.

[6] Emad Hegagi, Henrik Sjoland, Asad A. Abidi. A filtering Technique to Lower LC Oscillator Phase Noise. IEEE Journal of Solid-State Circuits, 2001, 36(12): 1921-1930.

[7] Emad Hegazi, and Asad A. Abidi. Varactor Characteristics, Oscillator Tuning Curves, and AM-FM Conversion. IEEE Journal of Solid-State Circuits, 2003, 38(6): 1033-1039.

[8] Ting-Ping Liu. A 6.5GHz Monolithic CMOS Voltage-Controlled Oscillator. IEEE International Solid-State Circuits Conference, WP23.7, 1999, 404-405.

[9] P. Andreani, A. Bonfanti, L.Romano, and C. Samori. Analysis and design of a 1.8-GHz CMOS LC quadrature VCO. IEEE Journal of Solid-State Circuits, 2002, 37(12): 1737-1740.

[10] 山田恭平, 一瀬健人, 大平孝. 帰還部の位相特性を考慮することによる大平の注入同期Qを用いたロックレンジ推定の精度向上に関する考察. 信学技報MW2014-44, 2014, 114(111): 13-16.

[11] Behzad Razavi. A Study of Injection Locking and Pulling in Oscillators. IEEE Journal of Solid-State Circuits, 2004, 39(9): 1415-1424.

[12] Robert Adler. A Study of Locking Phenomena in Oscillators. Proceedings of The IEEE, 1973, 61(10): 1380-1385.

[13] K. Kurokawa,. Injection locking of microwave solid-state oscillators. Proc. IEEE, 1973, 61: 1336-1410.

[14] 黒田忠広編著. 第2版RFマイクロエレクトロニクス実践応用編. 丸善出版.

[15] Behzad Razavi. RF Microelectronics 2nd edition. McGraw-Hill International Edition, Electrical Engineering Edition.

第5章
锁相环

自激振荡的LC-VCO相位噪声在偏移频率为10kHz～100kHz时达到-80dBc/Hz，使用这样的VCO来进行下变频得到的*SNR*需要更低的相位噪声，因为此时无线系统不具备必要的抗干扰性。

与此相对，晶振的频率精度为10ppm～几十ppm，其精度非常高（10MHz时，±20ppm相当于200kHz）。相位噪声在偏移频率为10kHz～100kHz时可达到-150dBc/Hz以下，从而可以获得稳定的频率输出。然而，无线电路本地振荡器的标称频率范围最大为100MHz，因此不能直接使用。

与分频的LC-VCO输出和晶振输出进行比较，锁相环（phase locked loop，PLL）将对应于其相位差的电压或者电流脉冲通过环路滤波器（loop filter）转化为直流信号进行反馈控制，使GHz带高频信号的相位噪声特性接近晶振的相位噪声特性[1,2]。PLL的相位噪声在环路滤波器导通带（环路频带）内得到抑制，而在带外则维持VCO固有的噪声特性（图5.1）。

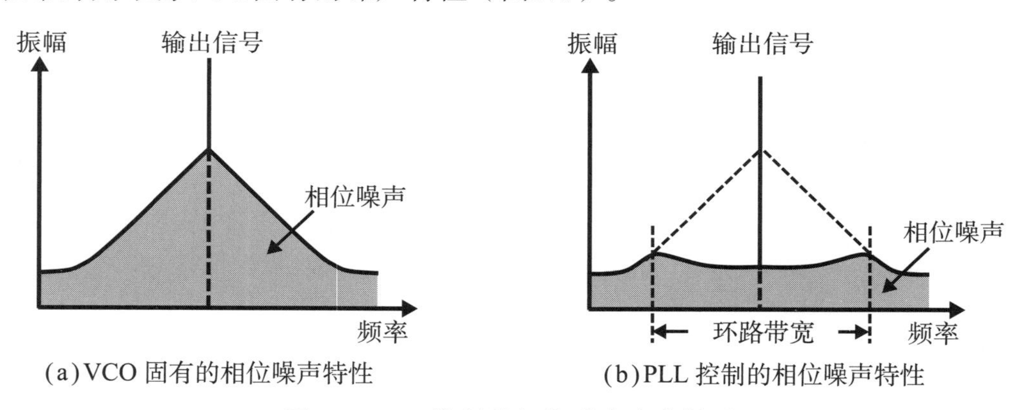

图5.1 PLL控制的相位噪声变化情形

PLL可以通过改变分频器的分频比来改变输出频率，当分频比为整数时，其频率步进为晶振频率的整数倍，这样的PLL被称为整数分频PLL（Integer-N PLL），分频比为分数时则称为分数分频PLL（fractional-N PLL）。

5.1 整数分频PLL

整数分频PLL由LC-VCO振荡器、晶振、分频器（将VCO输出信号进行分频至晶振频率附近）、鉴相器（将分频后的信号和晶振信号进行相位比较，并将其相位误差对应的脉冲进行输出），以及环路滤波器（将该脉冲信号转换为直流电压）组成。

图5.2为整数分频PLL的整体结构图。首先，VCO以参考信号N倍附近的频率f_{VCO}进行自激振荡。将振荡器的输出进行1/N分频后，其输出频率为$f_{COMP} = f_{VCO}/N$。将此信号和参考信号进行比较，若VCO的输出频率高于参考信号的频率，则f_{COMP}的相位比基准频率超前；若VCO的输出频率低于参考信号的频率，则f_{COMP}的相位比基准频率滞后。鉴相器则输出与相位的超前量和滞后量相对应的脉冲幅度的信号。此脉冲通过环路滤波器转换为直流电压反馈到VCO，最终VCO以参考信号频率进行振荡。

由于多个用户在对应频带内同时进行通信，因此要求无线设备能够在此频带内大范围且以连续的频率阶跃进行输出。整数分频PLL的场合，VCO的输出频率为参考信号的N倍，因此频率间隔为基准频率。当想细微调整频率间隔时，需要将参考信号频率降低，并将分频比设定得非常大。举个例子，PLL输出频率为1.5GHz，频率步进为25kHz时，基准频率为25kHz，分频器的分频比为1/60000。一般来说，分频器的分频比和高速动作两者为折中的关系，在GHz带工作的分频器无法将分频比设定得很细微，因此工作于GHz带的PLL将使用下节介绍的吞脉冲计数器。

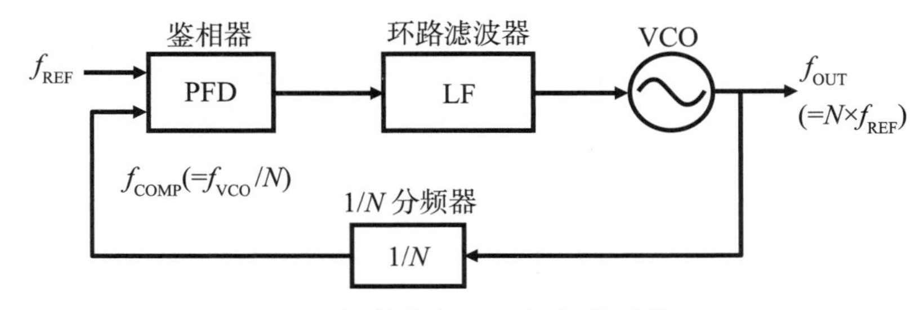

图5.2 整数分频PLL的整体结构图

5.1.1 分频器

吞脉冲计数器（pulse-swallow counter）是以双模分频器（dual-modulus divider）为基础构成的，其整体电路如图5.3所示。双模分频器根据控制信号可以选择1/p分频或者1/(p + 1)[3]，以下将其称为modulus分频器。此分频器的输出分别输入n计数器和a计数器。此外，各计数器需要满足设定值$n_0>a_0$的条件。将这两个计数器的输出作为控制信号去控制modulus分频器的分频比。

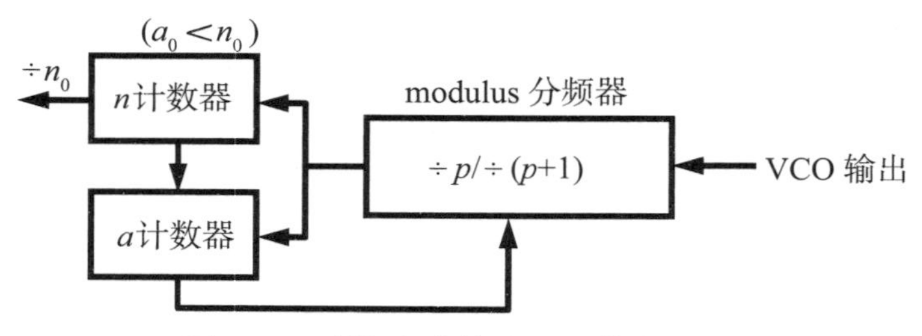

图5.3　吞脉冲计数器的整体结构图

图5.4表示的是构成吞脉冲计数器的各电路工作状态。将VCO输出信号作为modulus分频器的输入信号，最开始进行$1/(p+1)$分频。当modulus分频器的计数达到a计数器的设定值a_0时，将modulus分频器的分频比变化为$1/p$。此后，直到a计数器达到n计数器设定的计数值，计数器停止工作。当n计数器达到设定值时，所有的计数器恢复到初始状态，modulus分频器再次进行$1/(p+1)$分频。

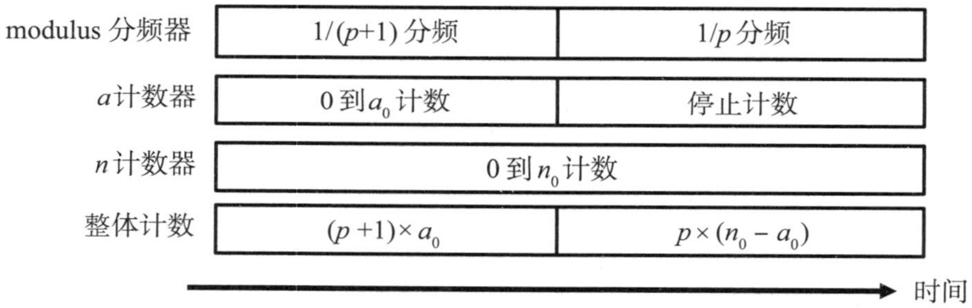

modulus 分频器	$1/(p+1)$ 分频	$1/p$ 分频
a计数器	0 到a_0计数	停止计数
n计数器	0 到n_0计数	
整体计数	$(p+1)\times a_0$	$p\times(n_0-a_0)$

→ 时间

图5.4　吞脉冲计数器的工作说明图

分频器整体的总计数为：$(p+1)\times a_0+p\times(n_0-a_0)=n_0\times p+a_0$，整体的分频比步进可以通过$a_0$来调整。连续设定的分频数可达到$p^2-p$以上。举例来说，$p=16$的话，则作为连续数值可设定的分频数为240以上。进行以上动作时，若modulus分频器高速工作，即便计数器进行低速工作也是没关系的。另外，modulus分频器的分频比应该根据VCO频率和基准频率设定合适的值。作为例子，有8/9分频，16/17分频，32/33分频。

modulus分频器是以D触发器（delayed flip flop，DFF）为基础构成的，分频比越大，越难进行高速工作。图5.5为4/5分频modulus分频器电路的结构例子，将3级DFF进行并联连接，通过利用第三级DFF输出和第二级DFF输出的反馈信号来实现4分频和5分频。4/5切换信号在“H”电平（逻辑电平＝“1”）时为5分频工作，在“L”电平（逻辑电平＝“0”）时为4分频工作。

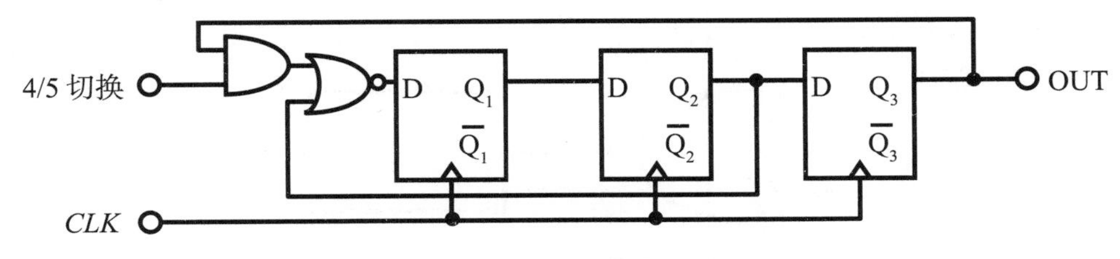

图5.5　4/5双模分屏器

图5.6显示的是4/5双模分频器的时序图。当4/5切换信号为“H”电平时，若$Q_1 \sim Q_3$的DFF输出全部都为“L”，则与门电路的输出为“L”，2输入的或非门电路输出（第二级DFF输出的反相）则为“H”电平。作为结果，初级DFF输入“H”电平，在1个时钟周期后DFF的输出Q_1则反相为“H”电平。第二级DFF的输出Q_2在第一级输出反相后的再下一个时钟周期后反相为“H”电平，同样地第三级DFF的输出Q_3再在下一个时钟周期后反相为“H”电平。当Q_3为“H”电平后，与门电路输出反相为“H”电平，将或非门电路输出锁定为“L”电平，Q_1，Q_2以及Q_3各自按照顺序延迟一个时钟周期后反相为“L”电平。作为结果，Q_3输出的周期为时钟5分频。

另一方面，当4/5切换信号为“L”水平时，与门电路的输出被锁定为“L”电平。或非门电路输出的则为第二级DFF反相信号。作为结果，modulus分频器为第二级DFF输出经反相反馈后的结果，即作为1/4分频电路进行工作。此时第三级的DFF仅仅作为延迟电路进行工作。

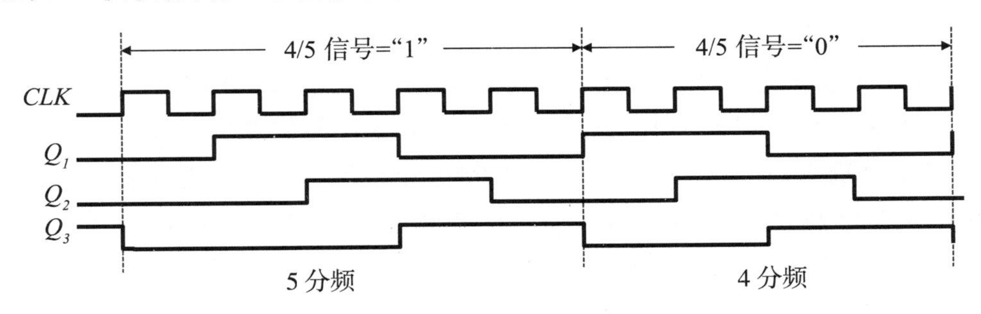

图5.6　4/5双模分频器时序图

5.1.2　鉴相器

鉴相器（phase detector）通过比较参考信号和VCO分频后的信号相位，输出与其相位差相当的脉宽信号。此信号通过积分电路变换为DC电压后输入到VCO中。积分是通过后述被称为环路滤波器的低通滤波器实现的。

最简单结构的鉴相器为图5.7所示的2输入异或门（exclusive or，EXOR）电路。如今设输入信号为V_{REF}和V_{COMP}，图5.7所示的EXOR逻辑式为：

$$V_{OUT}=\overline{V_{REF}}V_{COMP}+V_{REF}\overline{V_{COMP}} \tag{5.1}$$

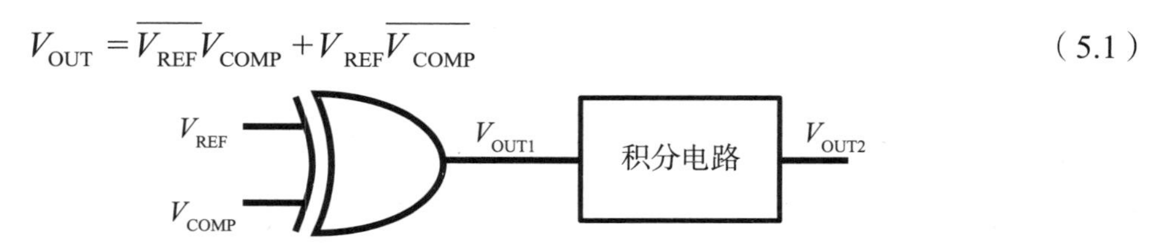

图5.7　异或门（EXOR）结构的鉴相器

此电路只在输入信号电平相异的场合才输出“H”电平。图5.8(a)中参考信号V_{REF}和分频后的VCO信号V_{COMP}的相位差为0，EXOR电路的输出V_{OUT1}为“L”电平，积分电路输出为“L”电平。

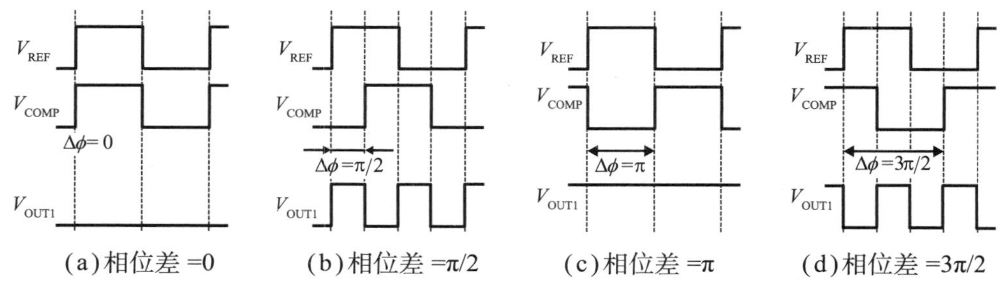

(a)相位差 =0　(b)相位差 =π/2　(c)相位差 =π　(d)相位差 =3π/2

图5.8　EXOR鉴相器电路的工作波形

PLL将此鉴相器的输出通过低通滤波器（积分电路）进行平滑化（变换为直流）。当VCO频率较高时，对应于相位差的脉冲被变换为直流电压，我们需要控制振荡频率在较低值。作为结果，因VCO振荡频率较低，V_{COMP}相对于V_{REF}的相位差则增加。图5.8(b)显示了积蓄下来的相位差为π/2时的情形。此时EXOR电路输出占空比50%的信号，因此积分电路的输出为$V_{DD}/2$，PLL则进入频率锁定状态。图5.8(c)是相位差为π时的情形，因为输入信号的逻辑电平完全相反，因此EXOR电路输出为“H”电平。因此控制信号输入后的VCO振荡频率会变高。图5.8(d)是相位差为3π/2时的情形，此时EXOR电路输出占空比50%的信号，PLL进入频率锁定状态。如此，使用EXOR电路的鉴相器存在无法区别π以上相位差的问题。更进一步，对于使用EXOR鉴相器的PLL，还需要留意它被V_{COMP}的高阶波锁定的可能性。

图5.9显示了将EXOR电路输出进行积分得到的电压（VCO的控制电压）和V_{REF}及V_{COMP}之间相位差的关系，相位差在π以上时可以知道控制电压的曲线再次反复折回。

此处设使用EXOR电路的鉴相器传递函数（相位转换增益）为K_{PD_EXOR}，可以比较的最大相位差为π，则有：

$$K_{PD\_EXOR} = \frac{V_{DD}}{\pi} \tag{5.2}$$

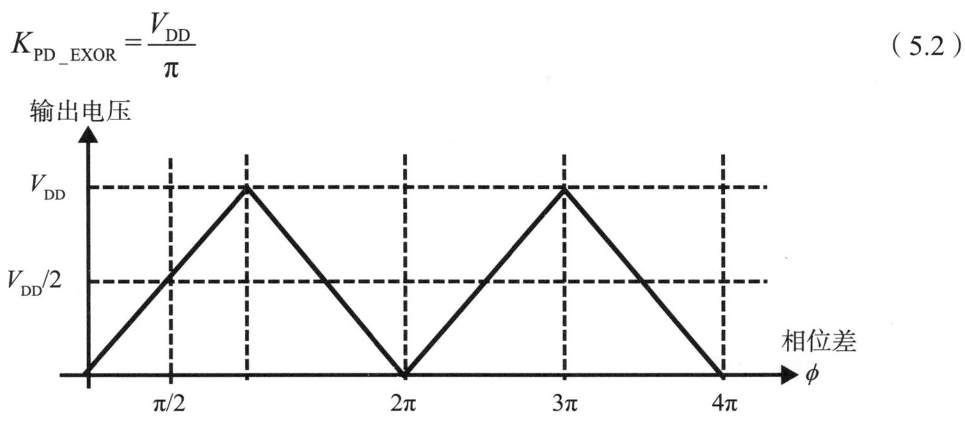

图5.9 EXOR鉴相器电路的输入输出特征

图5.10为MOS器件组成的EXOR电路例子。仅仅在两个输入信号（V_{REF}和V_{COMP}）的逻辑不一样时，输出端和电源端之间串联连接的NMOS器件和NMOS器件的路径中不管哪个呈导通状态，输出V_{OUT}都为“H”电平。此时输出端和GND之间仅NMOS器件或者仅NMOS器件串联连接的路径则不管是哪个都处于截止状态。另一方面，在两个输入信号（V_{REF}和V_{COMP}）的逻辑一样时，NMOS器件和PMOS器件串联连接的路径中不管哪个呈导通状态，输出V_{OUT}都为“L”电平。

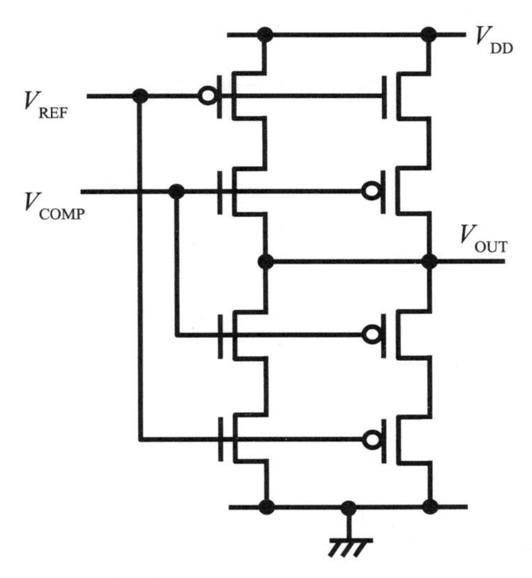

图5.10 MOS器件所构成的EXOR电路例子

然而，使用EXOR电路的鉴相器波动较大，所比较的信号为反相的场合，以及频率为整数倍的场合都会存在不能检测的问题。

图5.11所示的鉴频鉴相器（phase frequency detector，PFD）以触发器为基础，其输出由参考信号V_{REF}和VCO经分频后的信号V_{COMP}的相位与频率决定。此

PFD电路中，V_{REF}和VCO信号各自作为D触发器的时钟信号输入。当数据信号固定为“H”电平时，V_{REF}和V_{COMP}的上升沿到达时，高电平“H”将被取出并保持在输出端。另外，该电路的两个触发器输出都为“H”电平时，它将被与门电路检测到，并将触发器重置为“L”电平状态。作为结果，可输出V_{REF}和V_{COMP}的上升沿相位差对应的脉宽。

此电路中，触发器输出up和down信号输入进纵向堆叠的三态门中。此电路中考虑只有up信号为“H”电平的情况。因反相器而反相的up信号使PMOS器件导通，从而使输出为V_{DD}。只有down信号为“H”时，PMOS器件呈截止状态，NMOS器件呈导通状态，输出为GND(0V)。另一方面，up信号和down信号都为“L”电平时，电路的MOS器件全部为截止状态，因而输出为高阻状态。此输出通过积分电路被用作VCO控制信号。

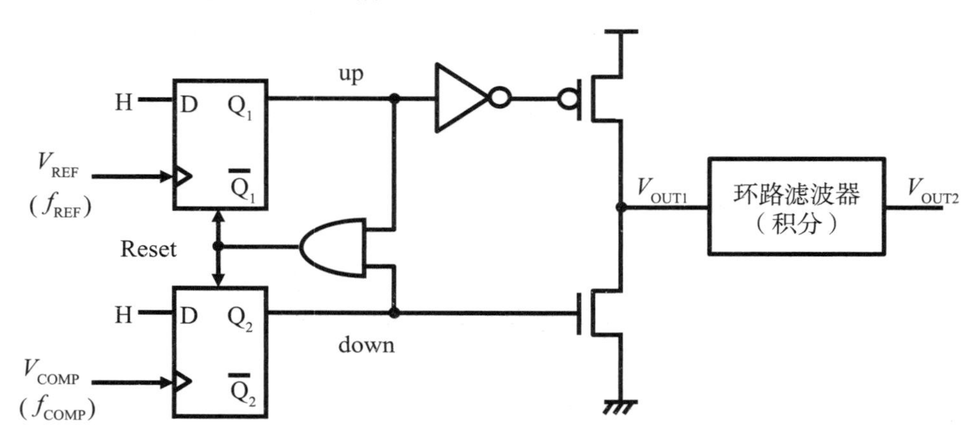

图5.11　鉴频鉴相器（PFD）的电路例子

图5.12(a)显示了V_{REF}相对于V_{COMP}相位超前的工作波形。PFD触发器输出的up信号在V_{REF}上升沿输入PFD时为“H”电平。接下来在V_{COMP}信号上升沿输入PFD时，触发器输出的down信号为“H”电平。由此，与门电路输出为“H”电平，两个触发器被重置为“L”电平。因此，PFD输出的up信号在V_{REF}的上升沿输入进PFD开始到V_{COMP}的上升沿输入进PFD为止的这段时间内为“H”电平。down信号之所以为毛刺状输出，是受到了与门电路延迟时间和触发器延迟时间的影响。up信号通过积分电路变换为直流电平，成为VCO的控制电压，因此V_{REF}和V_{COMP}的相位差为正时，VCO控制信号和振荡频率都变高，VCO信号的分频信号V_{COMP}的上升沿则趋近于V_{REF}。

图5.12(b)显示了V_{COMP}信号上升沿相对于V_{REF}信号相位超前时的PFD工作波形。V_{COMP}信号上升沿输入时，触发器down输出为“H”电平，然后V_{REF}信号

上升沿输入时up信号输出也为“H”电平，重置信号再将两个触发器都恢复到“L”电平。此时V_{COMP}信号和V_{REF}信号存在相位差，down信号为“H”电平。down信号通过积分电路使VCO的控制电压变低，VCO振荡频率也变低，从而V_{COMP}信号的上升沿趋近于V_{REF}信号的上升沿。

图5.12(c)为V_{REF}和V_{COMP}信号上升沿同时输入的场合，此时PLL为锁定状态。

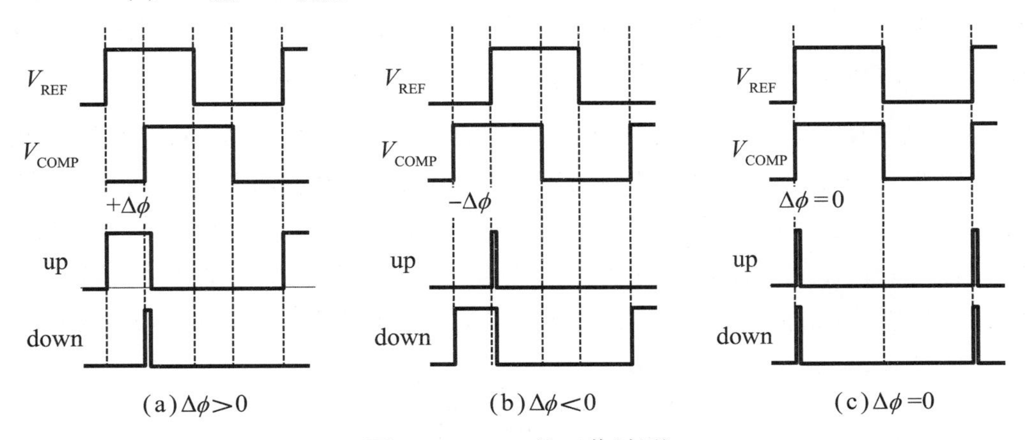

图5.12 PFD的工作波形

图5.13为鉴相器上使用的触发器，它是用与非门构成的。触发器的数据存储部分由2个与非门电路构成，而获取的数据则与输出同时存储。此电路中V_{REF}信号（参考信号）上升沿比V_{COMP}信号（VCO分频信号）上升沿先输入时，up信号为“H”电平，而V_{COMP}信号上升沿比V_{REF}信号上升沿先输入时，down信号为

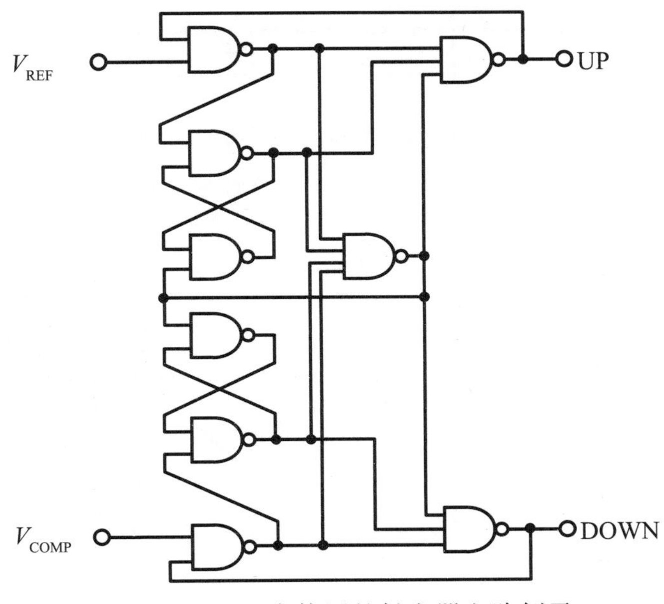

图5.13 PFD中使用的触发器电路例子

“H”电平。另一方面，两个触发器的数据同时为“H”电平时，与门电路将触发器进行重置。

然而，由于此鉴相器的电压增益有限，我们需要考虑脉冲波形输出时电路的输出阻抗，以及连接在输出端的寄生电容的充放电时间所造成的影响。比如说，图5.11的鉴相器中三态门电路输出“H”电平时，PMOS器件的导通电阻（几十欧姆）和输出端所连接的电容决定了上升时间。相反地，三态门电路输出“L”电平时，NMOS器件的导通电阻和电容决定了下降时间。

此鉴相器在输入相位差较小时，如图5.14所示，存在无法响应且增益为0的区域。因此，PFD的输入输出特性与图5.15(a)所示的理想特性有所差异，它会在相位差为0的附近产生没有输出信号的死区（dead zone）（图5.15(b)）。当这个死区存在时，PLL的环路增益在死区附近会产生较大变化，控制也不稳定，PLL环路在相位差为0的附近也会产生进进出出的蛇形振荡（hunting oscillation）。

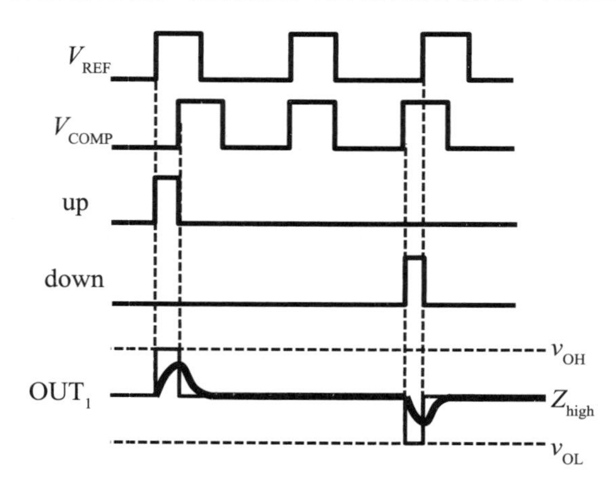

图5.14 PFD输出脉冲延迟时间的影响

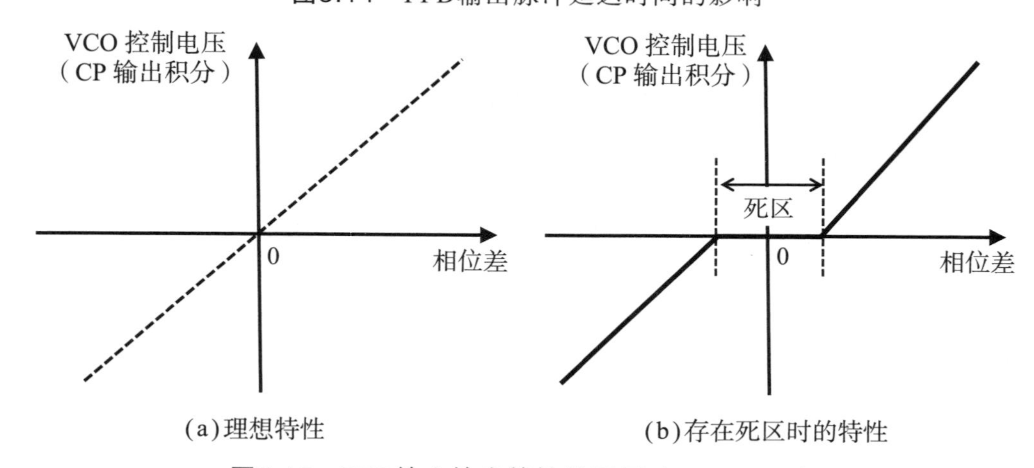

(a)理想特性 (b)存在死区时的特性

图5.15 PFD输入输出特性的死区（dead zone）

由于这个蛇形振荡，PLL输出信号中会产生和所希望的频率不一样的杂散（无用的频谱线），或者PLL输出频率以蛇形振荡周期漂移。

图5.16是为了将直流转换增益变得无限大而设计的将相位比较输出变换成电流的电荷泵电路的例子。此电路在三态门电路的电源端和PMOS器件源极之间，以及NMOS器件源极和GND端之间插入稳定电流源，将鉴相器的电压脉冲变换为电流输出。鉴相器为电流输出时，环路滤波器出现的直流电压增益可以变得无限大。

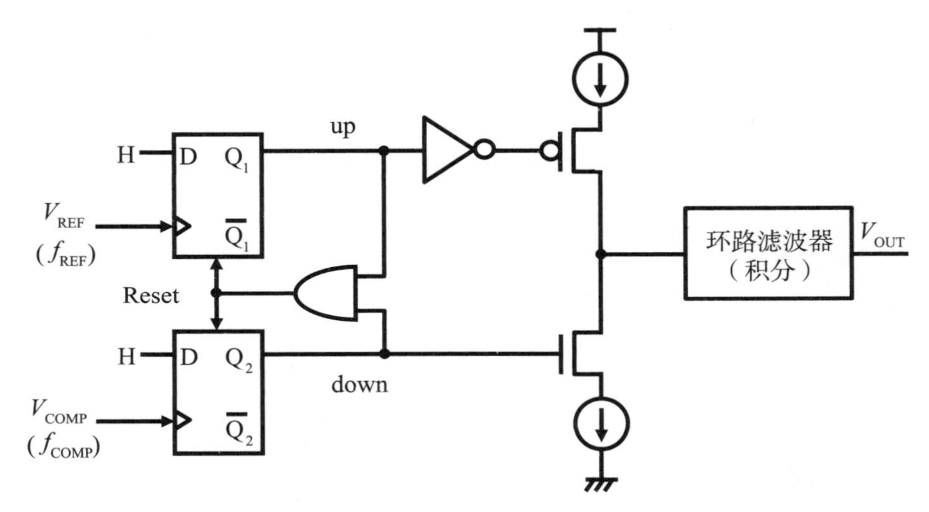

图5.16 电荷泵型PFD电路

图5.17为电荷泵型PFD的相位比较特性。我们可以看到相位差在 ± 2π的范围内具有线性特性。另外，相位差在 ± 2π以上时，输入信号中不管哪一方信号，都在其他信号输入前进行连续输入。此时（相位差在 ± 2π以上）意味着存在频率差。相位差在 ± 2π以上时，PFD只输出使频率差变小方向的极性信号，因此它作为大范围的频率比较器进行工作。

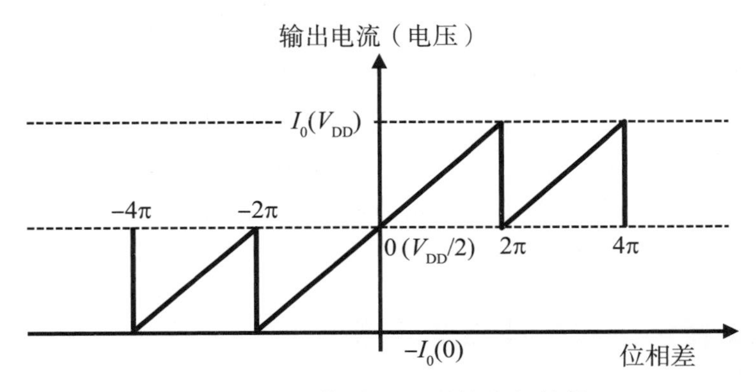

图5.17 电荷泵型PFD的鉴相特性

此处，设电荷泵型PFD的传递函数（相位转换增益）为K_{PFD}，可作比较的最大相位差为±2π，电荷泵输出的电流差为$\pm I_0$，则有：

$$K_{PFD} = \frac{I_0}{2\pi} \tag{5.3}$$

即使是在上述电路中，VCO分频信号和参考信号的相位差非常小时，正确的相位检测也是比较困难的。相位差变换特性中存在死区，出于对产生杂散等方面的担心，我们考虑图5.18所示的增大相位器输出脉宽的电路。此电路中重置信号因反相几级而导致延迟Δt_d，从而可以回避死区。此电路被称为消隙电路（anti-backlash circuit），up及down脉冲信号中增加了消隙脉宽（Δt_d）。另一方面，两个触发器同时输出为“H”电平的时间变长，三态门电路的PMOS器件和NMOS器件同时处于导通状态的时间段也会出现。在这样的场合，如果两个电流源电流I_0相等，则三态门电路的电流会全部从电源流向GND，输出端没有电流流动，维持着与相位差成比例的输出电流。图5.16电路中需要使电流源电流I_{OP}和I_{ON}值一致，两者不一致时PLL中则会有杂散产生。

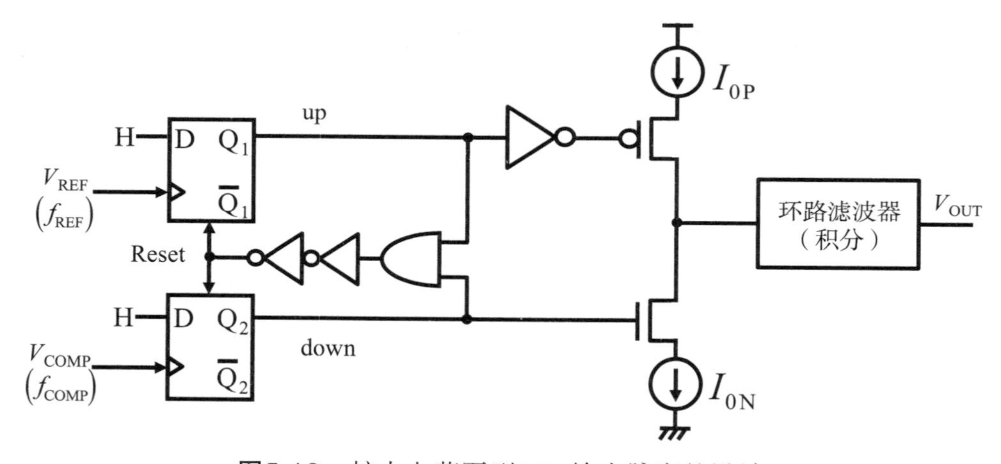

图5.18　扩大电荷泵型PFD输出脉宽的设计

一般使用的电荷泵电路如图5.19所示。此电路由输出端所连接的右侧电流路径和同一结构的左侧镜像路径组成，输出侧路径截止时镜像路径导通，从电流源可以稳定地流出一定值的电流。另外，为了抑制路径切换瞬间各路径电压差导致的电流值变动，在镜像路径的节点连接有将输出电压进行复制的缓冲电路。作为结果，使电荷泵电流进行稳定的流动成为可能，从而实现电流的稳定化。

5.1.3　PLL传递函数和环路滤波器

PLL属反馈（负反馈）控制系统，通过分频信号和参考信号的相位及频率比

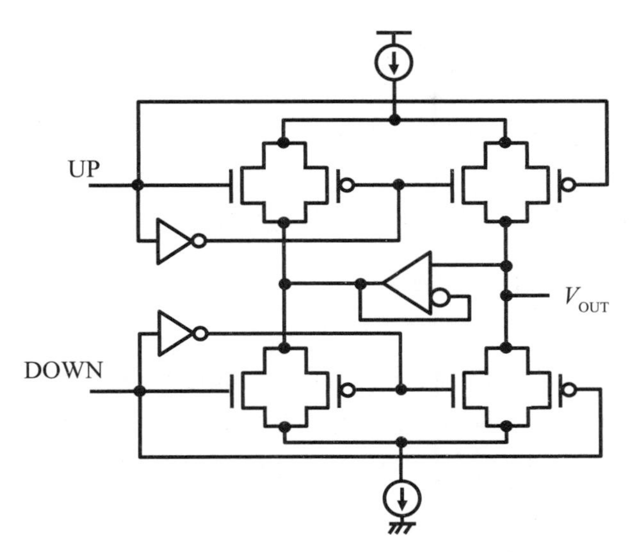

图5.19　使用电流镜的电荷泵电路例子

较，可以对它的输出信号进行反馈控制。PLL反馈控制的频率注入过程中，当VCO输出的分频信号频率和参考信号不一样时，通过变更频率以减小相位差。如后面将要述及的那样，因为PLL的频率是针对控制信号，并随延迟而变化，故而即使PLL频率与目标一致，也将产生频率变化太多而导致的过冲和下冲。

为了理解这个工作过程，求PLL的传输特性变得非常重要。在PLL的传递函数不适合的场合：

（1）环路变得不稳定，相位噪声恶化。

（2）产生因参考泄漏（输入鉴相器的参考信号频率成分的一部分注入VCO）而起的无用杂散信号。

（3）为了改变PLL的频率，从用来调整频率的控制信号切换到输出频率稳定在目标值的响应（频率响应）都变得非常迟缓。

图5.20表示了构成PLL各模块相位相关的传递函数模型。$1/N$分频器可以看成与相位相关的增益为$1/N$的放大器，鉴相器将分频器输出和参考信号（晶振输出）的相位差变换为电压或者电流，被当作与输入相位相对应的转换增益为K_{p}（(V/rad)或者(A/rad)）的放大器。设环路滤波器的传递函数为$F(s)$，来自环路滤波器输出电压$V_{\mathrm{LP}}(t)$的VCO输出频率的变化为$\Delta\omega$，设其输出相位为ω，VCO的转换增益为K_{V}（rad/s/V），则有：

$$\Delta\omega(t)=\frac{\mathrm{d}\theta(t)}{\mathrm{d}l}=K_{\mathrm{V}}\times V_{\mathrm{LP}}(t) \tag{5.4}$$

对上式进行拉普拉斯变换[4]，则有：

$$\Im\left\{\frac{\mathrm{d}\theta(t)}{\mathrm{d}l}\right\}=s\theta(s)=K_{\mathrm{V}}\times V_{\mathrm{LP}}(t) \tag{5.5}$$

因此，VCO输出相位与控制电压的积分值成比例：

$$\theta(s)=\frac{K_{\mathrm{V}}\times V_{\mathrm{LP}}(t)}{s} \tag{5.6}$$

所以，VCO的增益相对于频率以−20dB/dec进行变化，相位相对于输入具有π/2的相位滞后。VCO通常具有π/2的相位滞后，为了不让PLL环路振荡，设计时必须考虑相位裕度。特别地，环路滤波器设计是决定PLL特性的重要要素之一。

图5.20为PLL反馈环路只包含一个与相位相关的积分器时的传递函数模型，它被称为I型PLL（Type-I PLL）。在这个模型中PFD输出为电压，环路滤波器在低频时作为电阻器件进行工作。

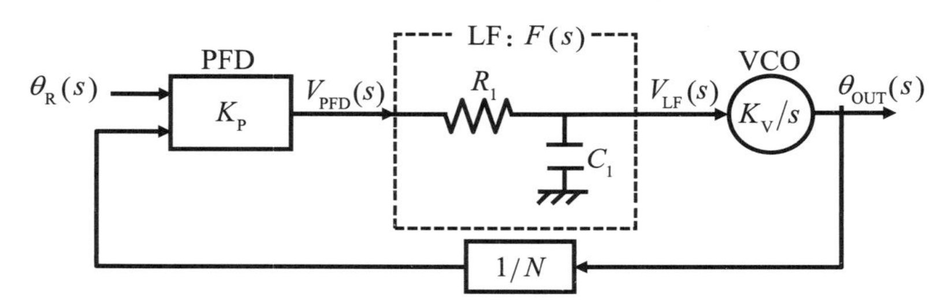

图5.20　I型PLL传输函数模型

图5.20的传递函数模型中，PFD输出电流的传递函数可以由相位差和转换增益得到：

$$V_{\mathrm{PFD}}(s)=K_{\mathrm{p}}\left[\theta_{\mathrm{R}}(s)-\frac{\theta_{\mathrm{OUT}}(s)}{N}\right] \tag{5.7}$$

环路滤波器输出则为：

$$V_{\mathrm{LF}}(s)=F(s)\times V_{\mathrm{PFD}}(s) \tag{5.8}$$

与VCO输出相位$\theta_{\mathrm{OUT}}(s)$和参考信号相位$\theta_{\mathrm{R}}(s)$相关的传递函数$H_{\mathrm{PLL}}(s)$为：

$$H_{\mathrm{PLL}}(s)=\frac{\theta_{\mathrm{OUT}}(s)}{\theta_{\mathrm{R}}(s)}=\frac{K_{\mathrm{p}}F(s)\dfrac{K_{\mathrm{V}}}{s}}{1+K_{\mathrm{p}}F(s)\dfrac{K_{\mathrm{V}}}{s}\dfrac{1}{N}} \tag{5.9}$$

此处考虑改变环路滤波器的功能。将与鉴相器输出的相位差成比例的脉宽电压变换为纹波较少的直流电压，这就是环路滤波器的功能。这样的功能可以由低通滤波器实现，将图5.20所示的RC一阶低通滤波器电路作为环路滤波器时，高频段信号（参考信号频率的纹波等）可以得到衰减，高频时相位滞后为π/2（90°），和VCO的相位滞后进行合成后，PLL环路的相位滞后为π（180°）。虽然构成了负反馈，但增益在1以上且相位滞后为180°时会成为正反馈并引起振荡。相对于负反馈环路增益为1的频率处-180°（滞后180°）相位，实际的相位差为多少即为相位裕度，PLL电路的稳定性即可由此来判断。一般为实现稳定工作，需要相位裕度至少为45°。另外，负反馈环路的增益为1是指开环增益为1的时候。像RC低通滤波器这样输出滞后的滤波器被称为滞后滤波器，为了在用滞后滤波器构成的PLL中确保相位裕度，最好提高滤波器的截止频率。另一方面，高频段的增益不能得到充分衰减，所以参考信号的纹波等残留也会成为一个问题。

对于一阶RC低通滤波器，我们无法独立设定截止频率和相位，作为对策我们考虑图5.21所示的超前-滞后滤波器（Lag-lead filter）。

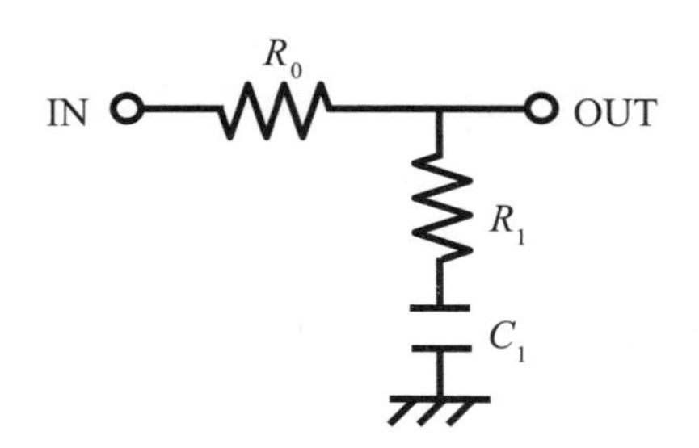

图5.21 超前-滞后滤波器

图5.21的超前滞后滤波器传递函数为：

$$F(s)=\frac{V_{\mathrm{OUT}}}{V_{\mathrm{IN}}}=\frac{1+R_1C_1s}{1+(R_1+R_0)C_1s} \tag{5.10}$$

对于频率特性，将s函数用$j\omega$替换再取绝对值，则有：

$$|F(\omega)|=\sqrt{\frac{1+\omega^2R_1^2C_1^2}{1+\omega^2(R_1+R_0)^2C_1^2}} \tag{5.11}$$

滤波器的相位滞后为：

$$\angle F(\omega)=\tan^{-1}(\omega R_1C_1)-\tan^{-1}\left[\omega(R_0+R_1)C_1\right] \tag{5.12}$$

超前-滞后滤波器为具有滞后和超前两种特征的滤波器，它在低频段显示为相位滞后而高频段则显示为相位超前。在图5.22中，设电路参数为$R_0=10\text{k}\Omega$，$R_1=1.5\text{k}\Omega$，$C_1=0.015\mu\text{F}$，图5.22(a)所示的增益-频率特性方面，增益为-3dB

时频率为1kHz，其后增益以−20dB/dec进行单调减小，10kHz附近处则达到定值−20dB。另外，图5.22(b)所示的相位−频率特性方面，1 ~ 2kHz附近为滞后特性，3kHz附近滞后达到最大的−50°，其后变为超前特性，到1MHz时接近于0°。像这样使用超前−滞后滤波器的话，PLL环路增益为1的频率处，相位没有达到180°，从而具有可以调整相位的优点。

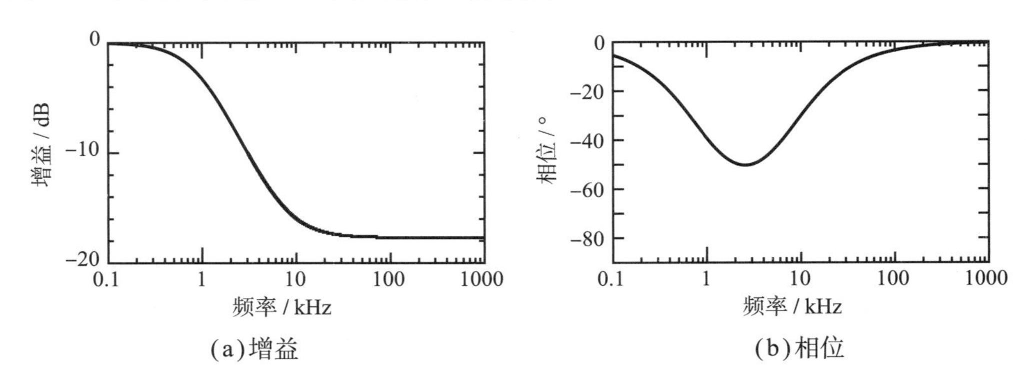

(a)增益　　(b)相位

图5.22　超前−滞后滤波器的频率特性

另一方面，图5.21所示的超前−滞后滤波器中，高频率带的衰减量由电阻比R_0/R_1决定，为了调节相位滞后，这个电阻比值不能太大。此例中，即使是在100kHz以上的高频段，增益的衰减量也只有−20dB这样的程度。环路滤波器无法充分地降低参考泄漏乃是一大问题。

为确保高频段充分的衰减量，图5.23显示了在超前−滞后滤波器旁并联电容的结构。电容值C_2与电容值C_1相比，比如说设计为小一个数量级，超前−滞后滤波器中增益为定值的频带处则可以获得增益的衰减。

图5.23的滤波器传递函数为：

$$F(s)=\frac{1+R_1C_1s}{\left(1-\omega^2C_2C_1R_0R_1\right)+\left[\left(R_1+R_0\right)C_1+C_2R_0\right]s} \tag{5.13}$$

其频率特性为：

$$\left|F(\omega)\right|=\sqrt{\frac{1+\omega^2R_1^2C_1^2}{\left(1-\omega^2C_2C_1R_0R_1\right)^2+\omega^2\left[\left(R_1+R_0\right)C_1+C_2R_0\right]^2}} \tag{5.14}$$

滤波器的相位滞后为：

$$\angle F(\omega)=\tan^{-1}(\omega R_1C_1)-\tan^{-1}\left\{\frac{\omega\left[\left(R_1+R_0\right)C_1+C_2R_0\right]}{1-\omega^2C_2C_1R_0R_1}\right\} \tag{5.15}$$

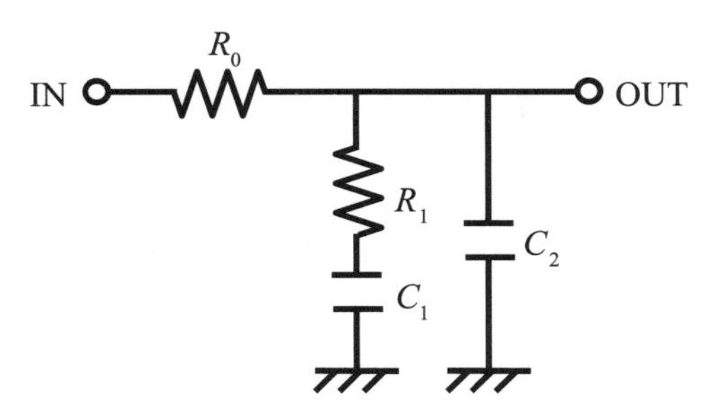

图5.23　添加高频衰减特性的超前-滞后滤波器

此处设电路参数为$R_0=10\text{k}\Omega$，$R_1=1.5\text{k}\Omega$，$C_1=0.015\mu\text{F}$，$C_2=1500\text{pF}$，其计算结果见图5.24。图5.24(a)的增益-频率特性方面，增益为-3dB时频率为1kHz，其后增益以-20dB/dec进行单调减小，10kHz附近处暂时开始维持平坦的值，然后再以-20dB/dec进行单调减小。另外，图5.24(b)所示的相位特性方面，1～2kHz附近为滞后特性，3kHz附近滞后达到最大的-50°，其后变为超前特性，到30kHz以后又开始变为滞后特性，相位又变得更滞后。像这样通过添加高频段的衰减特性，确保了相位裕度，抑制了参考泄漏，使得设计上增大高频段的衰减成为可能。

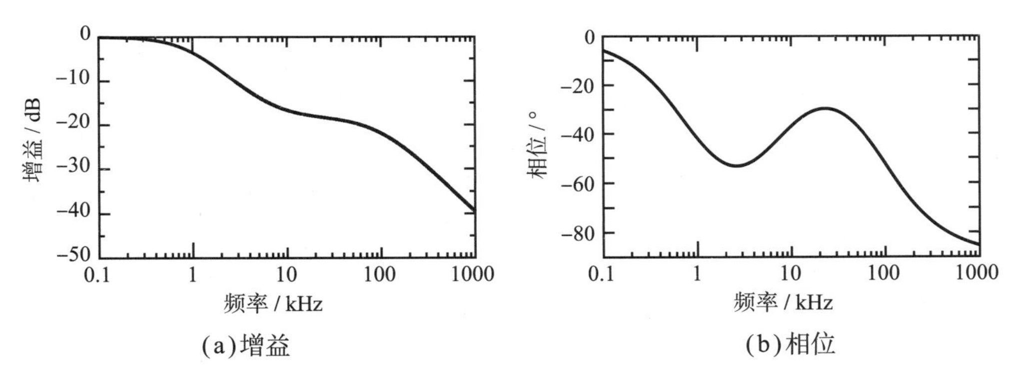

图5.24　添加高频段衰减的超前-滞后滤波器的频率特性

接下来确认使用超前-滞后滤波器的I型PLL稳定性，如图5.25所示。到PFD反馈输入的一周环路增益$G(s)$可求得为：

$$
\begin{aligned}
G(s) &= K_\text{p}F(s)\frac{K_\text{V}}{s}\frac{1}{N} \\
&= \frac{K_\text{p}K_\text{V}}{N}\left\{\frac{(1+j\omega R_1C_1)}{j\omega(1-\omega^2C_2C_1R_0R_1)-\omega^2\left[(R_1+R_0)C_1+C_2R_0\right]}\right\}
\end{aligned}
\tag{5.16}
$$

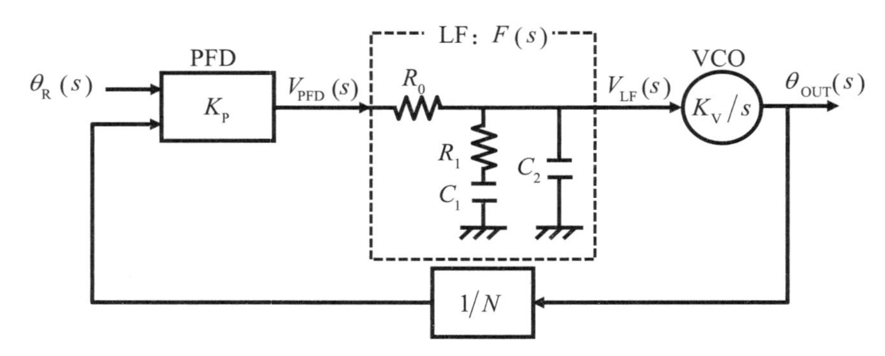

图5.25 使用了添加高频衰减特性的超前–滞后滤波器的I型PLL

将构成PLL电路的模块具体参数代入此解析式考虑稳定性。VCO振荡频率为315MHz，调制灵敏度为$K_V = 25 \times 10^6$rad/s/V，分频器的分频比为315，参考信号频率为1MHz，鉴相器增益为0.79V/rad（5V输出电压时最大相位差相当于2π）；构成环路滤波器器件的参数方面，$R_0 = 10\text{k}\Omega$，$R_1 = 1.5\text{k}\Omega$，$C_1 = 0.015\mu\text{F}$，$C_2 = 1500\text{pF}$时的一周增益及相位计算结果如图5.26所示。

从图5.26(a)中PLL的增益–频率特性可以看到，增益从低频段开始单调减少，增益为1时对应的频率为10kHz，为了抑制参考泄漏，1MHz高频处的衰减量可以充分地达到–60dB的程度。另一方面，VCO相位为一定值–90°（滞后），所以一周环路中低频段的相位随着频率从–90°开始其滞后程度逐渐变大，到3kHz附近时相位开始变为超前，从而可以确保相位裕度。10kHz处的相位裕度约为50°。从这个结果可以看出，添加了高频衰减特性的超前–滞后滤波器对PLL的稳定工作是有效果的。

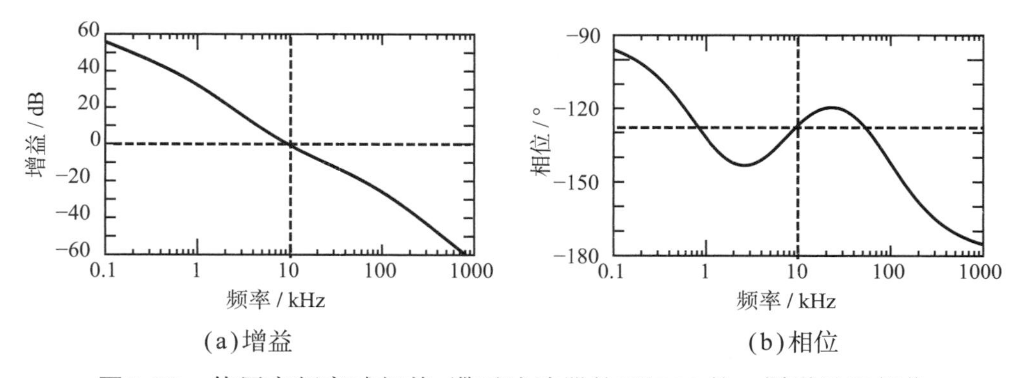

图5.26 使用高频衰减超前–滞后滤波器的I型PLL的一周增益和相位

I型PLL中的鉴相器其直流电压增益有限，因此存在产生相位误差（频率偏移）的可能性。为了使直流电压增益无限大，在鉴相器输出端加上电荷泵电路作为电流输出的基础之上，环路滤波器中还需要采用直流容性电路，即积分器（电容）。VCO为与相位相关的积分器，现在这个结构包含环路滤波器，从而使得环路内有两个积分器，这样的PLL被称为II型PLL（Type-II PLL）。图5.27为其传递函数模型。

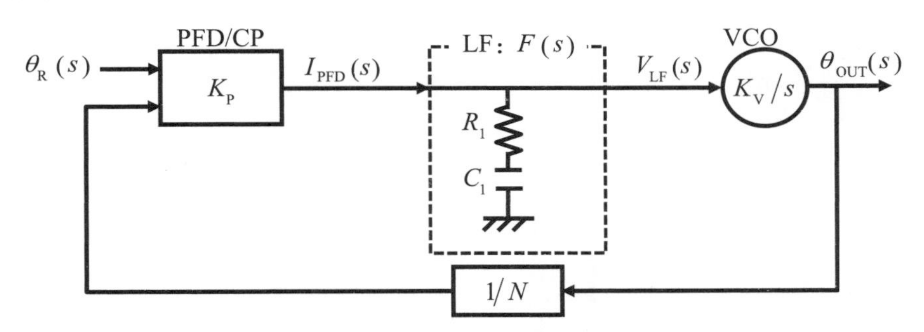

图5.27 II型PLL传输函数模型

图5.27中环路滤波器由电阻R_1和电容C_1组成，其传递函数为：

$$F(s)=\frac{V_{OUT}(s)}{I_{IN}(s)}=R_1+\frac{1}{C_1 s} \tag{5.17}$$

此环路滤波器的直流阻抗呈容性且无穷大，电流输入时的电压转换增益也为无穷大。此PLL的一周环路增益为：

$$G(s)=K_p F(s)\frac{K_V}{s}\frac{1}{N}=\frac{I_0}{2\pi}\frac{K_V}{N}\frac{1}{s}\left(R_1+\frac{1}{C_1 s}\right) \tag{5.18}$$

VCO振荡频率为315MHz，调制灵敏度为$K_V=25\times10^6$rad/s/V，分频器的分频比为315，参考信号频率为1MHz，电荷泵电流I_0为3mA；构成环路滤波器器件的参数方面，$R_1=1.5\text{k}\Omega$，$C_1=0.015\mu\text{F}$时的一周增益及相位计算结果如图5.28所示。

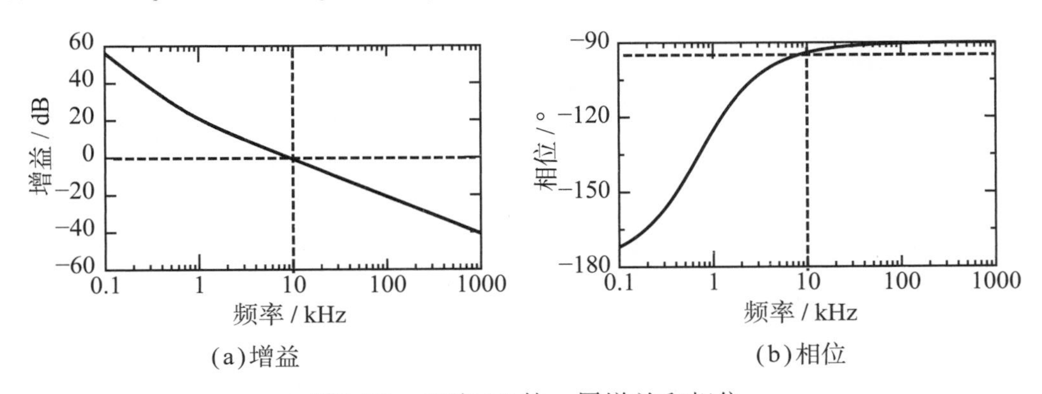

图5.28 II型PLL的一周增益和相位

图5.27所示的II型PLL中，为确保稳定性，高频端的传递函数为电阻R_1，因此会产生参考泄漏。具体来说，PFD的电荷泵电流流过滤波器的电阻R_1，使VCO

控制电压产生脉冲波形，对VCO进行频率调制，在PLL的输出会产生杂散，这是一大问题。为应对此问题，如图5.29所示，添加电容C_2的滤波器被提了出来。此时，需要设定电容C_1的值远大于电容C_2的值。此传递函数为：

$$F(s)=\frac{V_{\mathrm{OUT}}(s)}{I_{\mathrm{IN}}(s)}=\frac{1}{s(C_1+C_2)}\frac{1+\dfrac{s}{\omega_1}}{1+\dfrac{s}{\omega_2}} \tag{5.19}$$

此处，

$$\omega_1=\frac{1}{C_1R_1},\quad \omega_2=\frac{C_1+C_2}{C_2C_1}\frac{1}{R_1} \tag{5.20}$$

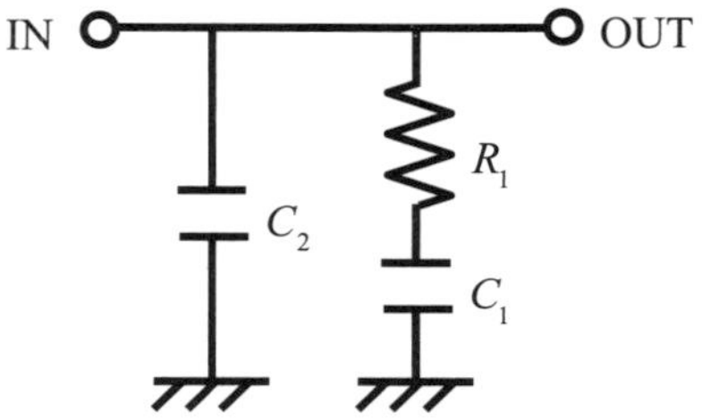

图5.29　Ⅱ型PLL的超前-滞后滤波器

作为具体的参数，设$R_1=1.5\mathrm{k}\Omega$，$C_1=0.15\mu\mathrm{F}$，$C_2=0.015\mu\mathrm{F}$，将它们代入进行计算得到的环路滤波器增益和相位如图5.30所示。由时间常数求得的边界频率为$f_1=707\mathrm{Hz}$，$f_2=7.8\mathrm{kHz}$，此频率区间内相位滞后将变小。因此，在设计上需要考虑将PLL的一周环路增益为1时的频率置于此频率区间内。一般为了PLL的稳定性，我们推荐设定$\omega_2\geqslant10\omega_1$。

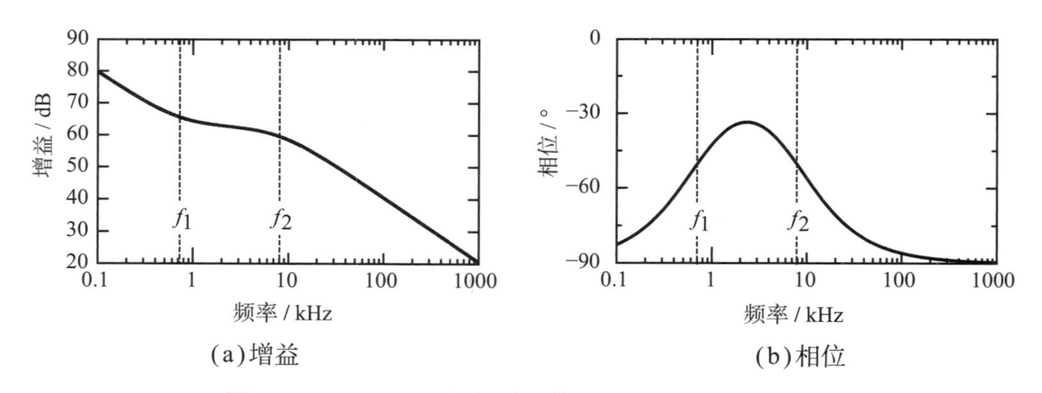

图5.30　Ⅱ型PLL的超前-滞后滤波器的频率特性

更进一步，为使高频端得到衰减而添加滤波器的结构例子如图5.31所示。此传递函数为：

$$F(s)=\frac{V_{\text{OUT}}(s)}{I_{\text{IN}}(s)}=\frac{1}{s(C_1+C_2)}\frac{1+\frac{s}{\omega_1}}{\left(1+\frac{s}{\omega_2}\right)\left(1+\frac{s}{\omega_3}\right)} \tag{5.21}$$

此处，

$$\omega_1=\frac{1}{C_1R_1},\quad \omega_2=\frac{C_1+C_2}{C_2C_1}\frac{1}{R_1},\quad \omega_3=\frac{1}{C_3R_2} \tag{5.22}$$

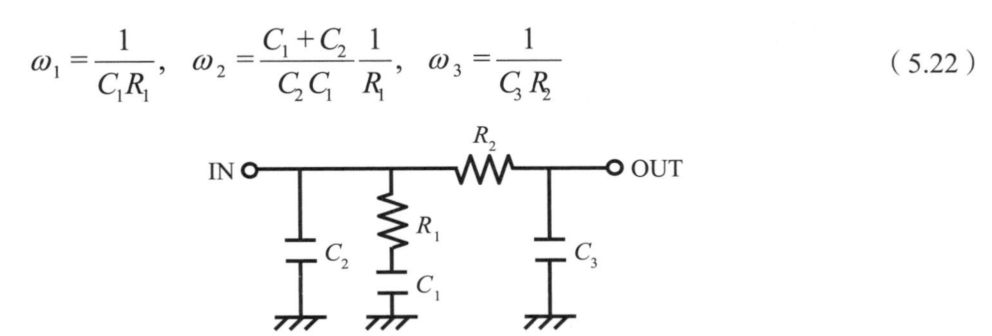

图5.31　添加高频衰减滤波器的II型PLL超前–滞后滤波器

作为具体的参数，设$R_1=1.5\text{k}\Omega$，$C_1=0.15\mu\text{F}$，$C_2=0.015\mu\text{F}$，$R_2=500\Omega$，$C_3=2000\mu\text{F}$，将它们代入进行计算得到的环路滤波器增益和相位如图5.32所示。由时间常数求得的边界频率f_1和f_2与图5.30相同，而$f_3=90\text{kHz}$。使用此滤波器时，为了PLL的稳定性，我们推荐设定$\omega_3 \geqslant \omega_2 \geqslant 10\omega_1$。

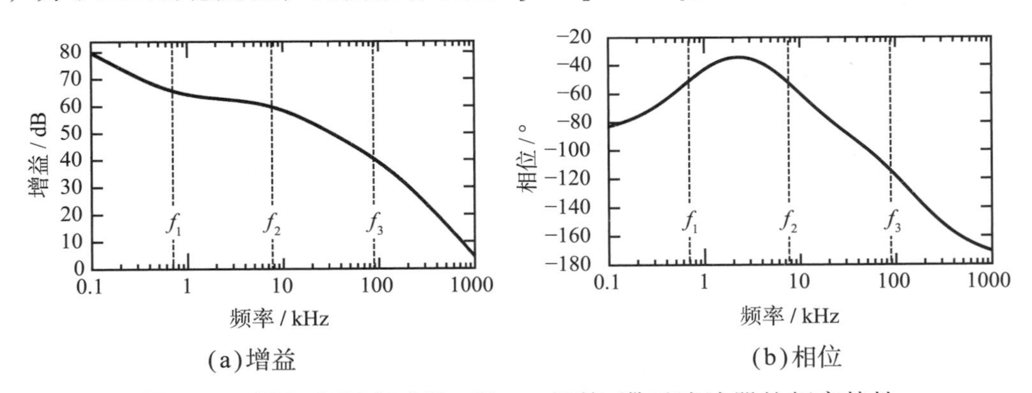

图5.32　添加高频衰减的II型PLL超前–滞后滤波器的频率特性

5.1.4　PLL环路滤波器的安装

PLL环路滤波器为了不让参考泄漏等噪声成分注入VCO，需要非常大的电容值，因此大多数时候都在半导体芯片的外部安装。图5.33为半导体芯片和环路滤波器安装时的配置说明图。

图5.33(a)所示为推荐的环路滤波器（LF）配置，电荷泵（CP）、环路滤波器以及VCO就近连接进行配置。图5.33(b)为电荷泵和环路滤波器之间的距离较

长时，因电荷泵的输出阻抗较高而易受噪声影响的配置。安装时如果无法进行短距离配置，则如图5.34所示，将环路滤波器就近连接在电荷泵旁边，而为了使环路滤波器的输出阻抗降低，我们推荐添加低通滤波器。

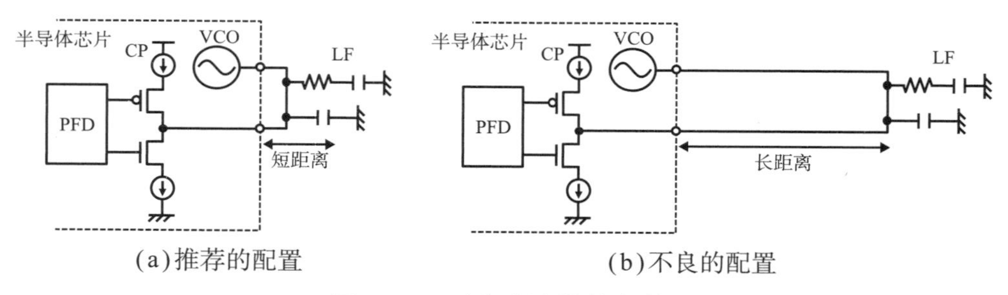

图5.33　环路滤波器的安装

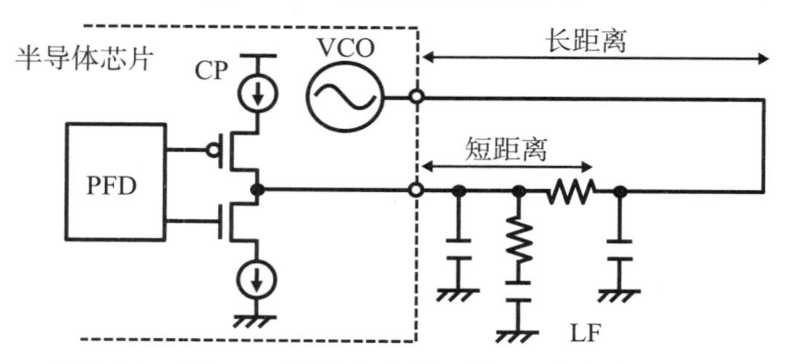

图5.34　到VCO的距离较长时的环路滤波器安装

5.1.5　PLL的频率响应

近年来无线系统工作时会高速地切换频率，因此PLL输出频率变化时的时间响应成为一项重要的性能指标。图5.35中为了将频率从f_0切换到f_1，分频器的分频比在$t=0$时进行变换，PLL频率的时间响应则如图中所示。

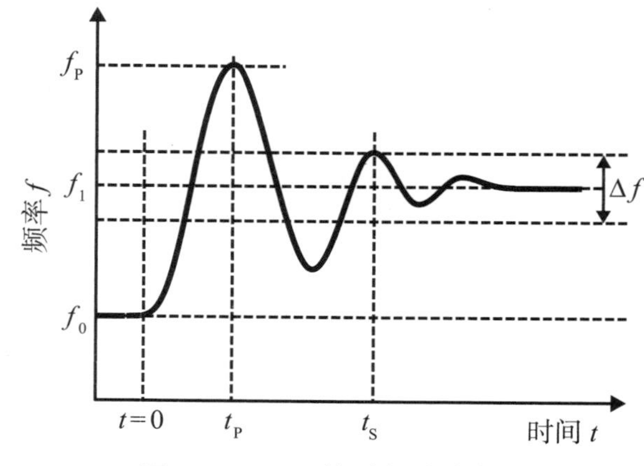

图5.35　PLL的时间响应例子

比方说，参考信号（晶振）频率为1MHz时，若分频比为315，则VCO频率锁定在315MHz进行工作。整数分频PLL中最小的频率步进与参考信号的频率相同，因此将分频比从315变为316的话，VCO将在316MHz处进行工作，频率也发生变化，但PLL为负反馈控制系统，频率会伴随着滞后进行变化。因此，以PLL的频率为目标值，反复进行过冲和下冲的振铃现象将会导致最终值收敛。一般无线系统会在相邻频带间配置被称为防护频带的频率间隙，因为接近相邻频带，当过冲频率（f_P）较大时，可以设想它对相邻频带所施加的影响。此外，高速变换频率的无线系统中，在目标频率的容许范围（$\pm\Delta f$）以内进行收敛的时间也是一项重要的指标。

此时间响应可以通过闭环传递函数的步进响应来进行求得。首先，我们分析在相对简单的环路滤波器中使用1阶RC滞后滤波器的I型PLL。PLL传递函数为：

$$H_{\text{PLL}}(s)=\frac{\theta_{\text{OUT}}(s)}{\theta_{\text{R}}(s)}=\frac{K_{\text{p}}F(s)\dfrac{K_{\text{V}}}{s}}{1+K_{\text{p}}F(s)\dfrac{K_{\text{V}}}{s}\dfrac{1}{N}}=\frac{\dfrac{K_{\text{p}}K_{\text{V}}}{R_1C_1}}{s^2+\dfrac{1}{R_1C_1}s+\dfrac{K_{\text{p}}K_{\text{V}}}{R_1C_1N}} \tag{5.23}$$

此处，设置

$$\omega_{\text{n}}^2=\frac{K_{\text{p}}K_{\text{V}}}{C_1R_1N},\quad 2\zeta\omega_{\text{n}}=\frac{1}{R_1C_1} \tag{5.24}$$

ω_{n}为非衰减固有角频率，ζ为阻尼系数。用频域表达的传递函数为：

$$H_{\text{PLL}}(\omega)=\frac{N\omega_{\text{n}}^2}{s^2+2\zeta\omega_{\text{n}}s+\omega_{\text{n}}^2} \tag{5.25}$$

将此PLL传递函数乘以步进输入信号的s函数（$1/s$），再进行拉普拉斯反变换得到的时间响应为：

$$\begin{aligned}v(t)&=\mathfrak{I}^{-1}\left(\frac{N\omega_{\text{n}}^2}{s^2+2\zeta\omega_{\text{n}}+\omega_{\text{n}}^2}\times\frac{1}{s}\right)\\&=N\mathfrak{I}^{-1}\left[\frac{1}{s}-\frac{s+\zeta\omega_{\text{n}}}{(s+\zeta\omega_{\text{n}})^2+\omega_{\text{n}}^2(1-\zeta^2)}-\frac{\zeta}{\sqrt{1-\zeta^2}}\frac{\omega_{\text{n}}\sqrt{1-\zeta^2}}{(s+\zeta\omega_{\text{n}})^2+\omega_{\text{n}}^2(1-\zeta^2)}\right]\\&=N\left\{1-e^{-\zeta\omega_{\text{n}}t}\left[\cos\left(\omega_{\text{n}}\sqrt{1-\zeta^2}\right)t+\frac{\zeta}{\sqrt{1-\zeta^2}}\sin\left(\omega_{\text{n}}\sqrt{1-\zeta^2}\right)t\right]\right\}\end{aligned} \tag{5.26}$$

此函数中阻尼系数分别为$\zeta>1$（过阻尼），$\zeta=1$（临界阻尼），$\zeta<1$（欠阻尼）时特性各异，PLL的场合几乎都为欠阻尼，因此这里就$\zeta<1$的场合进行

具体阐述。设VCO振荡频率为315MHz，调制灵敏度为$K_V = 25 \times 10^6$rad/s/V，分频器的分频比为315，参考信号频率为1MHz，相位比较增益为0.79V/rad，构成环路滤波器器件的参数为$R_1 = 1.5\text{k}\Omega$，$C_1 = 0.015\mu\text{F}$时，非衰减固有角频率ω_n为52kHz，阻尼系数ζ为0.42，在$t = 0$时切换分频比，频率从f_0开始变化到f_1的情况如图5.36的实线所示。同图中作为比较$\zeta = 0.12$（$R_1 = 5\text{k}\Omega$，$C_1 = 0.05\mu\text{F}$，$\omega_n =$ 15kHz）的情况用虚线表示。可以看到，阻尼系数较小时频率收敛到目标值所花的时间较长。

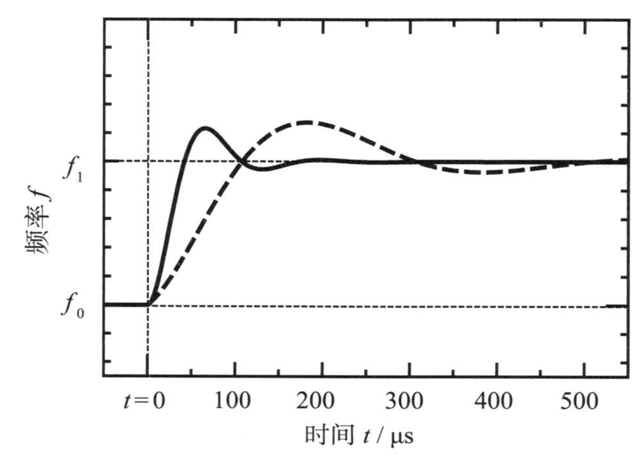

图5.36 II型PLL的时间响应

使用滞后滤波器的PLL中，为了抑制过冲（频率收敛的时间），需要将阻尼系数变大，这样的话当确定参数之后，固有频率（截止频率）也将变高，从而导致参考泄漏的产生。另一方面，使用滞后滤波器的PLL中，将阻尼系数减小到$\zeta = 0.12$时，可以降低固有频率，而相位裕度则变小到15° 的程度（$\zeta = 0.42$时，相位裕度为45°），这是种折中的关系。为回避此问题，我们使用超前–滞后滤波器。此滤波器通过降低截止频率，可以扩大相位裕度。

使用图5.21所示的超前–滞后滤波器的PLL传递函数为：

$$
\begin{aligned}
H_{\text{PLL}}(s) &= \frac{K_p F(s)\dfrac{K_V}{s}}{1+K_p F(s)\dfrac{K_V}{s}\dfrac{1}{N}} = \frac{K_p\left[\dfrac{1+R_1C_1s}{1+(R_1+R_0)C_1s}\right]\dfrac{K_V}{s}}{1+K_p\left[\dfrac{1+R_1C_1s}{1+(R_1+R_0)C_1s}\right]\dfrac{K_V}{s}\dfrac{1}{N}} \\
&= \frac{\dfrac{K_pK_V(1+R_1C_1s)}{(R_1+R_0)C_1}}{s^2+\dfrac{N+K_pK_VR_1C_1}{(R_1+R_0)C_1N}s+\dfrac{K_pK_V}{(R_1+R_0)C_1N}} = N\frac{\omega_n^2(1+R_1C_1s)}{s^2+2\zeta\omega_n s+\omega_n^2}
\end{aligned}
\quad (5.27)
$$

此处，

$$\omega_n^2 = \frac{K_p K_V}{(R_0 + R_1)C_1 N}, \quad 2\zeta\omega_n = \frac{N + K_p K_V R_1 C_1}{(R_1 + R_0)C_1 N} \tag{5.28}$$

将上述传递函数进行拉普拉斯反变换，则时间响应为：

$$v(t) = \mathfrak{I}^{-1}\left[N\frac{\omega_n^2(1+R_1C_1s)}{s^2+2\zeta\omega_n s+\omega_n^2}\times\frac{1}{s}\right] \tag{5.29}$$

$$= \mathfrak{I}^{-1}\left[\frac{1}{s} - \frac{s+\zeta\omega_n}{(s^2+\zeta\omega_n)^2+\omega_n^2(1-\zeta^2)} - \frac{\zeta-\omega_n R_1 C_1}{\sqrt{1-\zeta^2}}\frac{\omega_n\sqrt{1-\zeta^2}}{(s^2+\zeta\omega_n)^2+\omega_n^2(1-\zeta^2)}\right]$$

$$= 1 - e^{-\zeta\omega_n t}\left[\cos\left(\omega_n\sqrt{1-\zeta^2}\right)t - \frac{\zeta-\omega_n R_1 C_1}{\sqrt{1-\zeta^2}}\sin\left(\omega_n\sqrt{1-\zeta^2}\right)t\right]$$

考虑具体的数值，设VCO振荡频率为315MHz，调制灵敏度为$K_V = 25\times10^6$rad/s/V，分频比为315，参考信号频率为1MHz，鉴相器增益为0.79V/rad；构成环路滤波器器件的参数方面，设$R_0 = 10\text{k}\Omega$，$R_1 = 1.5\text{k}\Omega$，$C_1 = 0.015\mu\text{F}$，在$t = 0$时切换分频比，频率从f_0变到f_1时的情况如图5.37的虚线所示。此时非衰减固有角频率ω_n为19kHz，阻尼系数ζ为0.37。将环路滤波器器件参数改变为$R_0 = 6\text{k}\Omega$，$R_1 = 5\text{k}\Omega$后的时间响应用实线表示。此时，非衰减固有角频率ω_n大约为19.5kHz，可以得到$\zeta = 0.89$，到收敛时的时间响应也可以变短。

另外，图5.27所示的II型PLL传递函数在鉴相器输出电流为最大值I_0，鉴相器转换增益K_p（A/rad）为$I_0/2\pi$时，可以得到：

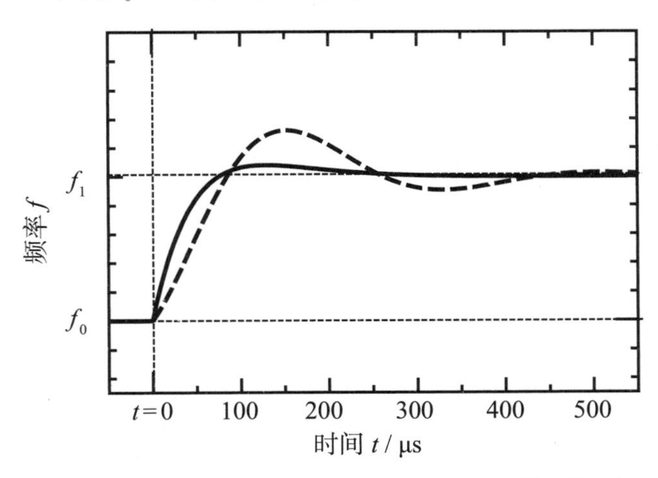

图5.37 使用超前–滞后滤波器的II型PLL的时间响应

$$H_{\text{PLL}}(s)=\frac{\dfrac{I_0}{2\pi C_1}(1+R_1C_1s)K_\text{V}}{s^2+\dfrac{I_0}{2\pi}\dfrac{K_\text{V}}{N}R_1s+\dfrac{I_0}{2\pi C_1}\dfrac{K_\text{V}}{N}}=N\frac{\omega_\text{n}^2+2\zeta\omega_\text{n}s}{s^2+2\zeta\omega_\text{n}s+\omega_\text{n}^2} \tag{5.30}$$

此处，

$$\omega_\text{n}=\sqrt{\frac{I_0}{2\pi C_1}\frac{K_\text{V}}{N}},\quad \zeta=\frac{R_1C_1}{2}\sqrt{\frac{I_0}{2\pi C_1}\frac{K_\text{V}}{N}} \tag{5.31}$$

闭环传递函数的步进响应可以通过将PLL传递函数乘以$1/s$，再进行拉普拉斯反变换求得：

$$\begin{aligned}v(t)&=\mathfrak{I}^{-1}\left(N\frac{\omega_\text{n}^2+2\zeta\omega_\text{n}s}{s^2+2\zeta\omega_\text{n}s+\omega_\text{n}^2}\times\frac{1}{s}\right)=N\mathfrak{I}^{-1}\left(\frac{1}{s}-\frac{s}{s^2+2\zeta\omega_\text{n}s+\omega_\text{n}^2}\right)\\&=N\mathfrak{I}^{-1}\left[\frac{1}{s}-\frac{s+\zeta\omega_\text{n}}{\left(s^2+\zeta\omega_\text{n}\right)^2+\omega_\text{n}^2\left(1-\zeta^2\right)}+\frac{\zeta}{\sqrt{1-\zeta^2}}\frac{\omega_\text{n}\sqrt{1-\zeta^2}}{\left(s^2+\zeta\omega_\text{n}\right)^2+\omega_\text{n}^2\left(1-\zeta^2\right)}\right]\\&=N\left\{1-e^{-\zeta\omega_\text{n}t}\left[\cos\left(\omega_\text{n}\sqrt{1-\zeta^2}\right)t-\frac{\zeta}{\sqrt{1-\zeta^2}}\sin\left(\omega_\text{n}\sqrt{1-\zeta^2}\right)t\right]\right\}\end{aligned} \tag{5.32}$$

这个时间响应与II型PLL相同。

5.1.6　噪声源和相位噪声

相位噪声主要来源为参考信号（晶振信号）和VCO，为了分析这些噪声在受PLL环路特性（传递函数）影响之后，如何体现为输出端的变化，我们使用图5.38的模型来说明。设主环路整体的传递函数为$H(s)$，反馈环路的传递函数为$G(s)$，参考信号的相位噪声$S_{\phi\text{R}}$和PLL输出端的相位噪声$S_{\phi\text{PLL}}$的关系为：

$$\left[S_{\phi_\text{R}}(s)-S_{\phi_\text{PLL}}(s)G(s)\right]H(s)=S_{\phi_\text{PLL}}(s) \tag{5.33}$$

分析时只关注相位噪声，为了简化式子，我们设PLL传递函数中分频比$N=1$，环路滤波器$F(s)=1$进行计算。此时PLL输出端与参考信号的相位噪声相关的传递函数为：

$$\frac{S_{\phi_\text{PLL}}(s)}{S_{\phi_\text{R}}(s)}=\frac{G(s)}{1+G(s)H(s)}=\frac{K_\text{p}\dfrac{K_\text{V}}{s}}{1+K_\text{p}\dfrac{K_\text{V}}{s}}=\frac{1}{1+\dfrac{s}{K_\text{p}K_\text{V}}} \tag{5.34}$$

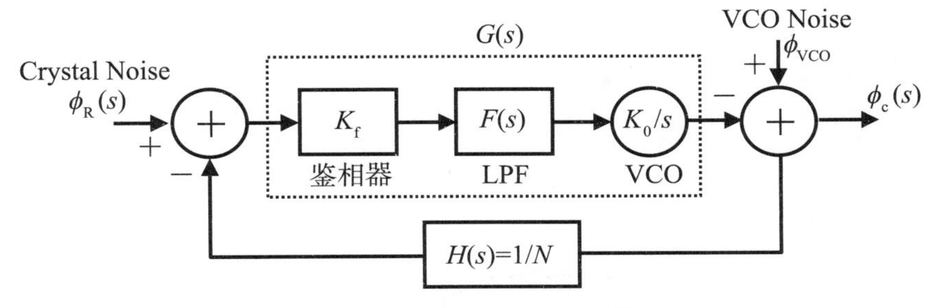

图5.38　PLL的相位噪声模型

它显示为低通滤波器的特性。另一方面，VCO相位噪声$S_{\phi VCO}$由VCO产生，与PLL输出端的VCO相位噪声相关的传递函数显示为下面的高通滤波器（HPF）特性：

$$S_{\phi_{VCO}}(s)-S_{\phi_{PLL}}(s)G(s)H(s)=S_{\phi_{PLL}}(s) \tag{5.35}$$

$$\frac{S_{\phi_{PLL}}(s)}{S_{\phi_{VCO}}(s)}=\frac{1}{1+G(s)H(s)}=\frac{1}{1+\dfrac{K_pK_V}{s}} \tag{5.36}$$

PLL环路中，将这些噪声进行合成，则：

$$\begin{aligned}S_{\phi_{PLL}}(s)&=S_{\phi_R}(s)\frac{G(s)}{1+G(s)H(s)}+S_{\phi_{VCO}}(s)\frac{1}{1+G(s)H(s)}\\&=S_{\phi_R}(s)\frac{1}{1+\dfrac{s}{K_pK_V}}+S_{\phi_{VCO}}(s)\frac{1}{1+\dfrac{K_pK_V}{s}}\end{aligned} \tag{5.37}$$

令环路滤波器的传递函数$F(s)=1$，则相位噪声以：

$$f_C=\frac{K_pK_V}{2\pi} \tag{5.38}$$

为边界，参考信号的相位噪声和VCO相位噪声所支配的区域进行切换也就清楚了。此频率与PLL环路截止频率不同，因此PLL设计中环路滤波器设计非常重要。整数分频PLL中为了减少参考泄漏，需要将环路滤波器的截止频率设定为比参考信号频率低很多（比如$f_C<f_{REF}/20$），因此PLL的相位噪声来自低频段，VCO固有的噪声成分占主导。作为结果，相位噪声变大，从而使PLL频率的时间响应变长，这成为一大问题。

图5.39显示的是相位噪声的偏移频率（PLL从锁定的中心频率开始到截止）依赖性。VCO固有相位噪声为−20dB/dec的斜率，随着偏移频率而变小，在PLL

的环路频带内与参考信号的相位噪声保持一致。另一方面，在带外，VCO固有相位噪声则原原本本输出。

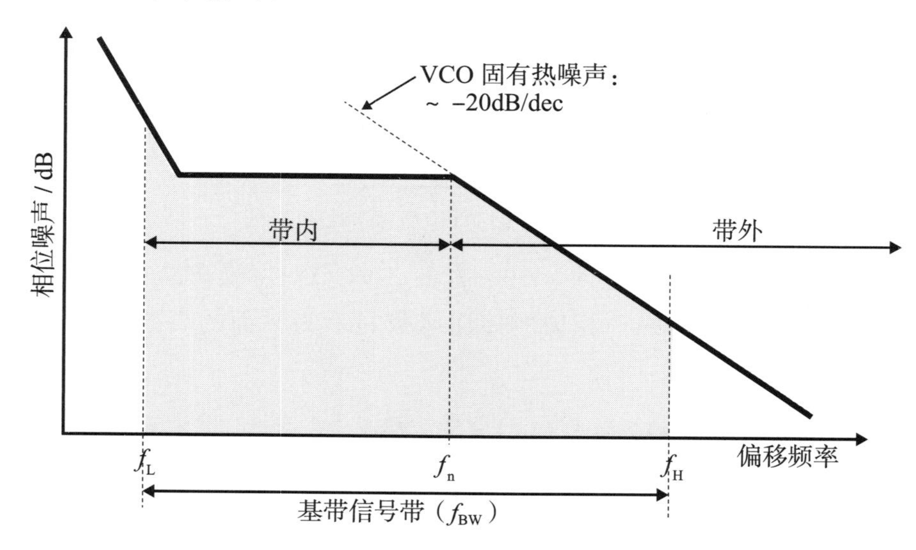

图5.39　PLL相位噪声的偏移频率依赖性

再者，设RF信号经混频器下变频后的基带信号频带为f_{BW}，它和PLL环路频带的关系则如图5.39所示，将相位噪声变换为作为时域指标的波动时，在基带的频率范围（图中斜剖面线区域）内对相位噪声进行积分比较好。

$$\sigma = \frac{180}{\pi}\sqrt{\int_{f_L}^{f_H} L(f)\mathrm{d}f} \tag{5.39}$$

5.2　分数分频PLL

前节所述的整数分频PLL中，VCO输出信号频率步进由参考信号（晶振信号）的频率决定，因而具有以下问题：

（1）无法实现无线系统所要求的最小频率间隔。

（2）需要在比参考信号频率低很多的地方设置环路频带，因而导致相位噪声无法得到充分降低。

使用到目前为止所述及的整数分频PLL电路可以实现微小频率间隔的PLL。在图5.40的例子中，将晶振输出信号以分频比R进行分频的信号，以及将VCO输出信号以分频比N进行分频的信号，两者进行相位比较的话，可以进行比为R/N的分数分频。可是，PLL环路的参考信号频率以分频比R进行除法运算得到的结果太小会导致环路频带无法拓宽，进而无法抑制相位噪声。整数分频PLL对上述两个问题都束手无策。

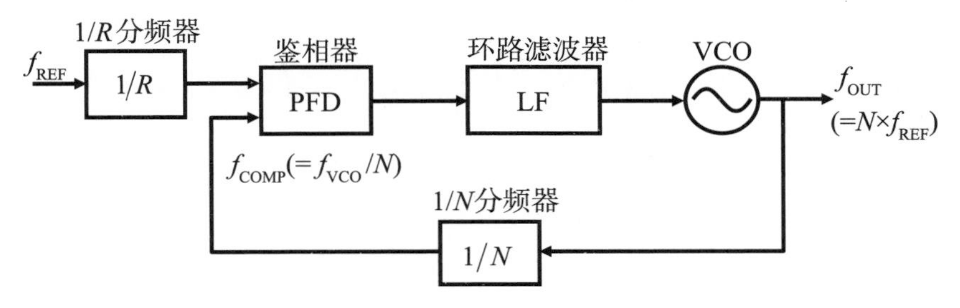

图5.40 整数分频PLL的微小频率间隔实现

针对此问题，分数分频PLL通过将分频器的分频比设定为等效的目标值（整数值+分数值），可以实现不受晶振频率限定的频率步进。

5.2.1 理想的分数分频

将VCO信号进行分数分频，如图5.41所示，随机控制双模分频器的分频比，将其分频比p和$p+1$的平均分频比设为$p+\alpha$为好。此处将各时间步进处的随机值设为0或1，设定平均值为α的函数$b(t)$，瞬时值表示为$p+b(t)$，PLL的输出频率为f_{PLL}，则包含时间变动的PLL输出$f(t)$为：

$$f(t)=\frac{f_{PLL}}{p+b(t)} \tag{5.40}$$

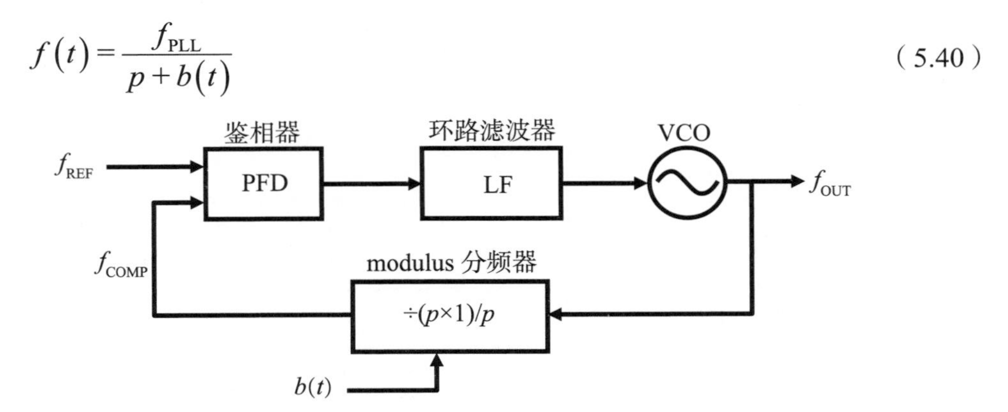

图5.41 理想的分数分频PLL

图5.41中的PLL根据二进制控制信号，对平均值α的分数进行近似，即目标连续量α仅仅由两个离散值0和1来进行近似，连续值和离散数字值之间的差（量化噪声）比较大，VCO输出端会产生被称为小数杂散的无用频谱线。设此量化噪声为$q(t)$，则$b(t)$为：

$$b(t)=\alpha+q(t) \tag{5.41}$$

反馈信号$f_{COMP}(t)$为：

$$f_{\text{COMP}}(t)=\frac{f_{\text{PLL}}}{p+\alpha+q(t)} \tag{5.42}$$

若分频比p和$p+1$可以完全设计成随机的话，则由此量化噪声$q(t)$而来的噪声成分将在图5.42所示的宽带范围内平均扩散，反馈信号S（f_{COMP}）频谱中不会产生小数杂散。

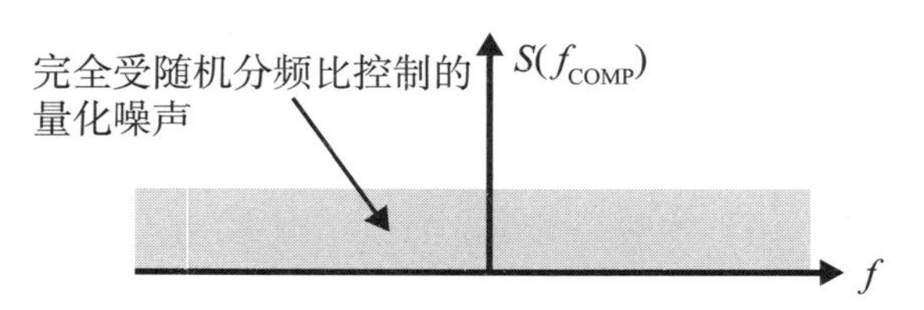

图5.42　分频比完全随机化时的反馈信号频谱

下一小节将就简单结构的分数分频电路中杂散产生的原因和为降低杂散而使用ΣΔ调制器（sigma-delta modulation）的随机化例子进行阐述。

5.2.2　ΣΔ调制器和分频比的随机化

将VCO的分频比设置为（整数 + 分数）的形式，如此分频后的信号和参考信号进行相位比较的分数分频PLL为最简单的结构，如图5.43所示。此电路通过参考信号进行r分频后的信号来控制双模分频器，从而实现VCO信号的分数分频。参考信号的$(r-1)$个周期内modulus分频器进行p分频，参考信号的一个周期内modulus分频器进行$p+1$分频。因此，参考信号的r周期内PLL的分频比为$p\times(r-1)+(p+1)=r\times p+1$，从而可以实现平均分频比为$p+1/r$的分数分频。

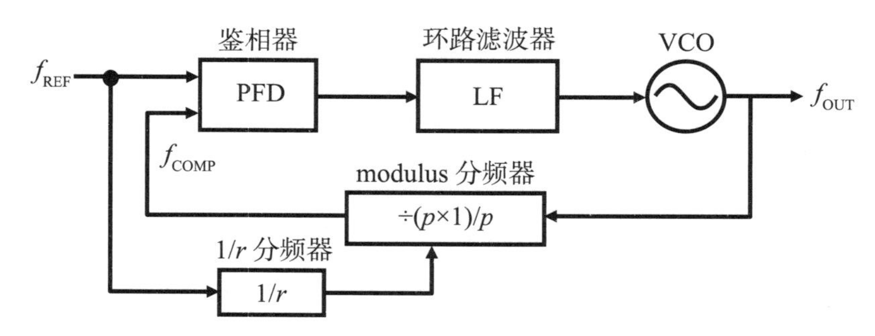

图5.43　简单的分数分频PLL的结构例子

此时，如图5.44所示，鉴相器输出端出现参考信号经$1/r$分频后的输出频谱线，它们周期性地按规则输出，VCO输出端产生了较强的杂散。

在分数分频PLL中，如何抑制小数杂散是设计上的重要课题。首先考虑使modulus分频器的控制信号随机化来得到分数分频比的电路。作为生成modulus分频器控制信号的方法，图5.45示出了利用储能器的电路[5~7]。在此例中，加法器

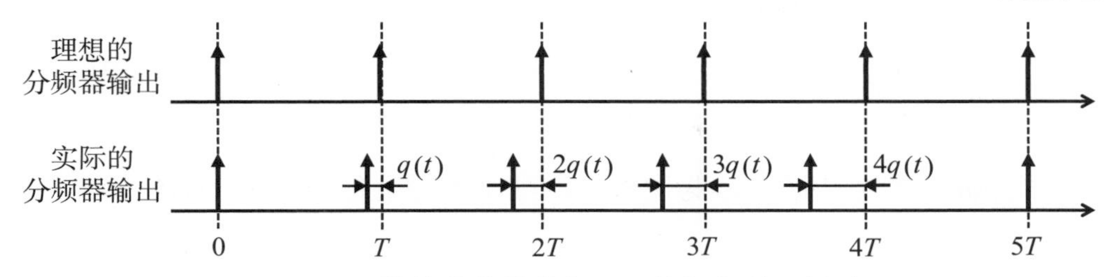

图5.44 简单的分数分频PLL的相位误差例子

为m比特（最小值0，最大值2^m-1），输入数据X和1个时钟前的加法器输出Y相加得到新的输出，而溢出信号则作为modulus分频器的控制信号被利用。此处输入数据值为K（$<2^m-1$）的话，随着每次时钟周期的加法计算，逐渐产生$K/2^m$的溢出信号b。若把此溢出信号当作双模分频器的控制信号，则可以实现目标分数比。

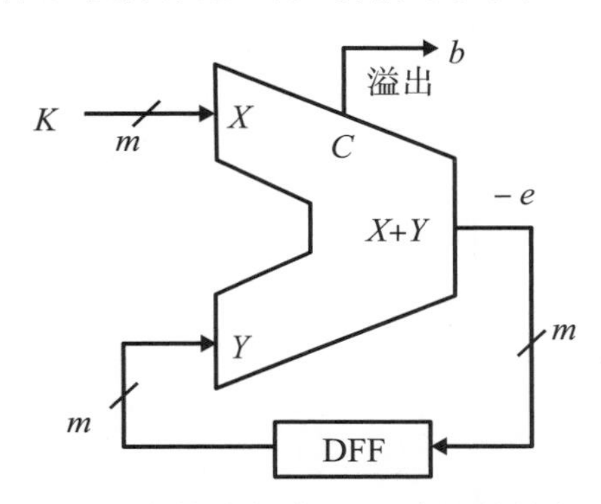

图5.45 分数分频产生电路的结构例子

这个用于产生分数分频的电路由利用AD转换器的ΣΔ调制器进行数字安装而成，它的量化噪声被扩散到高频端，因而具有可以降低所希望频带噪声的特征[8~10]。这个输出信号的量化噪声Q可以用在离散时域内进行相当于拉普拉斯变换的z变换来求得[11, 12]。图5.46(a)中量化器前的z^{-1}意味着z变换时有一个时钟

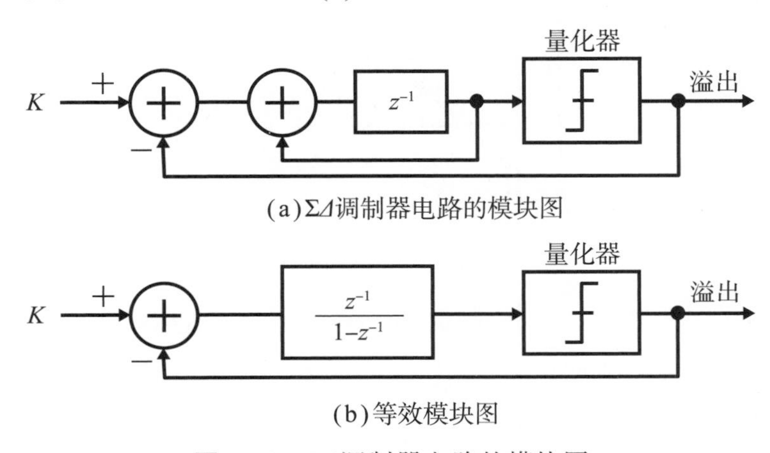

图5.46 ΣΔ调制器电路的模块图

周期延迟，它表示的是将延迟一个时钟周期的数据作为输入数据进行加法计算的积分器。图5.46(b)为其等效的模块图。

将图5.46(b)的模块图变形为图5.47，可以求得量化器处进行加法计算的噪声传递函数。输出$Y(z)$的负反馈信号与输入$X(z)$的和为$X(z)-Y(z)$，积分器的输出为$[X(z)-Y(z)]z^{-1}/(1-z^{-1})$，因此输出$Y(z)$为：

$$Y(z)=Q+\frac{z^{-1}}{1-z^{-1}}\left[X(z)-Y(z)\right] \tag{5.43}$$

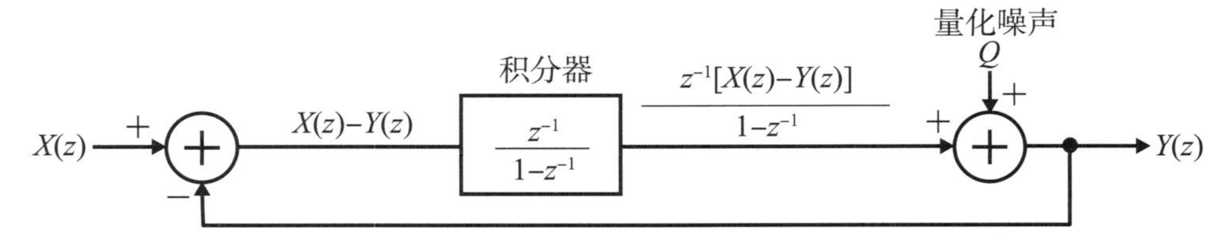

图5.47　ΣΔ调制器电路的传输函数

再进一步整理此式，ΣΔ调制器的噪声可以求得为：

$$Y(z)=z^{-1}X(z)+Q\left(1-z^{-1}\right) \tag{5.44}$$

此处考虑量化噪声。M比特的量化器（比较器）输出在输入电压为V_{PP}时按照$\Delta=V_{\mathrm{PP}}/2^{M}$的步进来进行分割（图5.48）。设真实值为$a$，和真实值的误差即量化噪声$Q$为$-\Delta/2$到$\Delta/2$范围内的随机值。因此，$|Q|^2$的平均值为：

$$Q=\frac{1}{\Delta}\int_{-\Delta/2}^{+\Delta/2}x^{2}\mathrm{d}x=\frac{\Delta^{2}}{12} \tag{5.45}$$

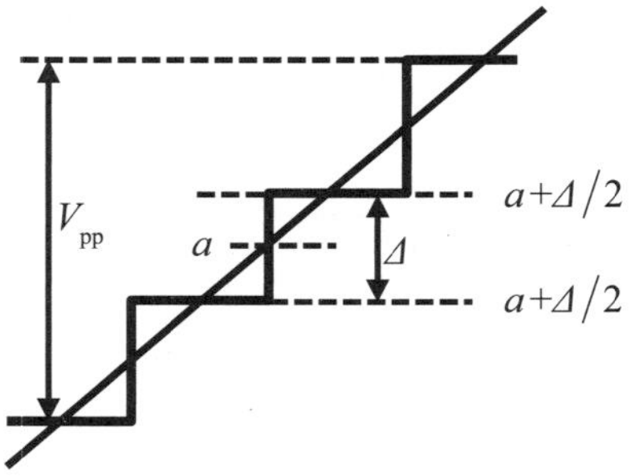

图5.48　量化噪声

量化噪声在采样频率（ΣΔ调制器的时钟频率）为f_{S}时，均匀分布于$f_{\mathrm{S}}/2$，因此量化噪声的频谱密度Q_0为：

$$Q_{0}=Q\frac{2}{f_{\mathrm{S}}}=\frac{\Delta^{2}}{6f_{\mathrm{S}}} \tag{5.46}$$

将延迟z^{-1}用频率的函数来表示则为$z^{-1} = \exp(-j\omega/f_S)$。因此ΣΔ调制器噪声$\gamma$的功率谱$|\Gamma(f)|^2$则为：

$$\begin{aligned}\left|\Gamma(f)\right|^2 &= Q\left|1-z^{-1}\right|^2 = \frac{\Delta^2}{6f_S}\left|1-\exp\left(-j2\pi\frac{f}{f_S}\right)\right|^2 \\ &= \frac{\Delta^2}{6f_S}\left\{\sqrt{\left[1-\cos\left(2\pi\frac{f}{f_S}\right)\right]^2+\sin^2\left(2\pi\frac{f}{f_S}\right)}\right\}^2 \\ &= \frac{2\Delta^2}{3f_S}\sin^2\left(\pi\frac{f}{f_S}\right)\end{aligned} \quad (5.47)$$

此处，量化步进1比特时，$\Delta = 1$。在$f/f_S << 1$的条件下，可以近似有$\sin(\pi f/f_S) = \pi f/f_S$，因此，有：

$$\left|\Gamma(f)\right|^2 = \frac{2\pi^2}{3f_S^3}f^2 \quad (5.48)$$

用dB表示则为：

$$\log\left|\Gamma(f)\right|^2 = 10\log\left(\frac{2\pi^2}{3f_S^3}f^2\right) \approx 20\log(f) \quad (5.49)$$

图5.49为一阶ΣΔ调制器中设调制器时钟频率f_S为26MHz时的量化噪声计算结果。可以看到，低频端量化噪声得到抑制，量化噪声能以20dB/dec的斜率从低频端向高频端扩散（噪声整形）。当这样的调制器适用于PLL时，如果要在低频端再进一步减小噪声，则需要提高调制器的阶数。

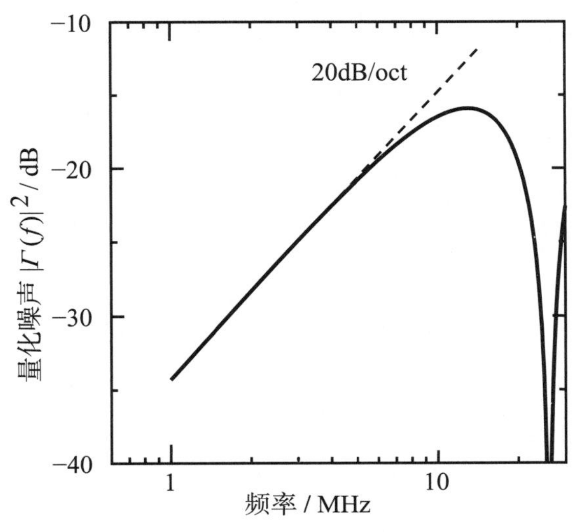

图5.49　一阶ΣΔ调制器的噪声扩散

图5.50为二阶ΣΔ调制器的模块图。二阶ΣΔ调制器由一阶ΣΔ调制器纵向连接组成，输出Y各自反馈回第一个和第二个积分器，求此传递函数，可以得到输出$Y(z)$和输入$X(z)$的关系为：

$$
\begin{aligned}
&Y(z)=Q+\frac{z^{-1}}{1-z^{-1}}\left\{\frac{z^{-1}}{1-z^{-1}}\left[X(z)-Y(z)\right]-Y(z)\right\} \\
&Y(z)\left[1+\left(\frac{z^{-1}}{1-z^{-1}}\right)^2+\frac{z^{-1}}{1-z^{-1}}\right]=Q+\left(\frac{z^{-1}}{1-z^{-1}}\right)^2X(z) \\
&Y(z)\left(1-z^{-1}+z^{-2}\right)=Q\left(1-z^{-1}\right)^2+X(z)z^{-2}
\end{aligned}
\tag{5.50}
$$

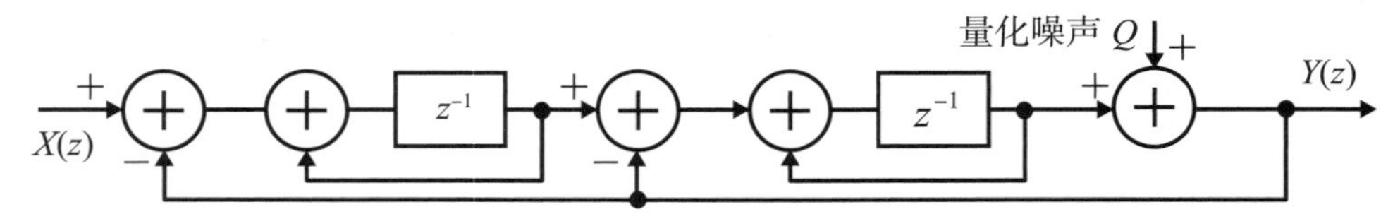

图5.50　二阶ΣΔ调制器的传输函数模块图

整理可以得到输出$Y(z)$为：

$$
Y(z)=\frac{z^{-2}}{1-z^{-1}+z^{-2}}X(z)+\frac{\left(1-z^{-1}\right)^2}{1-z^{-1}+z^{-2}}Q \tag{5.51}
$$

表示噪声整形的量化噪声系数分子项为$(1-z^{-1})^2$，与一阶ΣΔ调制器比较，扩散效果更大，且分母中存在两个极点，因此需要注意稳定性问题。图5.51为使用无延迟积分器的二阶ΣΔ调制器传递函数模块图。

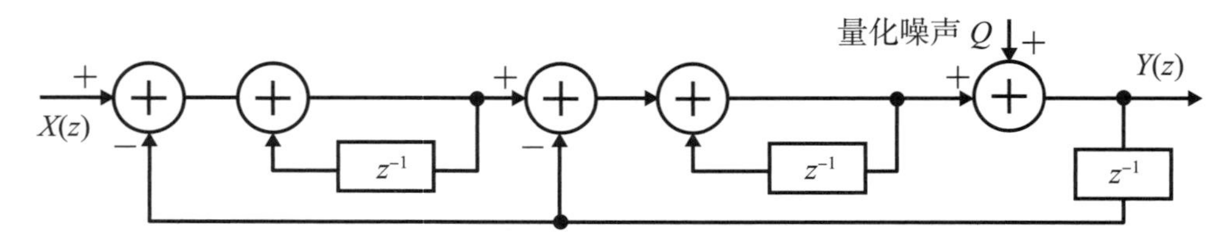

图5.51　使用无延迟积分器的二阶ΣΔ调制器的传输函数模块图

此时的传递函数为：

$$
\begin{aligned}
&Y(z)=Q+\frac{1}{1-z^{-1}}\left[\frac{X(z)-z^{-1}Y(z)}{1-z^{-1}}-z^{-1}Y(z)\right] \\
&Y(z)\left[1+\frac{z^{-1}}{\left(1-z^{-1}\right)^2}+\frac{z^{-1}}{1-z^{-1}}\right]=Q+\frac{X(z)}{\left(1-z^{-1}\right)^2} \\
&Y(z)=X(z)+Q\left(1-z^{-1}\right)^2
\end{aligned}
\tag{5.52}
$$

可以知道，量化噪声往高频端进行噪声整形。图5.52为在这个模块图基础之上使用了储能器的安装图。

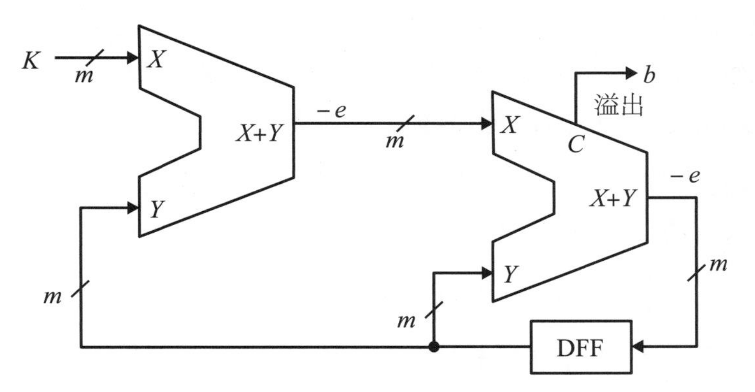

图5.52 使用二阶ΣΔ调制器的储能器的安装例子

将量化噪声的功率谱扩张到n阶ΣΔ调制器，进行计算得：

$$\left|\Gamma(f)\right|^2=\frac{2^{2n}\Delta^2}{6f_{\mathrm{S}}}\sin^{2n}\left(\pi\frac{f}{f_{\mathrm{S}}}\right) \tag{5.53}$$

图5.53为调制器时钟频率为26MHz时，以阶数为参数变量对量化噪声的频率依赖性进行计算的结果。可以看到，随着调制器阶数的提高，噪声向高频端扩散，低频端的噪声成分会相应减少。

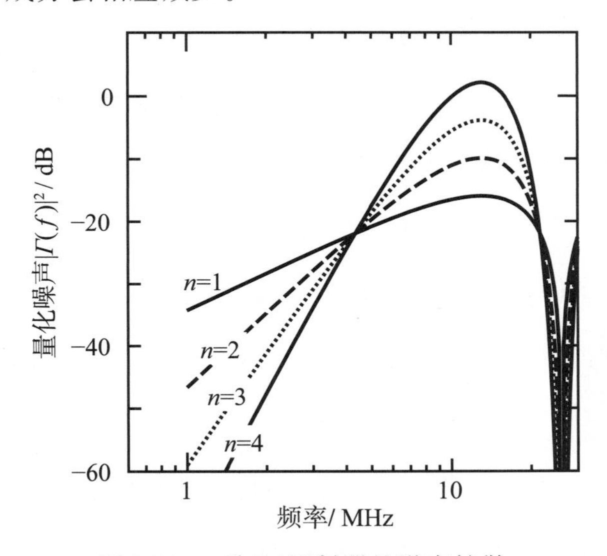

图5.53 n阶ΣΔ调制器的噪声扩散

5.2.3 MASH

为了将量化噪声扩散到高频端，需要提高ΣΔ调制器的阶数，此时的问题在于电路的稳定性。一般来说，三阶以上的调制器在反馈回路中会有两个以上的积分器，由于每个积分器的相位延迟为-90°，因此系统容易不稳定。作为对策，在设计高阶ΣΔ调制器时，有一种配置方案被提出：上一级的量化误差由下一级ΣΔ调制器依次量化，负反馈回路只用于一阶系统。图5.54是称为MASH（multi-stagenoise shaping）的电路的传递函数模型[6]。

在这一电路中，将输入设为$X(z)$，各级的输出设为$Y_1(z)$、$Y_2(z)$、$Y_3(z)$，各个量化噪声设为$Q_1(Z)$，$Q_2(Z)$和$Q_3(Z)$，则各级的传递函数为

$$\begin{aligned} Y_1(z) &= z^{-1}X(z) + \left(1 - z^{-1}\right)Q_1(z) \\ Y_2(z) &= -z^{-1}Q_1(z) + \left(1 - z^{-1}\right)Q_2(z) \\ Y_3(z) &= -z^{-1}Q_2(z) + \left(1 - z^{-1}\right)Q_3(z) \end{aligned} \tag{5.54}$$

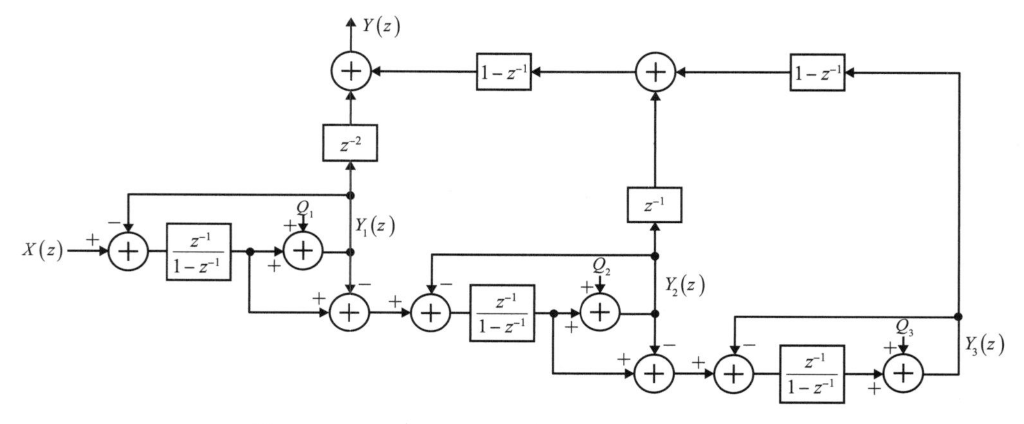

图5.54　三阶MASH调制器的传递函数模型

因为

$$Y(z) = z^{-2}Y_1(z) + z^{-1}\left(1 - z^{-1}\right)Y_2(z) + \left(1 - z^{-1}\right)^2 Y_3(z) \tag{5.55}$$

所以，根据框图计算各级的输出并代入式（5.55），可得：

$$\begin{aligned} Y(z) &= z^{-2}\left[z^{-1}X(z) + \left(1 - z^{-1}\right)Q_1(z)\right] \\ &\quad + z^{-1}\left(1 - z^{-1}\right)\left[-z^{-1}Q_1(z) + \left(1 - z^{-1}\right)Q_2(z)\right] \\ &\quad + \left(1 - z^{-1}\right)^2\left[-z^{-1}Q_2(z) + \left(1 - z^{-1}\right)Q_3(z)\right] \\ &= z^{-3}X(z) + \left(1 - z^{-1}\right)^3 Q_3(z) \end{aligned} \tag{5.56}$$

由此结果可以看出，随着各级的量化噪声被抵消的同时，能够去除高阶的噪声。

在此配置中，由于在各级执行反馈，因此不存在与高阶ΣΔ调制器相关的不稳定性问题。

此外，配置多级（n阶）MASH调制器时的传递函数，可以按照与上述相同的方式计算：

$$Y(z)=z^{-n}X(z)+\left(1-z^{-1}\right)^{n}Q_{3}(z) \tag{5.57}$$

图5.55是三阶MASH调制器的安装电路示例。各级的加法器溢出按照传递函数由D型触发器（DFF）延迟并进行加法合成。此调制器的预期输出值是-3、-2、-1、0、+1、+2、+3、+4。

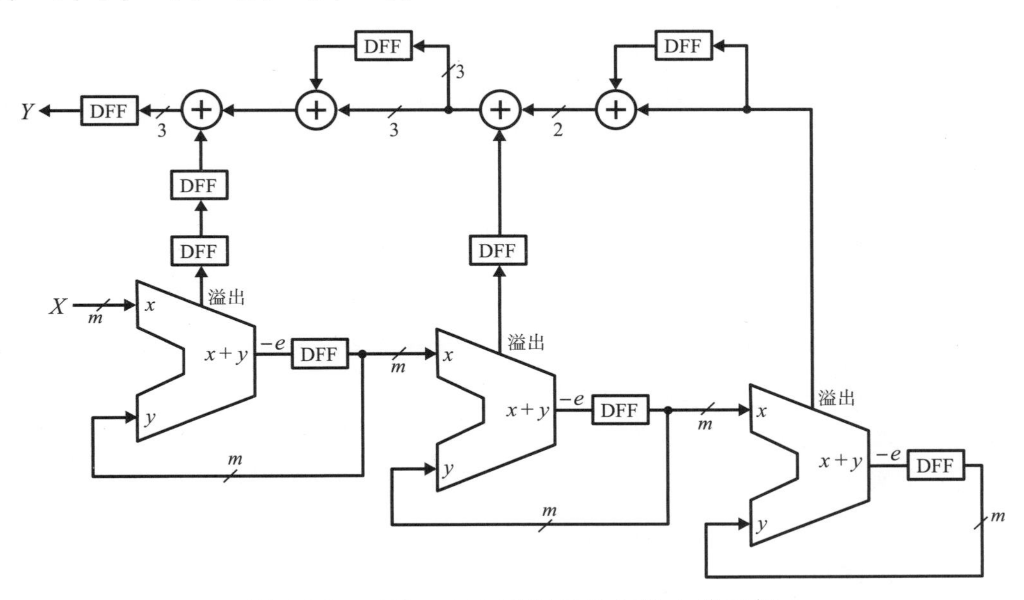

图5.55 三阶MASH调制器的安装电路示例

由于MASH输出有多个值（1bit以上数据宽度），因此需要一个分频比对应多个值的可变的多模分频器，以便将其安装在分数分频PLL上。如参考文献［13］所述，多模分频器可以通过将双模分频器多级连接的配置来实现（图5.56）。在该电路中，具有2/3分频比可变的双模分频器分三级连接，所以总分频比N_{div}为：

$$N_{\text{div}}=8+\text{CONT}_{1}\times 2^{0}+\text{CONT}_{2}\times 2^{1}+\text{CONT}_{3}\times 2^{2} \tag{5.58}$$

如果多模分频器有n级，则总分频比为：

$$\begin{aligned}N_{\text{div}}=&2^{n}+\text{CONT}_{1}\times 2^{0}+\text{CONT}_{2}\times 2^{1}+\cdots\\&+\text{CONT}_{n-1}\times 2^{n-2}+\text{CONT}_{n}\times 2^{n-1}\end{aligned} \tag{5.59}$$

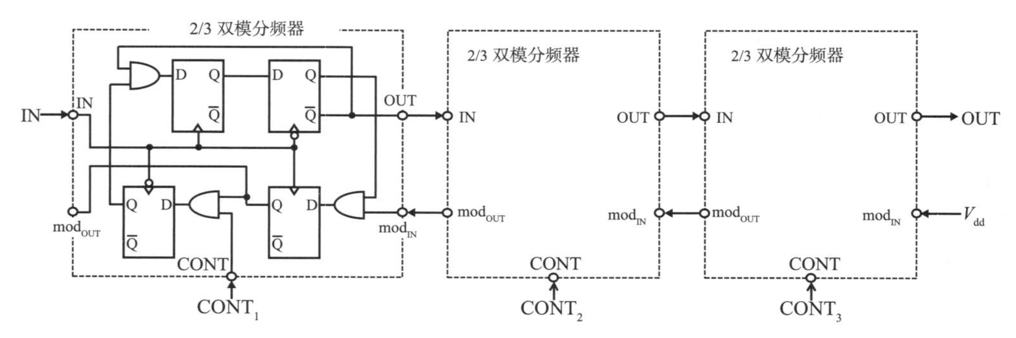

图5.56　多模分频器电路示例

5.2.4　累加器的位数和杂散（spurious）

分数分频PLL的输出频率是参考信号频率f_{REF}乘以分数比（理想值）。由于这个分数比是通过ΣΔ调制器中m位的加法器实现的，因此最小步长是通过将参考信号频率除以累加器的最大值而获得的（$f_{REF}/2^m$）。如果参考信号频率为13MHz，加法器为16位，则最小频率步长为198Hz。

此外，当累加器的位数较低时，周期性信号在输出端表现为寄生信号，其结果造成即使是相同阶数的调制器，量化噪声也会变大。减少量化噪声的方法包括为加法器提供具有足够大的位宽、将抖动（dithering）随机化。图5.57显示了在分数值为0.1的情况下，三阶MASH调制器的累加器的位数依赖性的计算结果。图5.57(a)显示了使用8位累加器，图5.57(b)显示了使用16位累加器时通过FFT计算的量化噪声。这两种情况下调制器的时钟频率都为13MHz。可以看出，当加法器的位数较少时，杂散较大，增加位数有望提高20dB左右。因此建议加法器的位数至少在16位左右。

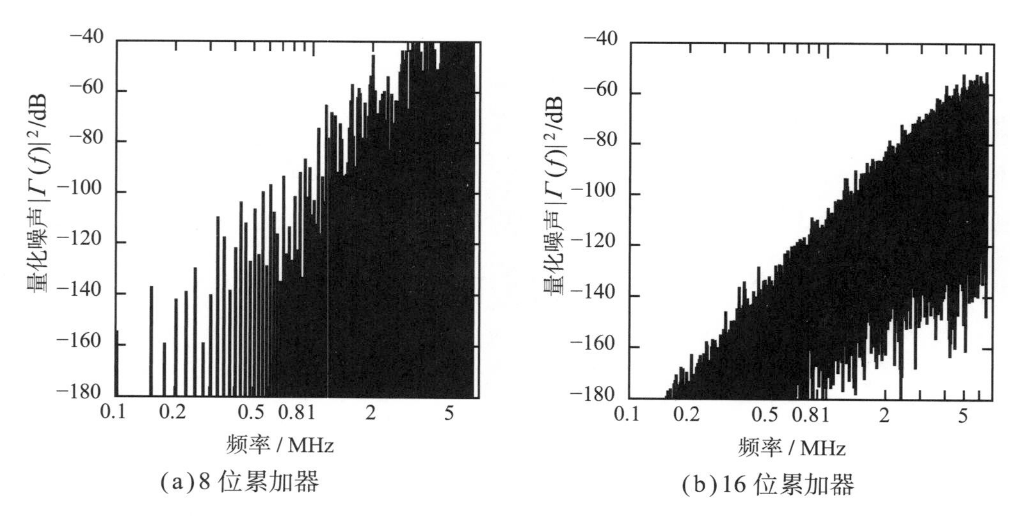

图5.57　三阶MASH调制器的量化噪声

对于抖动，可以通过向二阶以上ΣΔ调制器的累加器的第一级的LSB输入1来实现。另一方面，在进行设计时要注意，随着LSB固定，最小频率步长会增加。图5.58显示了在分数值为0.1153的条件下，将累加器时钟频率13MHz计算的结果进行快速傅里叶变换（FFT）的抖动效果比较。图5.58(a)显示了使用16位累加器而未执行抖动的调制器的量化噪声示例，虚线是杂散的最大值。图5.58(b)表示第一级累加器反馈输入的LSB固定为1的情况，虚线表示图5.58(a)中的最大杂散值。可以看出，通过执行抖动，杂散电平降低了几个dB。

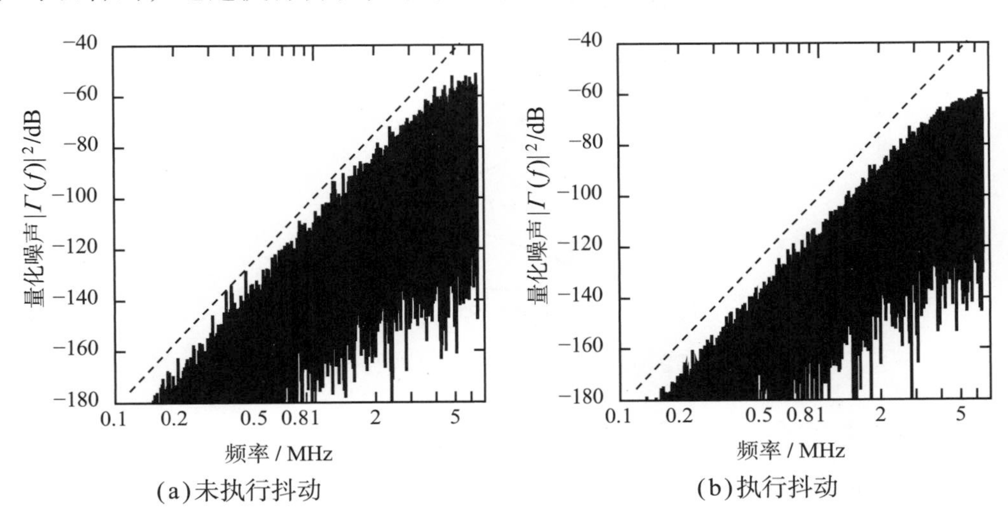

(a)未执行抖动　　(b)执行抖动

图5.58　使用16位累加器的三阶MASH调制器的量化噪声

5.2.5　使用ΣΔ调制器的分数分频PLL示例

图5.59是使用ΣΔ调制器的分数分频PLL的示例。该电路是具有可变p和$p+1$分频的双模分频器，最大值为a_0位的计数器a和最大值为n_0位的计数器n（$a_0<n_0$）确定的整数分频比由ΣΔ调制器随机增减。如果将分数分频比Δ添加到计数器a的输出，则总分频比N_{div}由下式给出：

$$N_{\mathrm{div}}=(p+1)\times(a+\delta)+p\times(n-a-\delta)=n\times p+a+\delta \tag{5.60}$$

这里，将使用具体的数值进行说明。在此配置中，VCO信号由5/6分频器、5位n计数器、3位a计数器和具有16位累加器的一阶ΣΔ调制器分频。如果VCO目标频率为2440MHz，参考信号为26MHz，n计数器设置为17，a计数器设置为8，ΣΔ调制器的输入设置为55454，则分频比为：

$$N_{\mathrm{div}}=5\times N+S+\frac{F}{2^{16}}=5\times17+8+\frac{55454}{2^{16}}=93.846160888672 \tag{5.61}$$

因此能够实现目标频率的2440MHz。

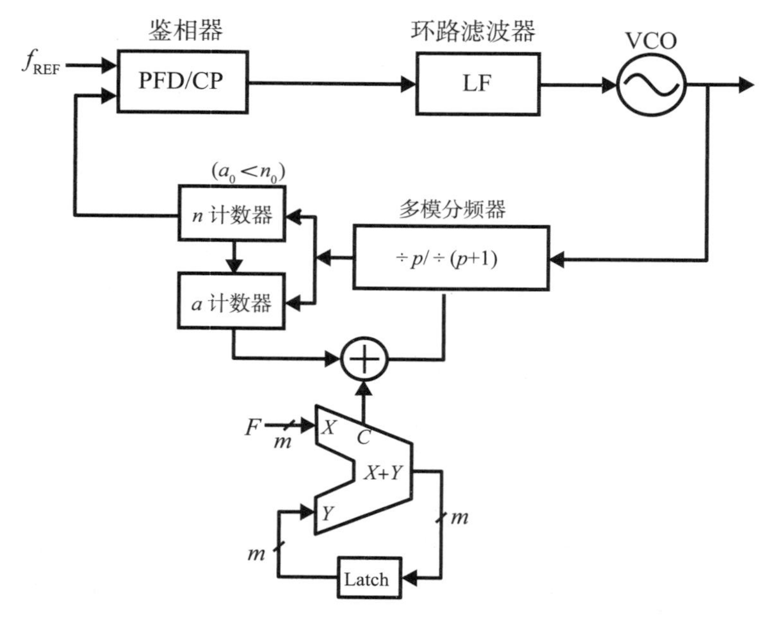

图5.59　使用ΣΔ调制器的分数分频PLL

5.2.6　PLL的分数分频传递函数和相位噪声特性

图5.60表示了使用ΣΔ调制器的分数分频PLL的各个模块的相位的传递函数模型。鉴相器和电荷泵（PD/CP）的转换增益为$K_{PFD/CP}$（A/rad），环路滤波器（LF）的传递函数为$F(s)$，VCO增益为K_v（1/rad・V），分频器（DIV）的分频比是$1/(N+F/M+\gamma)$。其中N为整数值，F/M为分数，F和M为不能被相互整除的整数值，γ表示ΣΔ调制器（SDC）的量化噪声。

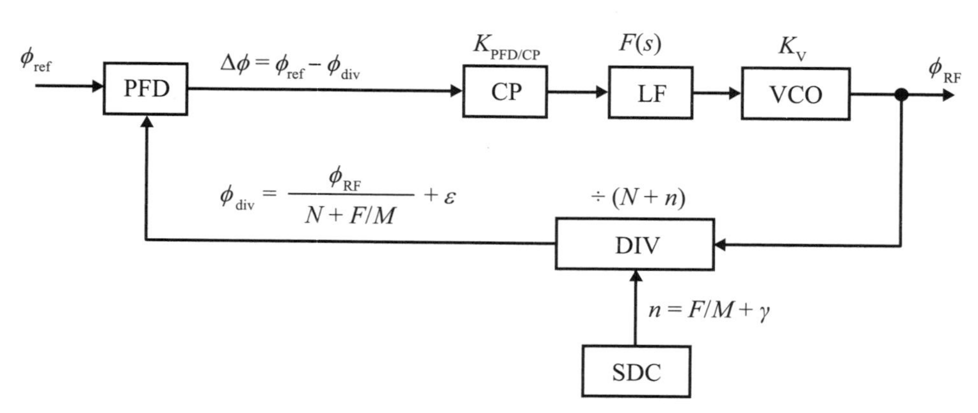

图5.60　使用ΣΔ调制器的分数分频PLL的传递函数模型

如果开环增益设为$G(s)$的话，则

$$G(s)=K_{\text{PFD/CP}}F(s)\frac{K_{\text{V}}}{s}\frac{1}{N+F/M} \tag{5.62}$$

那么，从ϕ_{ref}到ϕ_{div}的闭环传递函数$H(s)$为：

$$H(s)=\frac{G(s)}{1+G(s)} \tag{5.63}$$

另一方面，如果没有噪声的理想分频器相位为ϕ_{div0}，且相对于分频器的ΣΔ调制器的量化噪声分量的相位误差为ε，则分频器输出ϕ_{div}的相位为：

$$\phi_{\text{div}}=\phi_{\text{div0}}+\varepsilon=\frac{\phi_{\text{RF}}}{N+F/M}+\varepsilon \tag{5.64}$$

这一分频器输出与参考信号之间的相位差$\Delta\phi$为：

$$\Delta\phi=\phi_{\text{ref}}-\varepsilon-\phi_{\text{div0}} \tag{5.65}$$

在这里，将ΣΔ调制器的量化噪声造成的相位误差ε隔离，去求传递函数。如果鉴相器是线性的，则如图5.61所示，可以更改传递函数模型，因为即使参考信号具有相位误差ε，在电路上也是等效的。

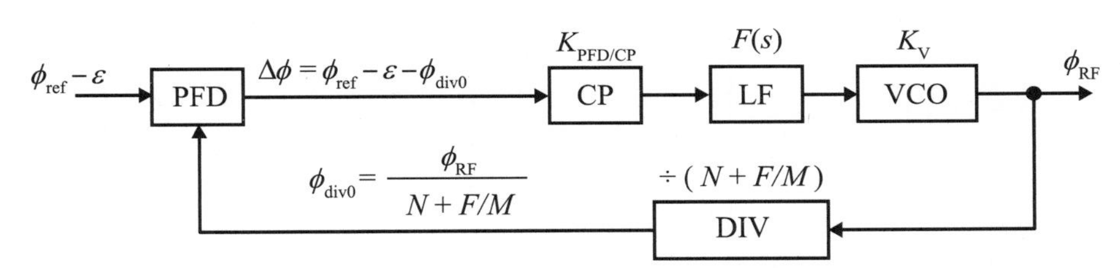

图5.61 修正后的分数分频器PLL的传递函数模型

图5.61模型中，VCO相位ϕ_{RF}以理想的分频比$(N+F/M)$分频，输入到鉴相器。因此，由$\phi_{\text{RF}}=\phi_{\text{div0}}\times(N+F/M)$，可以得到VCO输出相位$\phi_{\text{RF}}$与分频器输出相位$\phi_{\text{div0}}$的关系：

$$\phi_{\text{RF}}(s)=\left(N+\frac{F}{M}\right)H(s)\left[\phi_{\text{ref}}(s)-\varepsilon(s)\right] \tag{5.66}$$

接下来，从ΣΔ调制器的量化噪声分量求相位误差ε。如前所述，ΣΔ调制器的输出$n(t)$的瞬时值是一个整数，但在较长时间内平均值等于分频比的分数F/M，如果调制器的量化噪声为$\gamma(t)$，则调制器的输出为$n(t)=F/M+\gamma(t)$。为便于解析，假设初始状态（$t=0$）分频比为N，分频器输出与参考信号的相位差为零，如图5.62所示。在ΣΔ调制器改变分频比之前的这一期间，因为参考信号的周期与分频器输出的比为$(N+F/M):N$，所以参考信号与分频器输出之间的相位差ε_1为：

$$\varepsilon_1 = 2\pi\left(1-\frac{N}{N+F/M}\right) = 2\pi\frac{F/M}{N+F/M} = -2\pi\frac{\gamma_1}{N+F/M} \tag{5.67}$$

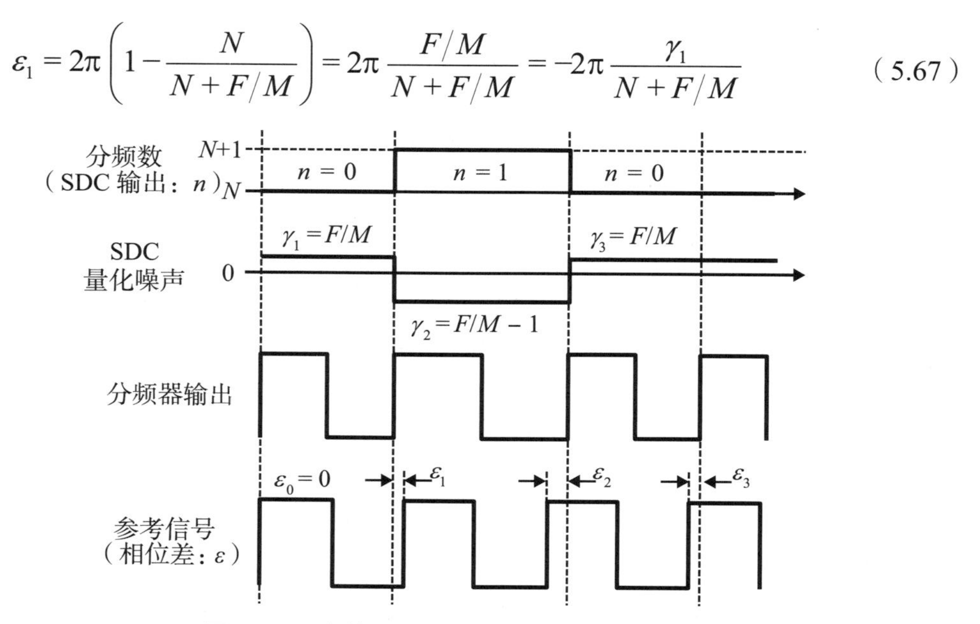

图5.62　分数分频PLL相位比较操作

另一方面，如果通过ΣΔ调制器将分频比修改为$N+1$，因为该周期内参考信号周期与分频器输出的比变为$(N+F/M):N$，所以可得相位误差ε_2为：

$$\begin{aligned}\varepsilon_2{}' &= 2\pi\left(1-\frac{N+1}{N+F/M}\right) = 2\pi\frac{N+F/M-N-1}{N+F/M} = 2\pi\frac{F/M-1}{N+F/M} \\ &= -2\pi\frac{\gamma_2}{N+F/M}\end{aligned} \tag{5.68}$$

因此，从初始状态经过N次分频后，进行$N+1$次分频，到下一个相位比较周期的累计相位误差ε_2为：

$$\varepsilon_2 = \varepsilon_1 - 2\pi\frac{\gamma_2}{N+F/M} = -2\pi\frac{\gamma_1+\gamma_2}{N+F/M} \tag{5.69}$$

到第k次的累计相位误差为：

$$\varepsilon_k = \varepsilon_{k-1} - 2\pi\frac{\gamma_k}{N+F/M} = -\frac{2\pi}{N+F/M}\sum_{i=1}^{k}\gamma_i \tag{5.70}$$

将此相位误差表示为连续时间的函数，则

$$\varepsilon(t) = -\frac{2\pi}{N+F/M}\int_0^t \gamma(u)\mathrm{d}u \tag{5.71}$$

考虑到每个单位时间执行$1/f_{\mathrm{ref}}$次相位比较，则

$$\varepsilon(t)=-\frac{2\pi f_{\mathrm{ref}}}{N+F/M}\int_0^t \gamma(u)\mathrm{d}u \tag{5.72}$$

将此进一步进行拉普拉斯变换，相位比较中的量化噪声为：

$$E(s)=-\frac{2\pi f_{\mathrm{ref}}}{N+F/M}\frac{\Gamma(s)}{s} \tag{5.73}$$

将这一结果代入VCO输出相位的关系式，可得

$$\begin{aligned}\phi_{\mathrm{RF}}(s)&=\left(N+\frac{F}{M}\right)\phi_{\mathrm{div}}=\left(N+\frac{F}{M}\right)H(s)\left[\phi_{\mathrm{ref}}(s)+\frac{2\pi f_{\mathrm{ref}}}{N+F/M}\frac{\Gamma(s)}{s}\right]\\&=\left(N+\frac{F}{M}\right)H(s)\phi_{\mathrm{ref}}(s)+2\pi f_{\mathrm{ref}}H(s)\frac{\Gamma(s)}{s}\end{aligned} \tag{5.74}$$

该式中的第2项代表量化噪声造成的相位误差。

接下来，为了求VCO输出的C/N，需要考虑一个含有相位噪声的振幅为A_0的载波信号。如果相位噪声$\phi_{\mathrm{RF}}(t)$非常小，那么

$$\begin{aligned}S(t)&=A_0\cos\left[\omega_{\mathrm{RF}}t+\phi_{\mathrm{RF}}(t)\right]\\&=A_0\cos\omega_{\mathrm{RF}}t\cos\phi_{\mathrm{RF}}(t)-A_0\sin\omega_{\mathrm{RF}}t\sin\phi_{\mathrm{RF}}(t)\end{aligned} \tag{5.75}$$

式（5.75）右侧的第二项，在角频率为ω_{RF}的载波信号两侧表现为振幅是$A_0/2$的边带波（如果调制角频率$\omega_{\mathrm{m}} \ll \omega_{\mathrm{RF}}$，并且$\phi_{\mathrm{RF}}(t)=\cos\omega_{\mathrm{m}}t$，那么由三角函数的和差公式可知是载波信号的双边带波）。因此，可以求得VCO输出的C/N为：

$$C/N=\frac{\left|\phi_{\mathrm{RF}}(j\omega)\right|}{2}=\frac{f_{\mathrm{ref}}}{2f}\left|H(f)\right|\left|\Gamma(f)\right| \tag{5.76}$$

把用ΣΔ调制器的时钟频率作为参考信号频率f_{ref}的量化噪声的振幅矢量代入式中（5.76），可得：

$$C/N=\frac{f_{\mathrm{ref}}}{2f}\left|H(f)\right|\frac{2^n\Delta}{\sqrt{3f_{\mathrm{ref}}}}\sin^n\left(\pi\frac{f}{f_{\mathrm{ref}}}\right) \tag{5.77}$$

相对于量化噪声$\Gamma(f)$向高频区扩散（在高频区域变得更高）的特性，由于$H(f)$表现出低通特性，所以设计时要注意使C/N在整个区域内都较低。

根据之前的分析，在分数分频PLL中，将相位噪声的失谐频率（与PLL锁定的中心频率的偏移）相关性的计算结果表示为图5.63。分数分频PLL也与环路滤

波器带内参考信号的相位噪声相一致，VCO特有的相位噪声在带外直接输出，环路带外的相位噪声以–20dB/dec的梯度伴随失谐频率降低。此外，在分数PLL中，由ΣΔ调制器产生的量化噪声扩散至高频区域。由于该噪声成分被环路滤波器特性抑制，因此滤波器设计非常重要。

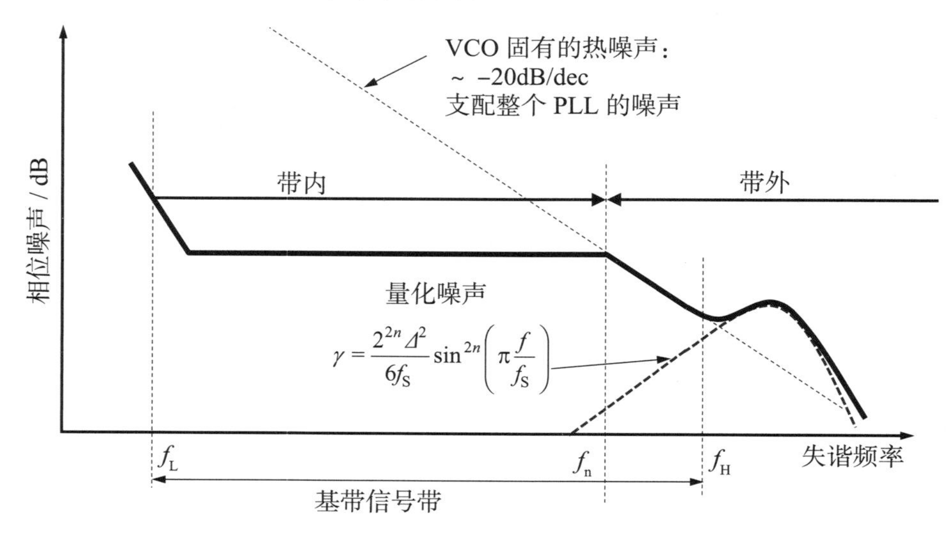

图5.63　分数分频PLL相位比较操作

5.3　全数字PLL

上一节讲述的PLL，根据施加到构成VCO的LC谐振主干电路的MOS元件（变容二极管）的控制电压，以模拟方式改变电容值来调整频率，因此对于混合在控制电压中的外部噪声非常敏感。另外，由于模拟PLL的环路滤波器需要非常大的电容值以防止参考泄漏等纹波电压的产生，因此将其安装在半导体芯片外部，但是存在着增加了部件数量和安装面积等的课题。另一方面，全数字PLL（ADPLL）通过数字控制LC主干电路VCO的MOS电容开/关来调整振荡频率，所以外部噪声的影响很小。此外，环路滤波器可以作为数字电路安装在芯片上，其优点是可以实现小型化。

5.3.1　数控振荡器

全数字PLL中的振荡电路称为数控振荡器（digitally controlled oscillator，DCO），与VCO模拟PLL的区别只是作为主干电路电容的MOS元件的特性和控制方法不同，而电路拓扑是相同的。图5.64显示了DCO的主干电路中使用的MOS元件的栅极电容的栅极–漏极/栅极–源极间的电压相关性。图5.64(a)显示了传统MOS可变二极管的电容与控制电压的依赖性，电容相对于控制电压呈线性变化的区域很宽，而在模拟PLL中，环路滤波器输出电压被控制在此线性区域范围内。另一方面，图5.64(b)显示了亚微米MOS可变二极管的电容与控制电压的依赖性，与传统MOS相比，其特点是线性区域较窄。根据实验测定结果显示，栅极长度为130nm的亚微米PMOS元件在大约0.3V的过渡区中从导通区变为截止区[14, 16, 17]。由这一结果可知，DCO的LC主干电路的振荡频率可以通过PMOS控制电位的开/关（数字）控制来改变。

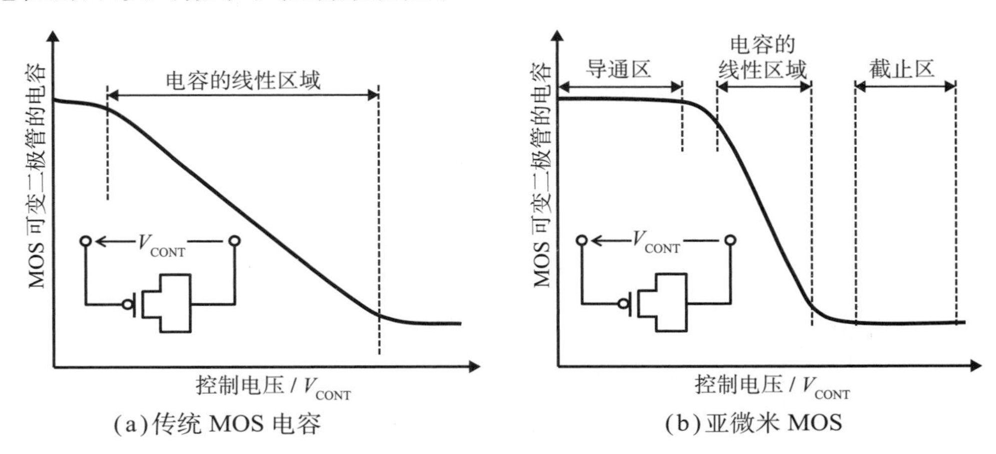

图5.64 MOS栅极电容特性

另一方面，在以ON和OFF两个值对MOS电容进行数字控制时，在宽范围内准确调整LC-VCO频率是一个重要课题。图5.65给出了应对这一课题的DCO电路示例，组成LC主干电路的MOS电容是四个具有不同频率调节范围的阵列组（PVT控制电容阵列、ACQ控制电容阵列、TRAC控制电容阵列、FRAC控制电容阵列）[24]。

在PLL开始工作之前，PVT控制在后台调整由工艺变化（process variation）、电压变化（voltage variation）和温度变化（temperature variation）引起的频率变化，频率调整结束之后PVT信号被固定。用于PVT控制的MOS电容是由尺寸相对较大的MOS元件组成的，MOS元件由二进制数字加权，以覆盖较宽的范围。这种加权应当将相同尺寸的元件按照2的幂的个数连接来构成，这样就不会因为元件尺寸而造成寄生电容的差异。图5.66显示了各控制信号对DCO的频率调整范围和分辨率，PVT控制的700MHz频率范围由8位（256步）控制信号覆盖。因此，PVT控制的分辨率被设计为2.73MHz。

采集（ACQ）信号的频率控制也是在后台工作的，ACQ信号在频率确定后被固定。频率控制范围比PVT控制更窄。ACQ控制在PVT控制完成后进行，建议

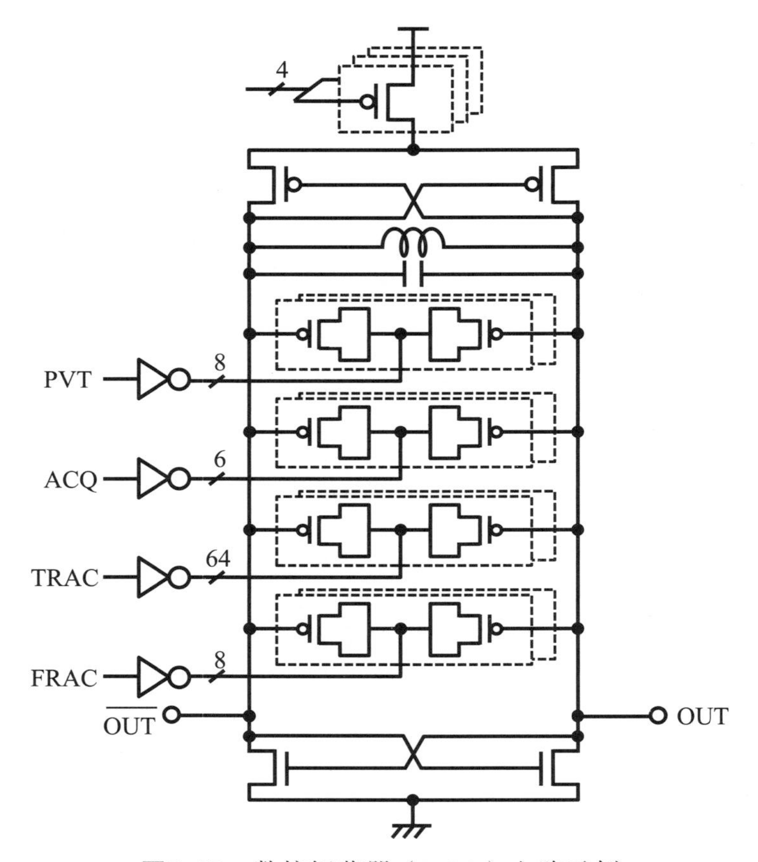

图5.65　数控振荡器（DCO）电路示例

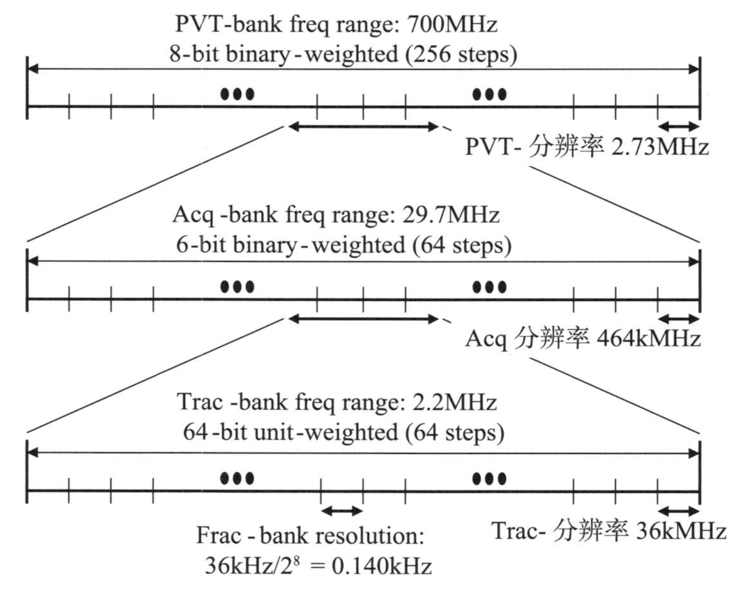

图5.66　DCO频率调整范围与频率分辨率的关系

将ACQ控制的频率调整范围设置为PVT控制分辨率的数倍或更多，以免出现因MOS电容的个体差异而造成无法进行频率调整的区域。在本例中，由二进制加权的6位（64步）控制信号覆盖29.7MHz的频率范围，因此，ACQ控制的分辨率为464kHz。

跟踪（TRAC）信号和分数控制（FRAC）信号控制与模拟PLL相同，都是反馈参考信号的相位比较结果，但区别是，相位差被作为整数和分数的数字值来处理，而且DCO的MOS变容元件分别由不同的电路控制。TRAC信号控制是一个相当于整数除法的操作，但由于跟踪控制需要高精度的调整，所以MOS变容二极管的尺寸必须最小。例如，一个栅极长度为90nm、栅极宽度为1μm的MOS元件，其栅极电容非常小，只有几十到几百aF（atto farad），适用于高精度控制主干谐振频率。另一方面，这种亚微米元件中的寄生电容的影响不能忽视，用于TRAC控制的MOS元件阵列由相同大小的元件组成，而不是二进制加权，通过使用温度计码（thermometer code）进行调整，将MOS尺寸差异导致的电容变化降至最低。上述MOS元件产生的最小频率步长为36kHz，在64位的温度计码控制时，频率调节范围为2.2MHz。

另一方面，在分数控制中，通过采用对DCO频率进行分频的高速时钟驱动的ΣΔ调制器，来高速ON/OFF MOS栅极电压，根据其比率来控制平均（分数比率）电容值。来自该调制器的控制信号，将输入的DCO的MOS元件阵列也调整为相同的大小，以抑制诸如寄生电容等的波动。在ΣΔ调制器中使用8位累加器时，可以实现跟踪频率（最小尺寸的MOS变容二极管产生的频率步长）的$1/2^8$的频率分辨率。假设图5.66中跟踪（TRAC）产生的最小频率步长（分辨率）为36kHz，即使ΣΔ调制器只有8位左右，也能够实现FRAC控制的最小频率步长为140Hz。

5.3.2 ΣΔ调制器

在全数字PLL中，产生分数频率调整控制信号的ΣΔ调制器的基本原理与分数分频PLL相同，但是为了能够对DCO的分数频率调整用的MOS元件直接ON/OFF以便将目标频率作为平均值，控制累加器的时钟频率应该高速化，有报道称，对DCO信号进行分频产生了几百MHz[14~20]。图5.67是除初始设定时调整的PVT和ACQ控制的MOS变容二极管阵列以外，基于整数值（TRAC）和分数值（FRAC）进行频率控制的DCO配置，以及分数值控制所需的三阶ΣΔ调制器的整体视图。在该例中，ΣΔ调制器的时钟信号为600MHz（将2.4GHz的DCO频率4分频）[24]。

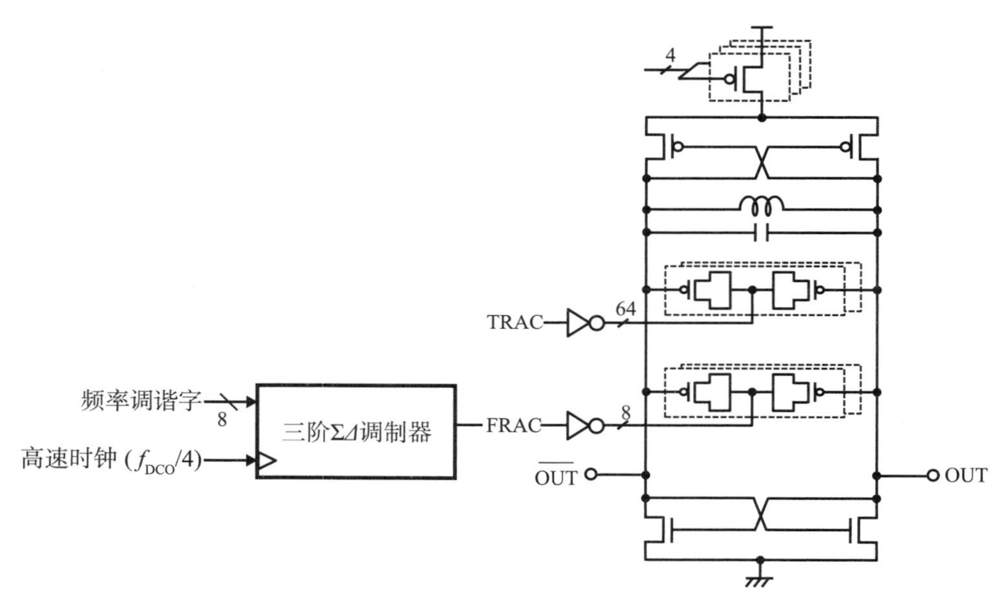

图5.67　FRAC控制电路整体图

图5.68是将三阶MASH配置用于ΣΔ调制器的示例。在模拟分数分频PLL中，MASH调制器的输出是从–3到＋4的多个值，而在全数字PLL中，由于调制器输出直接驱动DCO的MOS可变二极管，所以累加器溢出的输出在合成器部分被转换成8个控制信号。

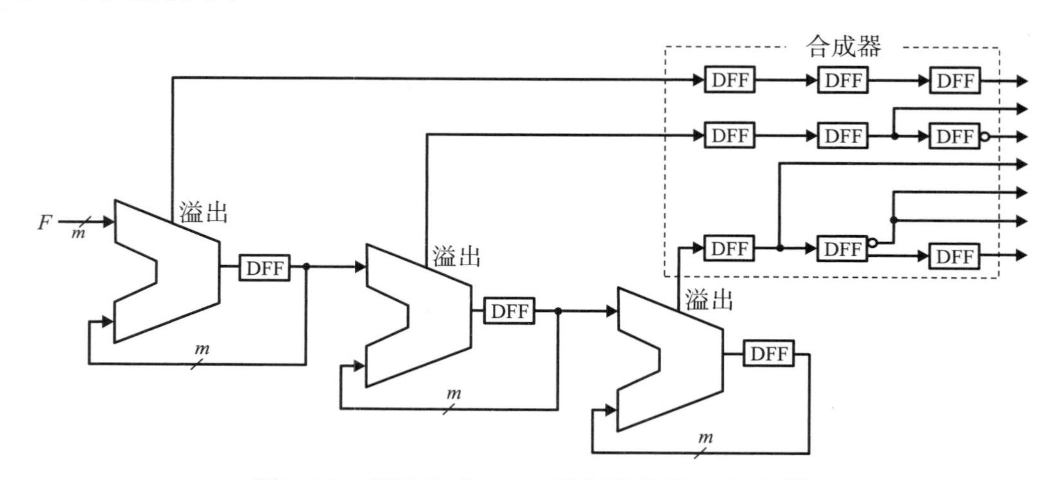

图5.68　用于生成FRAC控制信号的ΣΔ调制器

当MOS电容元件产生的频率分辨率足够小时，这一ΣΔ调制器的累加器的位数比较好，但在这种情况下，可能会出现杂散。另一方面，当增大累加器的位数时，由于时钟频率高，存在功耗增加的问题。图5.69显示了三阶MASH调制器在时钟频率为600MHz时的模拟量化噪声。

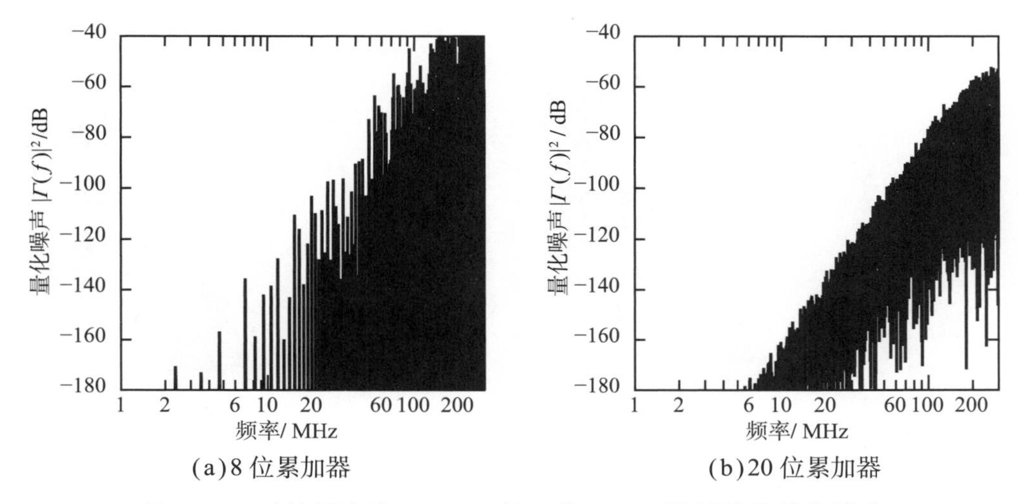

图5.69 时钟频率为600MHz的三阶MASH调制器的量化噪声

可以看出，使用8位累加器的调制器有一个相当大的杂散成分。作为对策，利用MASH调制器第三级的输出接近白噪声的特点，采用了将其输出返回至第二级累加器并进行抖动的电路，量化噪声的模拟结果见图5.70和图5.71[23]。图5.71(a)显示了无抖动的8位三阶MASH调制器的量化噪声，图5.71(b)显示了通过对第三阶累加器输出的前4位进行NAND处理以进一步增加白度，并将1位返回到第二阶累加器的输入而进行抖动的结果。可以看出，即使累加器的位数为8位，其杂散抑制效果也相当于20位。因此，可以保持较低的功耗。

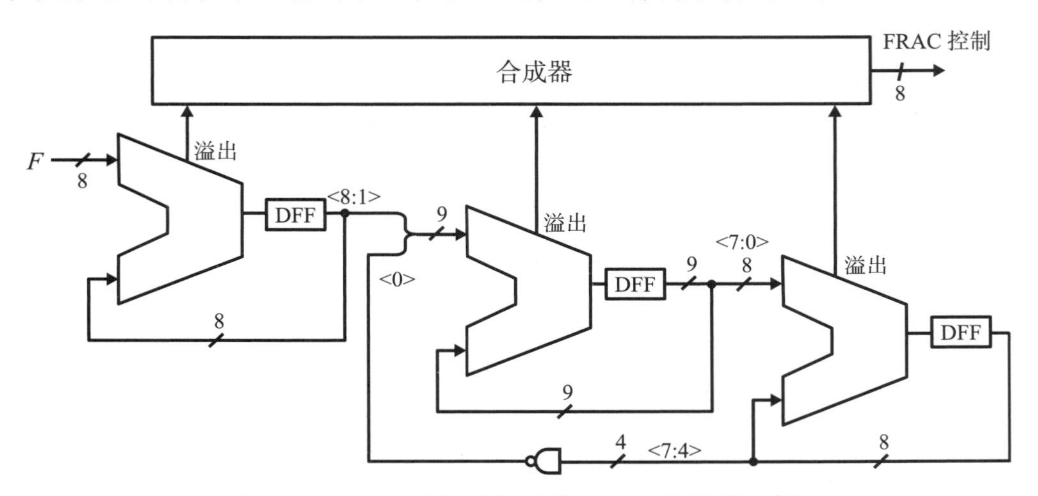

图5.70 导入了抖动的三阶MASH调制器示例

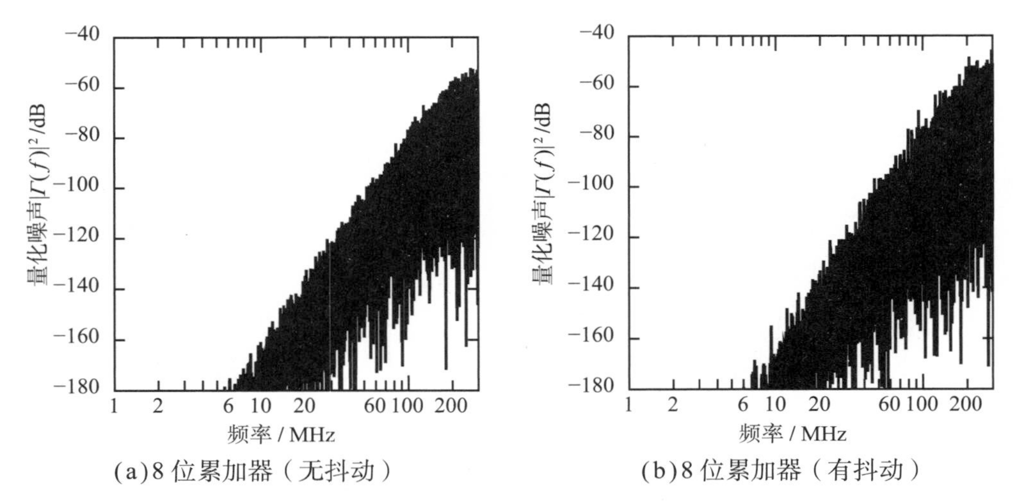

图5.71　时钟频率为600MHz的三阶MASH调制器的量化噪声

5.3.3　相位比较

在全数字PLL中，将与参考信号的相位比较结果作为与相当于PLL的倍频的频率调谐字（frequency tuning word，FCW）相对应的差分数字值输出。图5.72是用于说明全数字PLL中的相位比较操作的整体图。在比较DCO输出信号（CKV）和参考信号（FREF）相位时，应注意两个信号是不同步的。例如，除了用于对每个信号的频率进行计数的触发器有可能变成亚稳态（metastable）之外，还存在不同步的信号之间总是出现相位差的问题。因此，在参考文献［18］和［19］中，提出了以使用高速DCO重定时（过采样）低速参考信号而获得的信号（CKR）为基准来执行相位比较的电路方案。如图5.72所示，重定时的参考

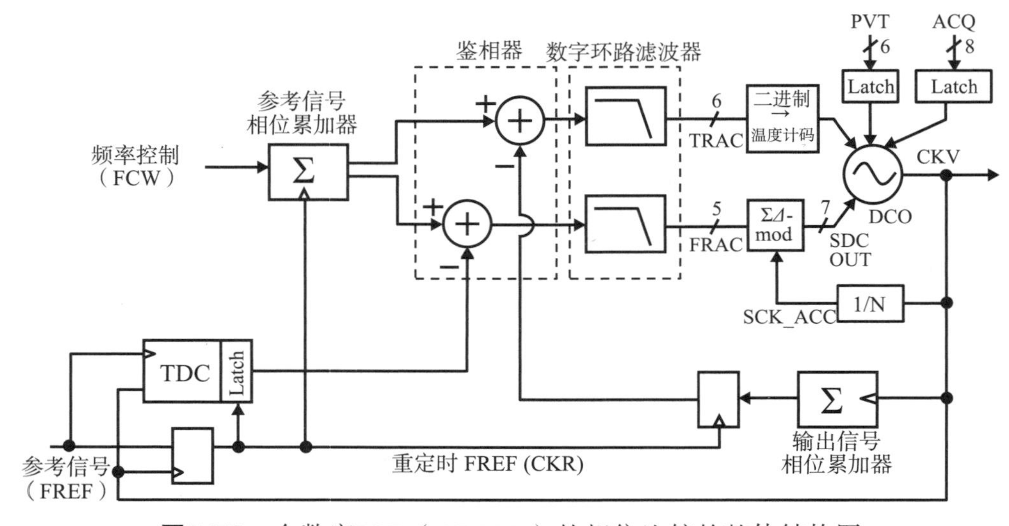

图5.72　全数字PLL（ADPLL）的相位比较的整体结构图

信号（CKR）可以简单地通过使用触发器数据输入的参考信号和时钟输入的DCO信号来实现。此外，在该重定时过程中，为了抑制触发器亚稳态的发生，还提出了具有能够缩短建立和保持时间的配置的电路[27~29]。

DCO输出信号的数字相位值可以通过采用了累加器的频率计数器获得。在输出信号相位累加器中，CKV信号作为时钟对累加器逐一进行递增计数，值由CKR信号锁存。之后累加器继续计数，但由于锁存器保持的计数值一直被保留到下一个CKR信号的上升沿，因此在此期间执行相位比较和反馈操作。同样，参考信号的数字相位值也由相位累加器以CKR信号作为时钟进行计数，但是计数量是相当于PLL倍频的频率控制字。图5.73表示了DCO信号相位累加器和参考信号相位累加器电路。

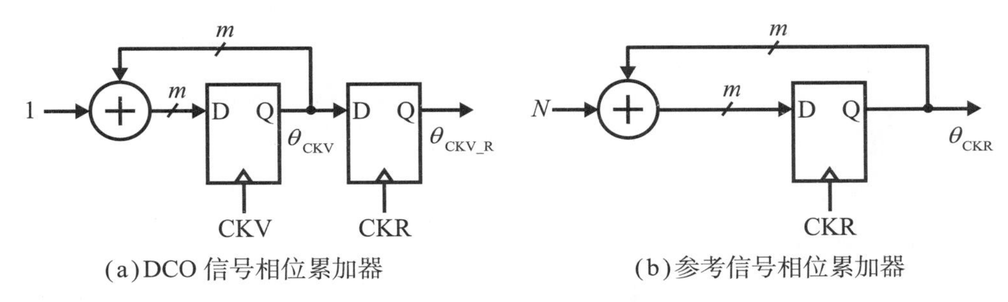

(a)DCO 信号相位累加器　　(b)参考信号相位累加器

图5.73　相位累加器电路示例

图5.73(a)中的位宽m应该大于PLL的倍频。例如，参考信号为13MHz，DCO频率的最大值为2482MHz的话，倍频为190.923077，因此需要8位（$m=8$）的位宽。另外，随后的触发器和CKR信号锁定的信息也都需要相同的位宽。另一方面，图5.73(b)中的累加器计数N为190。这些相位累加器被设计成只检测倍频的整数分量，但在每个时钟信号的时间点上持续计数，当计数值超过累加器的最大值时，将计数值归零。图5.74的矢量图表示了CKV信号的（与相位等效）计数值和CKR信号的（与相位等效）计数值。圆的顶点代表零计数（相位为零）和2^m的最大值（相位2π），矢量随计数沿顺时针旋转。

表示CKV计数值的相位矢量（θ_{CKV}）每经过一个CKV时钟就沿顺时针前进$2\pi/2^m$，到达CKR信号锁存的相位（$\theta_{CKV\text{-}R}$）的旋转角度为$2\pi\times N/2^m$。另一方面，经过每个CKR时钟时，参考信号累加器的相位（θ_{CKR}）的旋转角度同样为$2\pi\times N/2^m$，因此两个累加器的相位匹配。即使累加器计数超过最大值，矢量仍按原方向旋转（累加器计数值归零并且继续计数），因此一直保持此状态。如果DCO信号相位值与参考信号相位值之间存在初始相位差，即使累加器输出达到最大值后计数值归零的时间不同，相位差也会相同。从电路角度来看，输出相位差的寄存器和累加器一样，如果处理结果超过2^m时使其归零，那么差分寄存器的取值范围为$0 \sim 2^m$，该相位差的数字值为TRAC信号。

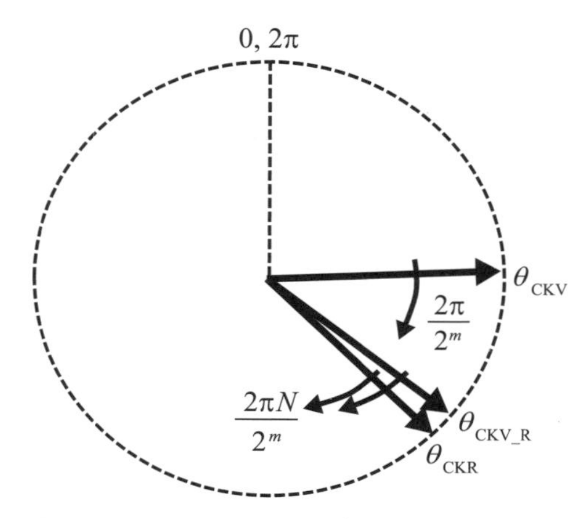

图5.74　CKV和CKR信号相位矢量图

5.3.4　时间数字转换器

时间数字转换器（time-to-digital converter，TDC）可以检测出小于一个周期的DCO频率的相位差（分数相位）[21]。另一方面，通过对频率控制字（FCW）的分数部分进行积分来检测参考信号的分数相位，并将其差值作为ΣΔ调制器的分数输入（FRAC控制信号）。

时间数字转换器的电路示例如图5.75所示。在该电路中，DCO信号（CKV）被输入到一个由8级逆变器串联连接的电路（逆变器链）中，CKV信号被每个逆变器依次延迟，每一级的输出用作触发器的数据输入，由CKR信号转换为“1”和“0”的数字值并锁存，从而来检测CKV信号的一个周期内的相位。输出为8位的温度计码。

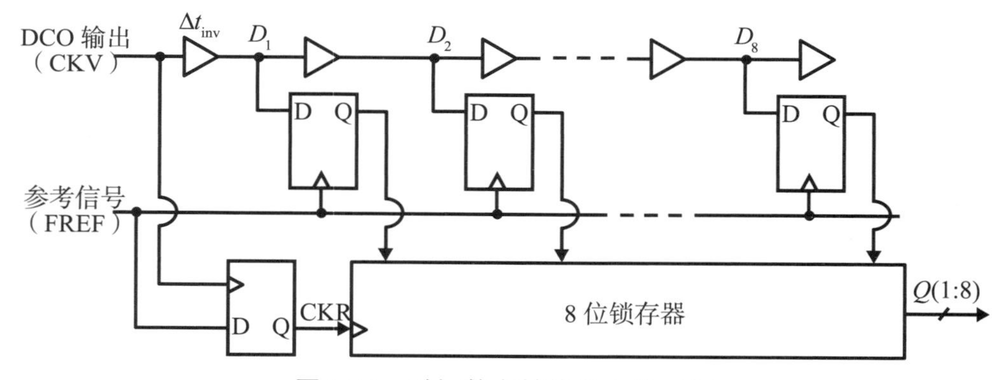

图5.75　时间数字转换器电路示例

图5.76时间数字转换器的时序图。

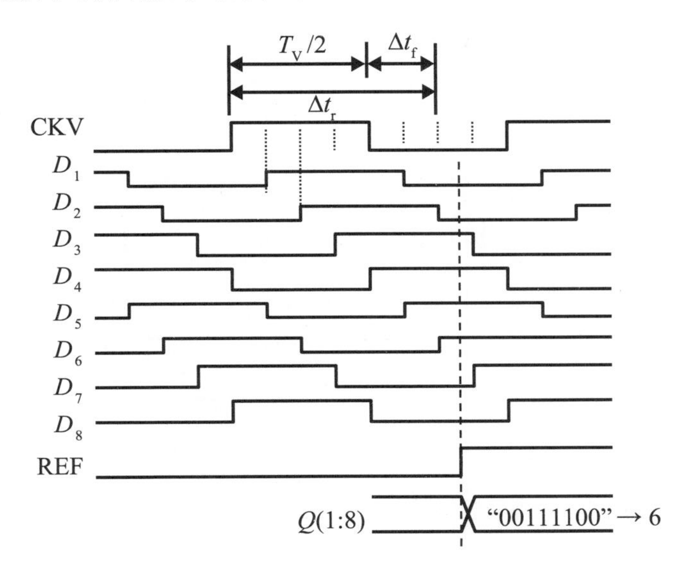

图5.76 时间数字转换器的时序图

设DCO输出信号的CKV周期为T_V，逆变器延迟时间为Δt_{inv}，则逆变器级数应大于等于CKV周期除以延迟时间所得的值。在此例中，为了方便起见，不使逆变器反向输出，时序图中只显示了信号延迟。此时的延迟时间约为CKV周期的1/8左右，各逆变器的输出$D_1 \sim D_8$依次延迟Δt_{inv}，以这些信号作为数据输入，以参考信号（REF）为时钟锁存的各触发器输出的数字值为“00111100”。该值意味着参考信号（FREF）从CKV信号延迟了7级逆变器延迟（延迟时间$\Delta t = 7\Delta t_{inv}$），可得到温度计码[6]。不过，确切的延迟时间是在逆变器的第六级和第七级之间，但在这种配置下，无法更加详细地确定延迟时间。因此，时间数字转换器的时间分辨率由逆变器的空载延迟时间决定，即使增加电路的功耗也不能将其减小。一般来说，对于使用90nm的CMOS元件的逆变器，空载延迟时间为20～30psec。

接下来，由这个相位差（时间差）检测出的分辨率，用图5.77来讲解PLL中的相位噪声，此图显示了CKV和FREF之间的相位关系。T_V与从延迟时间Δt_r中减去CKV半周期得到的时间Δt_f之间的关系是$T_V = 2|\Delta t_r - \Delta t_f|$，一个CKV周期为整数1的分数相位可以表示为$\theta_{frac} = 2\pi \times (1 - \Delta t_r / T_V)$。假设时间相位的真值是$\theta_0$，则与真值的误差即量化噪声$\varepsilon$为相位步长$\varDelta = 2\pi \times \Delta t_{inv}/T_V$时$-\varDelta/2$至$+\varDelta/2$范围内的随机值。

因此，可求得$|\varepsilon|^2$的平均值为：

$$|\varepsilon|^2=\frac{1}{\varDelta}\int_{-\varDelta/2}^{+\varDelta/2}x^2\mathrm{d}x=\frac{\varDelta^2}{12}=\frac{1}{12}\left(2\pi\frac{\Delta t_{\mathrm{inv}}}{T_{\mathrm{V}}}\right)^2 \tag{5.78}$$

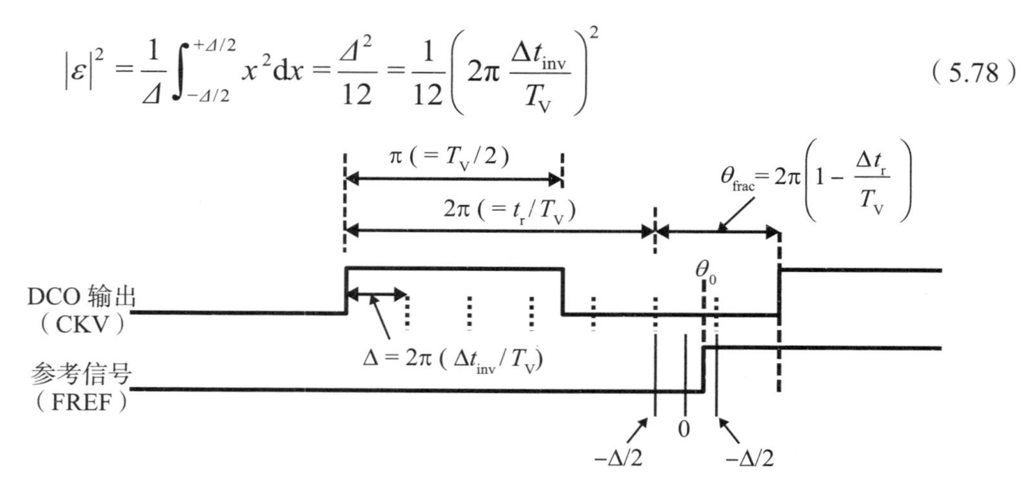

图5.77　量化噪声

由于量化噪声从直流到奈奎斯特频率（$f_{\mathrm{REF}}/2$）均匀分布，因此TDC中量化噪声的频谱密度S_ε可由下式给出[21]：

$$S_\varepsilon=\frac{1}{12}\left(2\pi\frac{\Delta t_{\mathrm{inv}}}{T_{\mathrm{V}}}\right)^2\frac{1}{\left(\dfrac{f_{\mathrm{REF}}}{2}\right)} \tag{5.79}$$

所以，单边波谱密度的相位噪声$L(\Delta f)$为：

$$L(\Delta f)=\frac{S_\varepsilon}{2}=\frac{1}{12}\left(2\pi\frac{\Delta t_{\mathrm{inv}}}{T_{\mathrm{V}}}\right)^2\frac{1}{f_{\mathrm{REF}}} \tag{5.80}$$

$f_{\mathrm{DCO}}=2.4\mathrm{GHz}$（$T_{\mathrm{V}}=417\mathrm{ps}$）、$f_{\mathrm{REF}}=40\mathrm{MHz}$的情况下，当使用90nm的CMOS元件的逆变器的空载延迟$\Delta t_{\mathrm{inv}}=30\mathrm{ps}$时，相位噪声$L(\Delta f)=-93.7\mathrm{dBc/Hz}$。该值比使用QAM调制的无线系统所需的相位噪声更差，需要进一步改进。有一些关于试图改善ADPLL中的相位噪声的报告，其中之一是使用Vernier电路的TDC，如图5.78所示，该电路使用了游标卡尺电路（Vernier circuit）[22, 23]。

逆变器1和逆变器2的延迟时间分别被设计为$\Delta t_{\mathrm{inv1}}=40\mathrm{ps}$和$\Delta t_{\mathrm{inv2}}=45\mathrm{ps}$。这里，如果CKV信号被逆变器链1延迟，FREF信号被逆变器链2延迟，由于这些逆变器链的各级之间的时间差为5ps，所以使用相对延迟时间为5ps的逆变器链能够实现相同的时间分辨率。但是，该电路存在着DCO频率低时需要大量逆变器的问题。例如，如果振荡频率为2.4GHz，相对时间分辨率为5ps，则需要84级，面积和功耗都会增加。

因此，有人提出了图5.79所示的两级的时间量化电路，其中粗略的时间步长由一个具有较大延迟时间的逆变器链决定，而精确的时间计时则由上述Vernier电路检测。

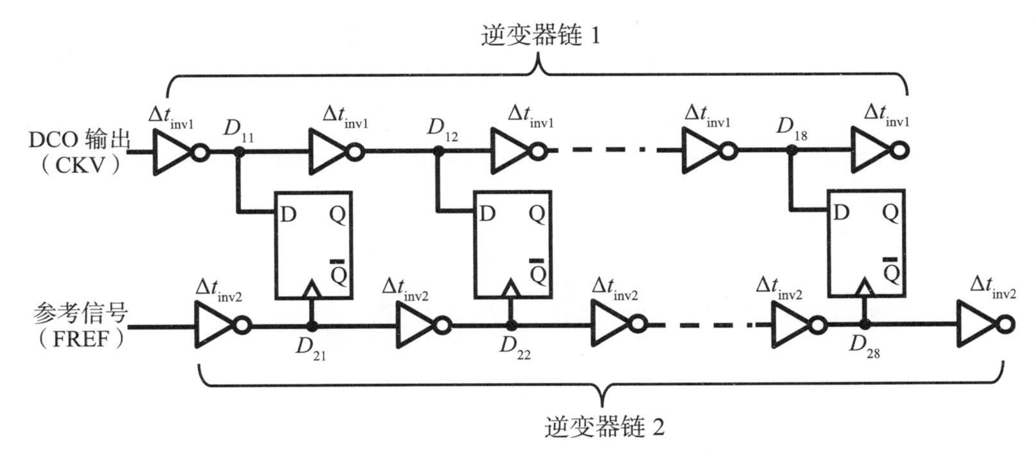

图5.78 带游标卡尺电路的时间数字转换器

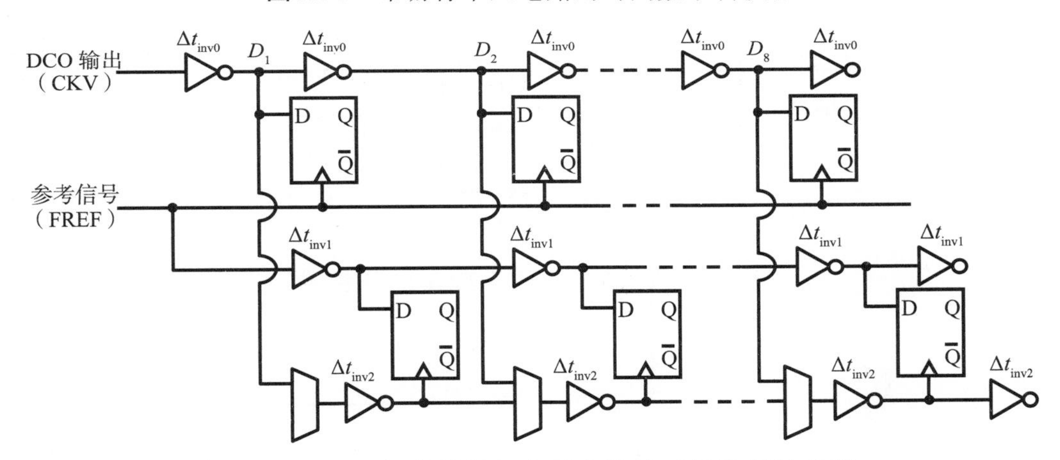

图5.79 两级量化的游标卡尺电路式时间数字转换器

这种电路规模较小，并能得到很高的时间分辨率，但由于Vernier电路总是持续高速工作，所以并不能降低功耗。也有人提出了“时间窗口操作TDC”电路[24]，只在必要时启动Vernier电路。该电路与上述电路相同，它分两步进行时间量化，仅在粗略的时间量化的时间步长中操作Vernier电路，因此可以降低功耗。

其他提高TDC时间分辨率的例子有gated Ring-oscillator-TDC(GRO-TDC)[25]，它将环形振荡器的各个延迟单元进行多条路径连接，使运行速度超过单个延迟单元的性能极限；以及图5.80中所示的利用基于触发器的可转移状态的时间放大器（TA）来把微小时间差放大的TDC[26]。该时间放大器由一个在SET输入端插入延迟（δt_{offset}）元件的RS触发器（RS-FF）和一个在RESET输入端插入延迟元件的RS-FF以及每个输出的异或逻辑组成。如果同时输入SET信号和RESET信号，会变为亚稳态，在确定RS-FF输出前需要很长时间，所以，如果输入A和输入B的时间差是Δt_{IN}，则其输出A_0和B_0确定时的延迟时间如图5.81(a)所示，分别为$+\delta t_{offset}$和$-\delta t_{offset}$，均为最大值。该差值显示了图5.81(a)底部的输出A_0和B_0之间的时间差，从时序图上观察这个时间差，可以看出输入时间差Δt_{IN}很明显被放大到Δt_{OUT}（图5.81(b)）。

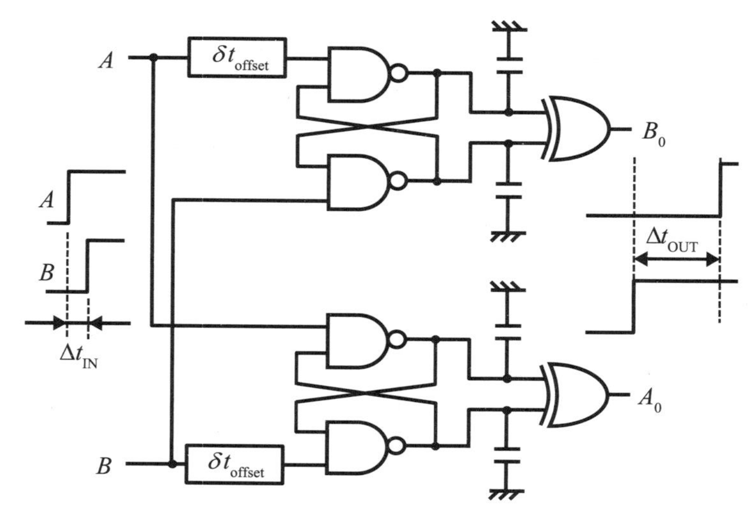

图5.80　时间放大器（TA）电路示例

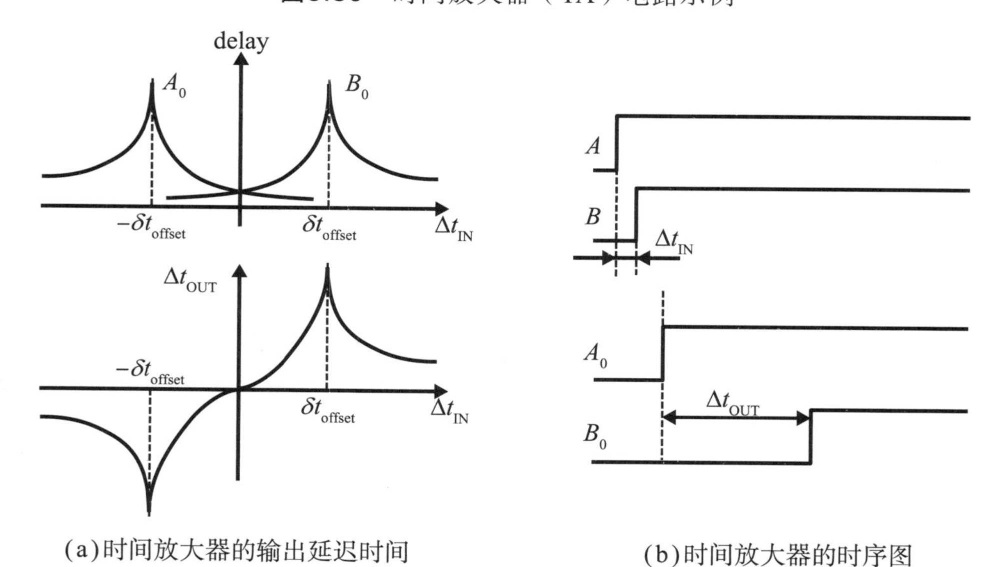

(a)时间放大器的输出延迟时间

(b)时间放大器的时序图

图5.81　时间放大器的操作

图5.82显示了使用时间放大器的时间数字转换器的配置示例。该电路输出

CKV信号和FREF信号的粗略时间步长的数字值后，用时间放大器放大由逆变器链延迟的CKV信号和FREF信号之间的时间差，然后再次使用逆变器链进行时间数字转换。这里，多路复用电路（MUX）用于选择第二级时间数字转换器将哪个时序信号转换为数字值。这样做的优点是不需要缩短逆变器链的延迟时间。另一方面，需要精确控制因亚稳态导致的延迟时间的增加。

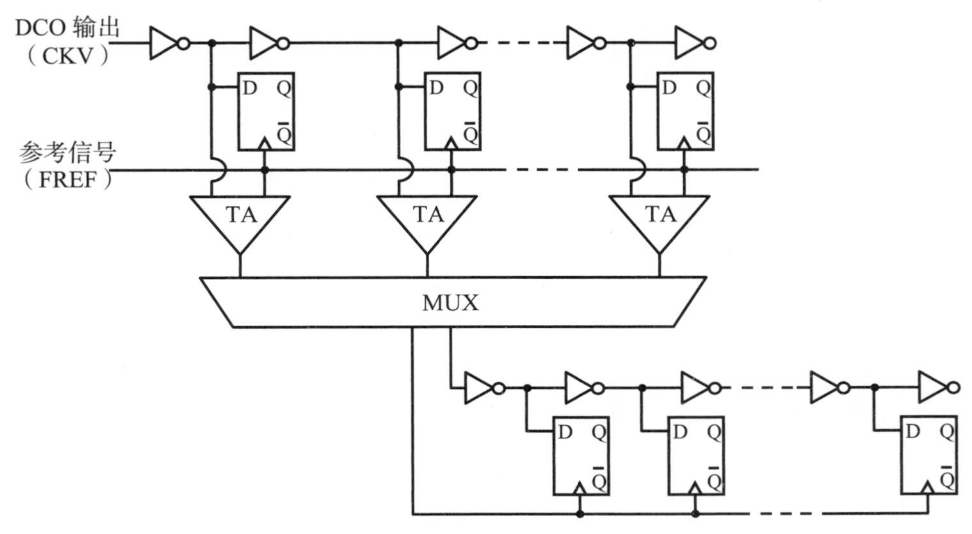

图5.82　使用时间放大器的时间数字转换器

5.3.5　PLL传递函数和数字环路滤波器

由于DCO控制信号被转换为数字值，因此环路滤波器也可以由很容易集成在半导体芯片上的数字电路构成。图5.83是与I型ADPLL相位相关的传递函数的框图。这里，用s域表示每个方框的相位的传递函数。参考信号相位θ_{REF}乘以倍频N并与DCO输出相位θ_{CKV}进行比较。数字环路滤波器仅乘以系数α，并进行考虑了调制灵敏度K_{DCO}的归一化校正，根据DCO调整信号的数字值使DCO频率成为目标值[20]。

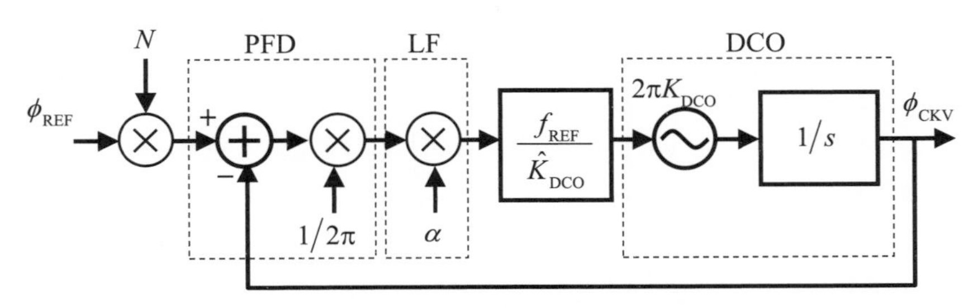

图5.83　I型ADPLL的s域传递函数框图

从该图中，可求得传递函数为：

$$\phi_{\mathrm{CKV}}=\left(N\phi_{\mathrm{REF}}-\phi_{\mathrm{CKV}}\right)\frac{1}{2\pi}\alpha\frac{f_{\mathrm{REF}}}{K_{\mathrm{DCO}}}2\pi K_{\mathrm{DCO}}\frac{1}{s}$$

$$\left(1+\alpha\frac{K_{\mathrm{DCO}}}{K_{\mathrm{DCO}}}\frac{f_{\mathrm{REF}}}{s}\right)\phi_{\mathrm{CKV}}=\alpha\frac{K_{\mathrm{DCO}}}{K_{\mathrm{DCO}}}\frac{f_{\mathrm{REF}}}{s}N\phi_{\mathrm{REF}} \tag{5.81}$$

$$\frac{\phi_{\mathrm{CKV}}}{\phi_{\mathrm{REF}}}=N\frac{1}{1+\frac{1}{\alpha}\frac{K_{\mathrm{DCO}}}{K_{\mathrm{DCO}}}\frac{s}{f_{\mathrm{REF}}}}$$

这里，K_{DCO}是数字值的增益校正系数，理想情况下等于DCO的调制灵敏度。因此，上式可以近似如下：

$$\frac{\phi_{\mathrm{CKV}}}{\phi_{\mathrm{REF}}}=N\frac{1}{1+\frac{1}{\alpha}\frac{s}{f_{\mathrm{REF}}}} \tag{5.82}$$

该式意味着DCO输出具有相对于参考信号相位噪声的低通特性。图 5.84以环路滤波器的系数α作为参数绘制了I型ADPLL的闭环特性与相位之间的关系。此时，参考信号频率设为40MHz。

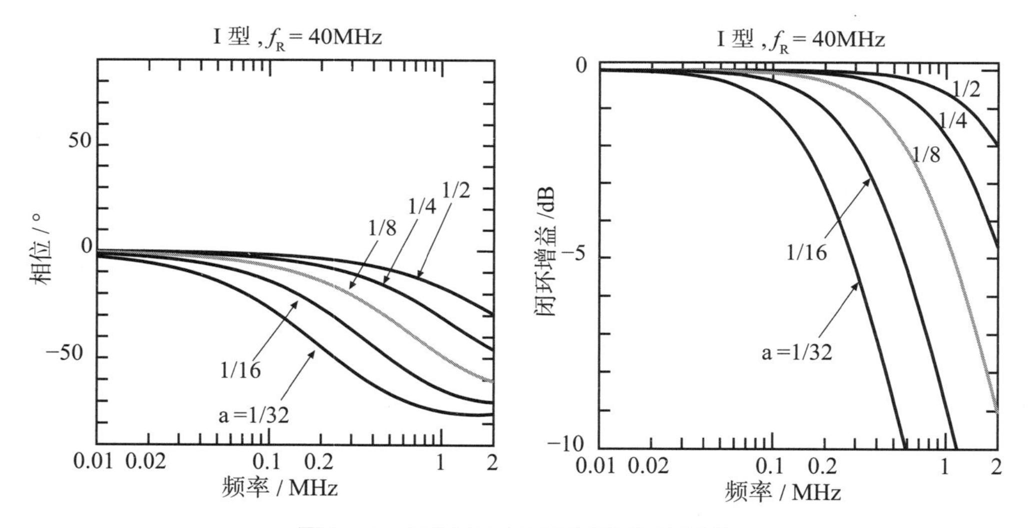

图5.84　I型ADPLL闭环增益和相位

图5.85显示了环路中有两个积分器的II型ADPLL的s域传递函数模型。在此例中，增益系数为ρ的积分器回路被添加到环路滤波器部分。可求得该PLL的开环增益H_{ol}和闭环增益H_{cl}为[18]：

$$H_{\mathrm{ol}}(s)=\left(\alpha+\frac{\rho f_{\mathrm{REF}}}{s}\right)\frac{f_{\mathrm{REF}}}{s} \tag{5.83}$$

$$H_{\mathrm{cl}}(s)=N\frac{2\xi\omega_{\mathrm{n}}s+\omega_{\mathrm{n}}^{2}}{s^{2}+2\xi\omega_{\mathrm{n}}s+\omega_{\mathrm{n}}^{2}} \tag{5.84}$$

其中，ω_{n}为环路的固有频率（naturalfrequency）、ξ为阻尼系数（dampingfactor），可由下式给出：

$$\omega_{\mathrm{n}}=\sqrt{\rho}f_{\mathrm{REF}},\quad \xi=\frac{1}{2}\frac{\alpha}{\sqrt{\rho}} \tag{5.85}$$

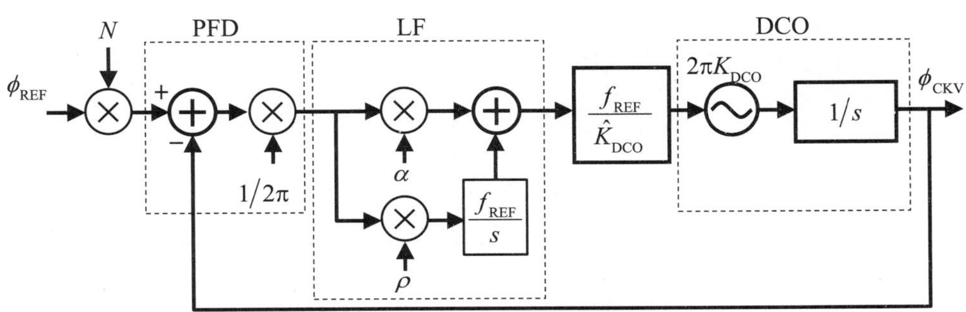

图5.85　II型ADPLL的s域传递函数框图

以阻尼系数ξ作为参数，根据该传递函数计算出的闭环增益结果如图5.86所示。

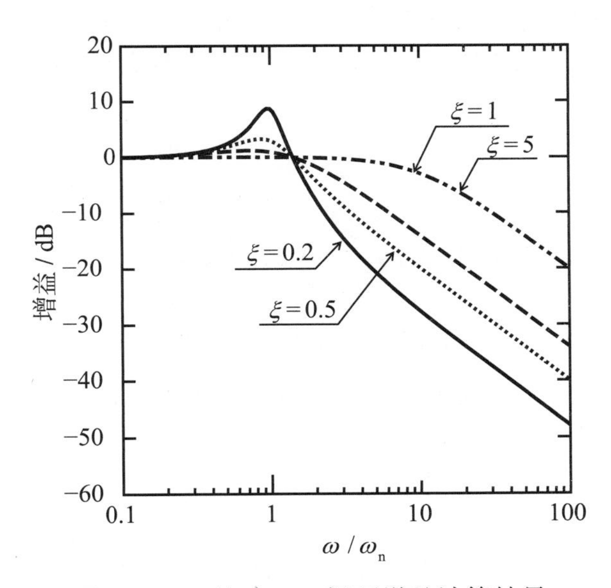

图5.86　II型ADPLL闭环增益计算结果

5.3.6　ADPLL的相位噪声

图5.87是包含主要噪声源的II型ADPLL的传递函数模型。这里，考虑了参考

信号的相位噪声$\phi_{n,R}$、TDC的量化噪声$\phi_{n,TDC}$，以及DCO控制中的量化噪声和由于ΣΔ调制引起的量化噪声在内的相位噪声$\phi_{n,v}$。因为参考信号的相位噪声和TDC量化噪声在PLL环路中具有低通特性，所以在DCO输出信号频率附近（失谐频率较低的区域）占主导地位。另一方面，DCO噪声在PLL环路中具有高通特性，在失谐频率高的区域是主要的噪声源。

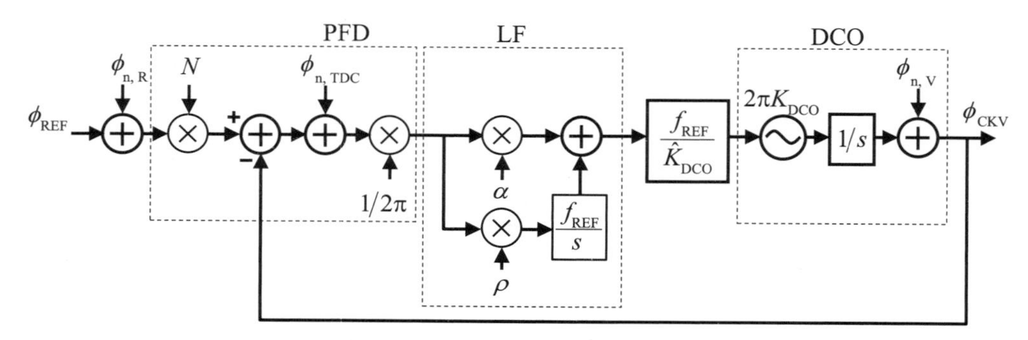

图5.87　包含II型ADPLL噪声源的传递函数模型

DCO相位噪声由DCO固有相位噪声和量化噪声之和给出。所谓DCO固有相位噪声是构成DCO的VCO的控制信号（作为直流电压）固定时的相位噪声，相当于第4章所述的LC-VCO的相位噪声。另一方面，所谓DCO量化噪声，因为其频率是由数字控制的，所以实际的DCO频率会在理想值到DCO频率分辨率Δf_{res}的1/2范围内出现均匀分布的误差，这些误差引起了DCO量化噪声。图5.88是这种量化误差的模型。

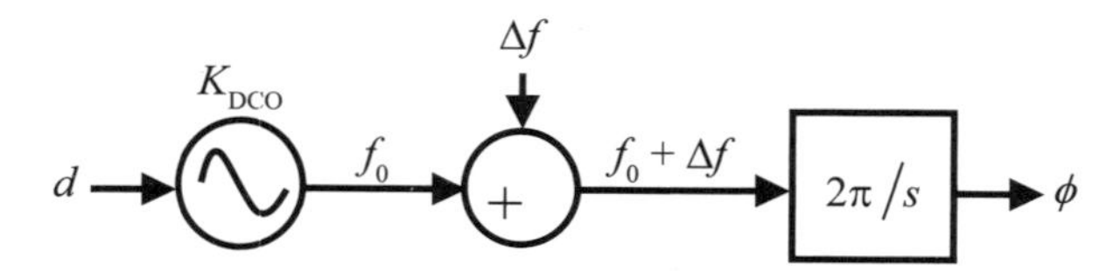

图5.88　DCO相位噪声模型

如果设DCO的频率分辨率为Δf_{res}，则量化噪声的方差为：

$$\sigma_{\Delta f}^2=\frac{(\Delta f_{res})^2}{12} \tag{5.86}$$

假设该噪声是白噪声，并且从直流到奈奎斯特频率（参考频率f_{REF}的1/2）均匀分布，则上变频的单边频谱噪声为：

$$L(\Delta f)=\frac{1}{2}S(\Delta f)=\frac{\sigma_{\Delta f}^2}{f_{REF}}=\frac{(\Delta f_{res})^2}{f_{REF}} \tag{5.87}$$

在PLL环路的带外，因为闭环传递函数与开环传递函数相同，所以

$$H_{\mathrm{ol}}(s)=\frac{2\pi}{s} \tag{5.88}$$

因此，DCO输出的单边频谱密度为

$$\left|L(\Delta f)\right|=\frac{(\Delta f_{\mathrm{res}})^2}{12 f_{\mathrm{REF}}}\left(\frac{2\pi}{\Delta\omega}\right)^2=\frac{1}{12}\left(\frac{\Delta f_{\mathrm{res}}}{\Delta f}\right)^2\frac{1}{f_{\mathrm{REF}}} \tag{5.89}$$

不过，因为最初说明的DCO控制的数字值不是可以假设为白噪声的脉冲信号，而是在采样的时序周期内取恒定值的矩形波，因此所得方程需要乘以一个基于傅里叶变换（sinc函数）的项。最后可得：

$$\left|L(\Delta f)\right|=\frac{1}{12}\left(\frac{\Delta f_{\mathrm{res}}}{\Delta f}\right)^2\frac{1}{f_{\mathrm{REF}}}\left(\mathrm{sinc}\frac{\Delta f}{f_{\mathrm{REF}}}\right)^2 \tag{5.90}$$

不过需要说明的是，在进行ADC等边沿触发处理时，不需要添加这样的项。可以看出，这个噪声水平明显恶化，例如，当Δf_{res} = 24kHz、f_{REF} = 13MHz时，偏移频率Δf = 100kHz，$L(\Delta f)$ = −94dBc/Hz。当使用5位的分数分频（Δf_{res} = 24kHz/2^5 = 750Hz）提高频率分辨率时，同样100kHz偏移频率的相位噪声为$L(\Delta f)$ = −124dBc/Hz。虽然这个值低于DCO固有的相位噪声，但实际进行数字控制时产生的噪声成分可能非常大，因此建议要将DCO量化噪声设计得足够低。

DCO量化噪声还包括与ΣΔ转换相关的量化噪声，这种量化噪声的频谱由下式给出：

$$S(\Delta f)=\frac{(\Delta f_{\mathrm{res}})^2}{12}\frac{1}{f_{\mathrm{dith}}}\left(2\sin\frac{\pi\Delta f}{f_{\mathrm{dith}}}\right)^{2n} \tag{5.91}$$

这里，f_{dith}是ΣΔ调制器的时钟频率，n是调制器的阶数。乘以PLL的环路增益($2\pi/s$)，求ΣΔ调制器产生的DCO的相位噪声，可得：

$$L(\Delta f)=\frac{1}{12}\left(\frac{\Delta f_{\mathrm{res}}}{\Delta f}\right)^2\frac{1}{f_{\mathrm{dith}}}\left(2\sin\frac{\pi\Delta f}{f_{\mathrm{dith}}}\right)^{2n} \tag{5.92}$$

结果如图5.89所示。在带内，因为参考信号的相位噪声非常低，所以TDC量化噪声占主导地位，而在带外，ΣΔ调制器的噪声分量占主导地位。

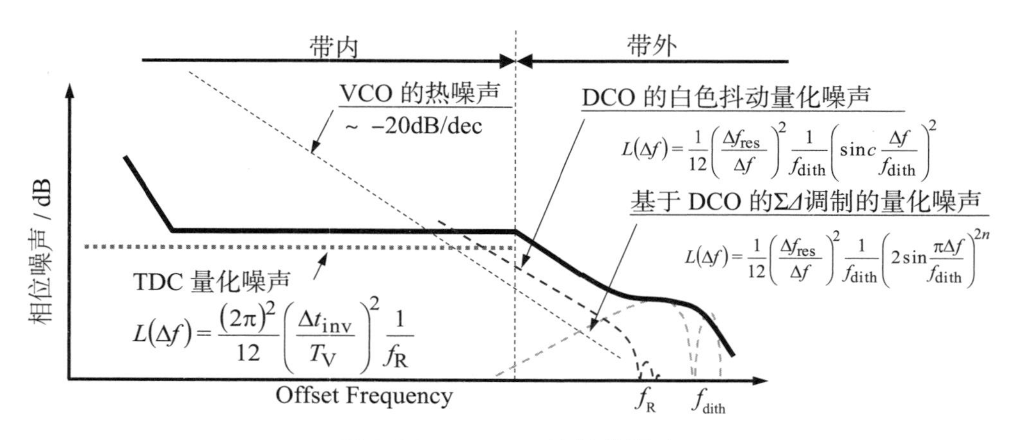

图5.89　ADPLL的相位噪声

参考文献

[1] 黒田忠広監訳. 第2版RFマイクロエレクトロニクス実践応用編. 丸善出版.

[2] 小宮浩. 高周波PLL回路のしくみと設計法. CQ出版社.

[3] Cicero S. Vaucher, Igor Ferencic, Matthias Locher, Sebastian Sedvallson, Urs Voegeli, and Zhenhua Wang. A Family of Low-Power Truly Modular Programmable Dividers in Standard 0.35 μm CMOS Technology. IEEE Journal of Solid-State Circuits, 2000, 35(7): 1039-1045.

[4] 新中新二. フーリエ級数・変換とラプラス変換. 数理工学社.

[5] Kingsford-Smith. Device for synthesizing frequencies which are rational multiples of afundamental frequency. USP3928813, Dec 23, 1975.

[6] Y. Matuya, K. Uchiyama, A. Iwata, T. Kobayashi, M. Ishikawa, and T. Yoshitome. A 16-bit oversampling A-to-D conversion technology using triple-integration noise shaping. IEEE J. Solid-State Circuits, 1987, SC-22(6): 921-929.

[7] 湯川彰. オーバサンプリングA-D変換技術. 日経BP社, 1994.

[8] Riley. Frequency synthesizers having dividing ratio controlled by sigma-delta modulator. USP4965531, 1990.

[9] Tom A. D. Riley, Miles A. Copeland, and Tad A. Kwasniewski. Delta-Sigma Modulation in Fractional-N Frequency Synthesis. IEEE Journal of Solid-State Circuits, 1993, 28(5): 553-559.

[10] Brian Miller, and Robert J. Conley. A Multiple Modulator Fractional Divider. IEEE trans. on inst. and meas. 1991, 40(3): 578-583.

[11] 三谷政昭. 信号解析のための数学ーラプラス変換、z変換、DFT、フーリエ級数、フーリエ変換ー. 森北出版, 1998.

[12] 足立修一. フーリエ変換ラプラス変換、z変換. コロナ社, 2014.

[13] Raja K. K. R. Sandireddy, Foster F. Dai, Richard C. Jaeger. A generic architecture for multi-modulus dividers in low-power and high-speed frequency synthesis. Digest of Papers. 2004 Topical Meeting onSilicon Monolithic Integrated Circuits in RF Systems, 2004, 243-246.

[14] Robert Bogdan Staszewski, Chih-Ming Hung, Dirk Leipold, and Poras T. Balsara. A First Multigigahertz Digitally Controlled Oscillator for Wireless Applications. IEEE Transactions on Microwave and Techniques, 2003, 51(11): 2154-2164.

[15] Robert Bogdan Staszewski, Khurram Muhammad, et al.. All-Digital TX Frequency Synthesizer and Discrete-Time Receiver for Bluetooth Radio in 130-nm CMOS. IEEE Journal of Solid-State Circuits, 2004, 39(12): 2278-2289.

[16] Robert Bogdan Staszewski, and Poras T. Balsara. All-Digital Frequency Synthesizer in Deep-Submicron CMOS. Wiley-Interscience, 2006.

[17] 山田庸一郎, 小林春夫(訳). 完全ディジタルPLL回路の設計. CQ出版社.

[18] Robert Bogdan Staszewski, John Wallberg, Jinseok Koh, and Poras T. Balsara. High-speed Digital Circuits for 2.4 GHz All-Digital RF Frequency Synthesizer in 130 nm CMOS. Proceedings of the 2004 IEEE Dallas/CAS Workshop Implementation of High Performance Circuits, 2004, 167-170.

[19] Robert Bogdan Staszewski, and Poras T. Balsara. Phase-Domain All-Digital Phase-Locked Loop. Transactions on Circuits and Systems-II, 2005, 52(3): 159-163.

[20] Robert B. Staszewski, Dirk Leipold, and Poras T. Balsara. Just-in-time gain estimation of an RF digitally-controlled oscillator for digital direct frequency modulation. Transactions on Circuits and Systems-II, 2003, 50(11): 887-892.

[21] R R. B. Staszewski, D. Leipold, C.-M. Hung, and P. T. Balsara. TDC-based frequency synthesizer for wireless applications. in Proc. IEEE Radio Frequency Integrated Circuits (RFIC) Symp., 2004, 215-218.

[22] V. Ramakrishnan, and Poras T. Balsara. A Wide-Range, High-Resolution, Compact, CMOS Time to Digital Converter. Proc. VLSI Design (VLSID' 06), 2006, 197-202.

[23] Minjae Lee, Mohammad E. Heidari and Asad A. Abidi. A low noise, wideband digital phase-locked loop based on a new time-to-digital converter with subpicosecond resolution. VLSI Symposium Dig. Tech. Papers, 2008, 112-113.

[24] Takashi Tokairin, Mitsuji Okada, Masaki Kitsunezuka, Tadashi Maeda, and Muneo Fukaishi. A 2.1-to-2.8-GHz low-phase-noise all-digital frequency synthesizer with a time-windowed time-to-digital converter. IEEE Journal of Solid-State Circuits, 2010, 45(12): 2582-2590.

[25] Chun-Ming Hsu, Matthew Z. Straayer, and Michael H. Perrott. A Low-Noise Wide-BW 3.6-GHz Digital ΔΣ Fractional-N Frequency Synthesizer With a Noise-Shaping Time-to-Digital Converter and Quantization Noise Cancellation. IEEE ISSCC Dig. Tech. Papers, 2008, 340-341.

[26] Minjae Lee and Asad A. Abidi. A 9b, 1.25ps Resolution Coarse-Fine Time-to-Digital Converter in 90nm CMOS that Amplifies a Time Residue. VLSI Symposium Dig. Tech. Papers, 2007, 168-169.

[27] Borivoje Nikolic, Vojin G. Oklobdˇzija, Vladimir Stojanovic, Wenyan Jia, James Kar-Shing Chiu, and Michael Ming-Tak Leung. Improved Sense-Amplifier-Based Flip-Flop: Design and Measurements. IEEE Journal of Solid-State Circuits, 2000, 35(6): 876-884.

[28] Robert Bogdan Staszewski, Sudheer Vemulapalli, Prasant Vallur, John Wallberg, and Poras T. Balsara. Time-to-Digital Converter for RF Frequency Synthesis in 90 nm CMOS. IEEE Radio Frequency Integrated Circuits Symposium, RTU3B-4, 2005, 473-476.

[29] H. H. Chang, Chia-Huang Fu, and Monty Chiu. A 320fs-RMS-jitter and 300kHz-BW all-digital fractional-N PLL with self-corrected TDC and fast temperature tacking loop for WiMax/WLAN 11n. VLSI Symposium Dig. Tech. Papers, 2009, 188-189.

第6章 模拟基带

在无线电的接收操作中，包括接收到的载波在内的高频信号经过LNA放大，然后通过混频器进行去除载波的下变频，转换为称为基带（baseband）的几百kHz至几十MHz范围内的较低的频率。模拟基带电路可以将这些转换后的信号进行以下信号处理：

（1）使用低通滤波器或带通滤波器去除无用的相邻信道信号（干扰波）并仅提取所需波的信道选择操作。

（2）消除A/D转换器（analog-to-digital converter，ADC）的混叠噪声（aliasing noise）的抗混叠滤波（anti-aliasing filter）。

（3）为了降低ADC动态范围等的所需性能而进行的增益调节。

随着无线系统带宽的扩大，要求信道选择滤波器能够同时实现高信号选择性、几十MHz的宽带特性和良好的群延迟特性。用模拟滤波器实现这样的性能是极其困难的，近年来，逐渐演变为进行A/D转换后通过使用数字滤波器的数字信号处理来进行信道选择。因此，在模拟基带中，经常会执行ADC抗混叠滤波处理和增益调节。

6.1 滤波器特性和模拟基带信号

图6.1显示了在模拟基带中设计低通滤波器（low-pass filter，LPF）时应考虑的频率特性。模拟基带部分主要使用的是低通滤波器和带通滤波器（BPF），带通滤波器可以通过对低通滤波器的传递函数进行频率变换来设计[1, 2]，所以后面将以低通滤波器为中心进行介绍。

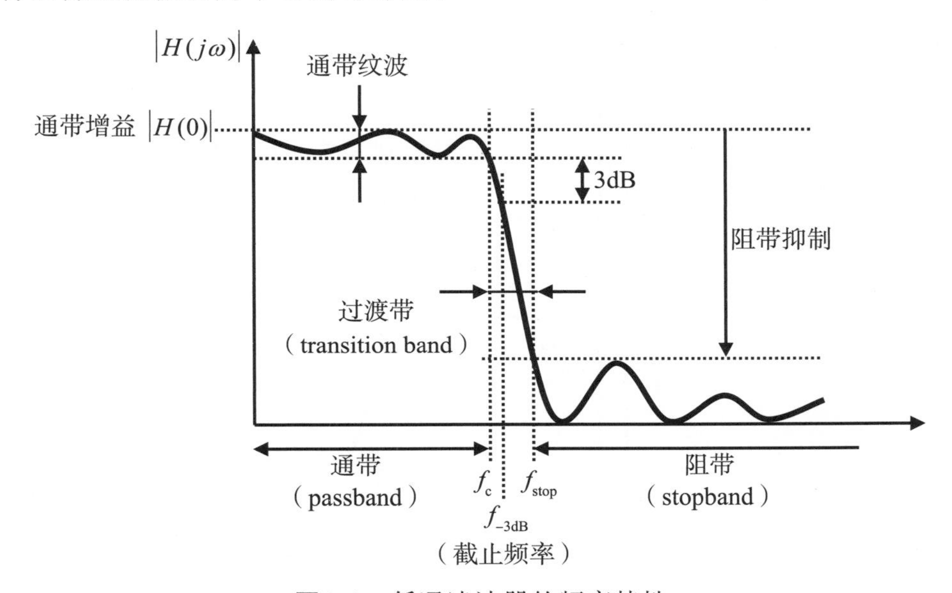

图6.1 低通滤波器的频率特性

在模拟基带中，为了只使所需的数据信息信号不失真地通过，截止频率（通带增益降低3dB的频率）应设置为高于基带信号的占用频率，与此同时，重要的是减少在通带中的衰减和称为纹波的增益变化等。此外，为了去除ADC中不必要的干扰波和混叠噪声，阻带中的衰减量必须足够大（从通带到阻带的特性急剧发生变化）。

根据无线电标准，这些特性的目标值由下一章将进行说明的接收机的整体规格设计决定，但是通带内的增益要平坦（恒定）、过渡带内的特性变化要急剧变化、阻带内的增益要低、通带内的相位特性要平坦，这些特性项目之间有一个权衡关系，所以，根据无线电设备的规格设计，应该选择其中更接近理想状态的设计。

在相位特性方面，需要考虑相位延迟（phase delay）和群延迟（group delay）。相位延迟是输入波形和输出波形之间的相位差ϕ除以角频率ω，由下式给出

$$\tau_{\mathrm{PD}}=-\frac{\phi}{\omega} \tag{6.1}$$

群延迟是输入和输出波形之间的相位差ϕ对角频率ω的微分，它是一个有用的指标，用于识别延迟时间在有限频率范围内快速变化的情况，用下式定义

$$\tau_{\mathrm{GD}}=-\frac{\mathrm{d}\phi}{\mathrm{d}\omega} \tag{6.2}$$

角频率与相位的关系如图6.2所示。

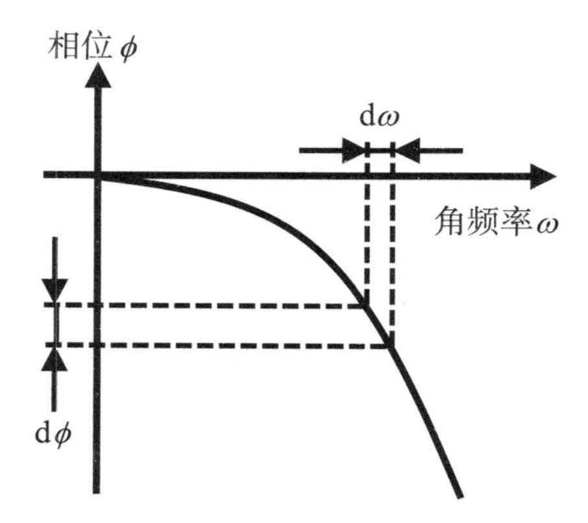

图6.2　角频率与相位的关系

如果某一特定频率附近的群延迟增加，则时域的瞬态现象中具有小延迟的频率分量的响应波形与具有大延迟的频率分量的波形叠加，在响应波形中会产生过冲、欠冲和振铃等畸变，如图6.3所示。

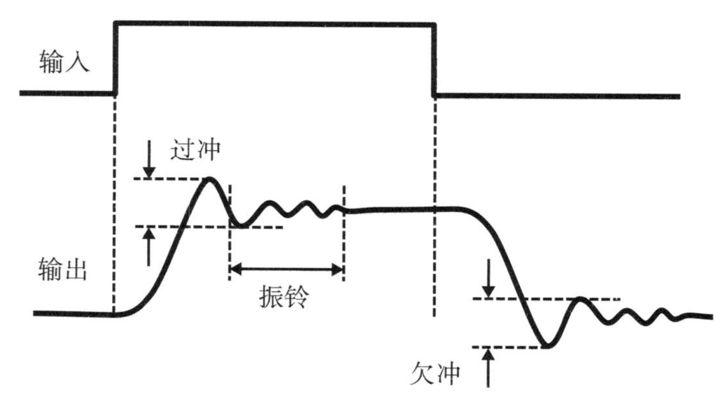

图6.3　矩形波输入到具有群延迟的电路的瞬态响应

为了直观地理解这一现象，图6.4表示了当矩形波输入到群延迟变化较大的滤波器时，信号的高频成分的变化。在频域中，矩形波信号被视为基波及其奇数次谐波成分的复合体，图6.4(a)显示了基波及其3次谐波成分。在输入波形中，

如果每个谐波分量的相位相同，延迟不随频率变化，那么通过滤波器后的每个频率分量的相位关系也是相同的，所以波形不会失真。如果仅在某一特定频率上出现大的延迟，由于通过滤波器后输出波形的各次谐波的相位会发生变化，所以合并后的波形就不能作为输入信号，波形会出现失真，这种关系如图6.4(b)所示。通过检查群延迟特性，可以提前预测这种现象。

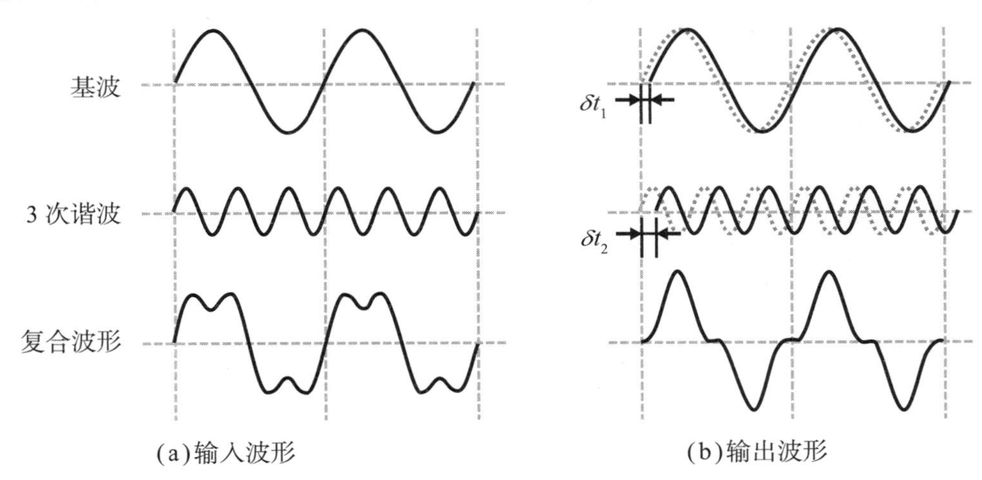

图6.4 群延迟引起的谐波信号延迟和复合波形

眼图（eye diagram）是一种通过对大量信号波形的转换进行采样并叠加来直观地捕捉信号劣化状态的有效方法。因为叠加的波形看起来像眼睛，所以被称为眼图。由眼图可知，如果波形重叠且垂直方向孔径较宽，则抗噪声能力较好；如果水平方向孔径较宽，则抗定时抖动能力较好。由于宽带信号（矩形波）包含许多谐波信号成分，如果群延迟特性不好，眼图也会劣化。图6.5(a)显示了矩形波输入到群延迟变化较小的滤波器的情况，而图6.5(b)显示了群延迟变化较大的情况。可以看出，如果群延迟恒定，则眼图孔径可以很大。

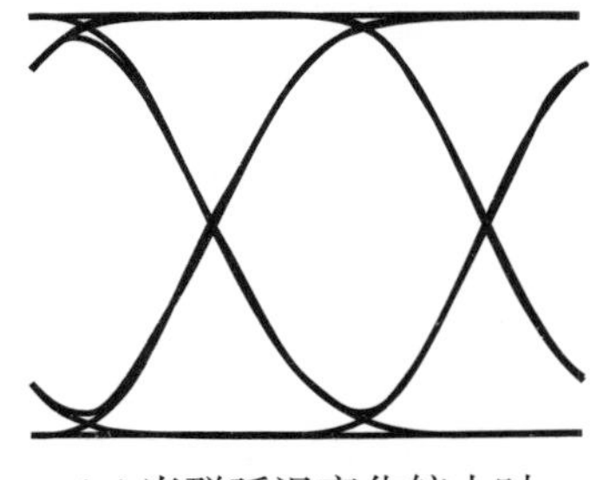

(a)当群延迟变化较小时

(b)当群延迟变化较大时

图6.5 输入矩形波信号时滤波器输出的眼图示例

6.2　$g_m C$滤波器

由MOS元件构成的滤波器的优点在于，可以容易地实现高输入阻抗和较低的输出阻抗，并且可以通过简单地改变频率特性等来校正工艺偏差。因此，无线收发机的基带滤波器几乎都是由使用MOS元件的有源滤波器组成。有源滤波器的基本电路包括一个OP放大器（operational amplifier）和一个g_m放大器（transconductor），但由于OP放大器难以支持宽带（高频）操作，所以近年的高速无线系统设计中，大都使用g_m放大器。本节介绍以g_m放大器为基本电路的滤波器设计。

6.2.1　单相输入/单相输出g_m放大器

g_m放大器是将输入电压转换为电流输出的放大电路（跨导放大器，transconductance amplifier）[3, 4]。图6.6为说明这一操作的单相输入/单相输出g_m放大器的框图，如果输入电压为v_{IN}，输出电流为i_{OUT}，跨导值为g_m，则输出电流与输入电压的关系被定义为：

$$i_{OUT} \equiv g_m \times v_{IN} \tag{6.3}$$

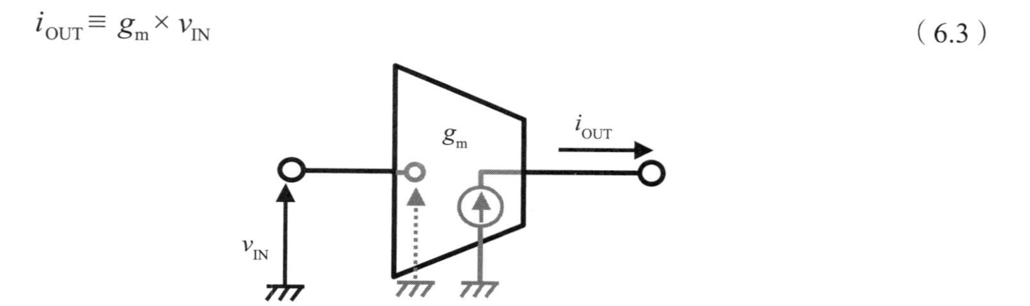

图6.6　单相输入/单相输出g_m放大器框图

图6.7是在CMOS电路中安装了该电路的示例。本电路中，$\pm V_C$为调节g_m值的控制电压，i_1为电源电流，i_2为流向GND的电流，v_{IN}为输入电压，i_{OUT}为输出电流。此外，假设包括MOS元件M_1和M_2的所有元件都在饱和区中工作。于是，该电流可以定义为：

$$\begin{cases} i_1 = \dfrac{K_{eq1}}{2}\left(V_C - v_{IN} - V_{Teq1}\right)^2 \\ i_2 = \dfrac{K_{eq2}}{2}\left(V_C + v_{IN} - V_{Teq2}\right)^2 \end{cases} \tag{6.4}$$

式（6.4）中，K_{eq1}和K_{eq2}是等效跨导系数，V_{Teq1}和V_{Teq2}是等效阈值电压。为了求得这些等效参数，考虑图6.8所示的电路。

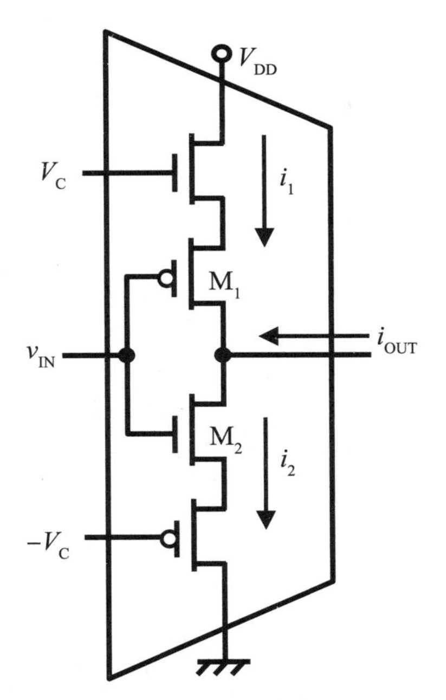

图6.7 MOS元件组成的g_m放大器

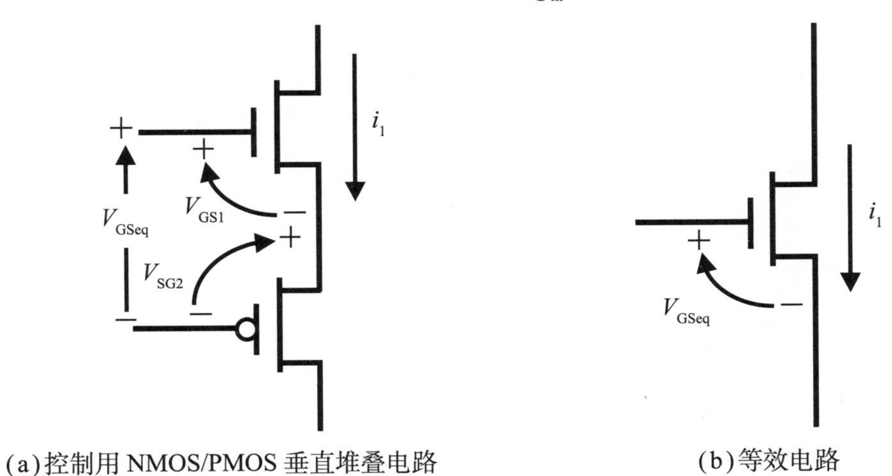

图6.8 控制用NMOS/PMOS的垂直堆叠电路和等效电路

在图6.8(a)中，NMOS的栅极–源极电压为V_{GS1}，PMOS的源极–栅极电压为V_{SG2}。假设V_{GSeq}是这些电压的总和，因为电流i_1流过垂直堆叠电路的MOS，所以，如果NMOS的跨导系数为K_1，阈值为V_{Tn}，则

$$i_1=\frac{K_1}{2}\left(V_{GS1}-V_{Tn}\right)^2 \tag{6.5}$$

同理，如果PMOS的跨导系数为K_2，阈值为V_{TP}，则

$$
\begin{aligned}
i_1 &= \frac{K_2}{2}\left(V_{\mathrm{SG2}} - \left|V_{\mathrm{Tp}}\right|\right)^2 \\
V_{\mathrm{GS1}} &= V_{\mathrm{Tn}} + \frac{1}{\sqrt{K_1}}\sqrt{2i_1} \\
V_{\mathrm{SG2}} &= \left|V_{\mathrm{Tp}}\right| + \frac{1}{\sqrt{K_2}}\sqrt{2i_1}
\end{aligned}
\tag{6.6}
$$

因此可求得等效栅极–源极电压V_{SGeq}为

$$
V_{\mathrm{SGeq}} = V_{\mathrm{GS1}} + V_{\mathrm{SG2}} = V_{\mathrm{Tn}} + \left|V_{\mathrm{Tp}}\right| + \left(\frac{1}{\sqrt{K_1}} + \frac{1}{\sqrt{K_2}}\right)\sqrt{2i_1} \tag{6.7}
$$

等效阈值V_{Teq}和等效电导系数K_{eq}为

$$
\begin{aligned}
&V_{\mathrm{Teq}} = V_{\mathrm{Tn}} + \left|V_{\mathrm{Tp}}\right| \\
&\frac{1}{\sqrt{K_{\mathrm{eq}}}} = \frac{1}{\sqrt{K_1}} + \frac{1}{\sqrt{K_2}},\quad \left(\sqrt{K_{\mathrm{eq}}} = \frac{\sqrt{K_1 K_2}}{\sqrt{K_1} + \sqrt{K_2}}\right)
\end{aligned}
\tag{6.8}
$$

图6.7中GND侧的输入NMOS和控制PMOS的垂直堆叠电路也可以用同样的方法计算。唯一的区别是两个垂直堆叠电路输入电压的方向不同，因此可以认为等效阈值和等效跨导系数是相同的（$V_{\mathrm{Teq1}} = V_{\mathrm{Teq2}}$，$K_{\mathrm{1eq}} = K_{\mathrm{2eq}}$）。

因此，图6.7中的电流i_1、i_2以及输出电流为：

$$
\begin{aligned}
i_{\mathrm{OUT}} &= i_2 - i_1 \\
&= \frac{K_{\mathrm{eq}}}{2}\left[\left(v_{\mathrm{IN}} + V_{\mathrm{C}} - V_{\mathrm{Teq}}\right)^2 - \left(V_{\mathrm{C}} - v_{\mathrm{IN}} - V_{\mathrm{Teq}}\right)^2\right] \\
&= 2K_{\mathrm{eq}}\left(V_{\mathrm{C}} - V_{\mathrm{Teq}}\right)v_{\mathrm{IN}}
\end{aligned}
\tag{6.9}
$$

由该式可知，输出电流i_{OUT}与输入电压v_{IN}为线性函数关系，等效跨导g_{m}值为

$$
g_{\mathrm{m}} = 2K_{\mathrm{eq}}\left(V_{\mathrm{C}} - V_{\mathrm{Teq}}\right)v_{\mathrm{IN}} \tag{6.10}
$$

可以看出，该值可以通过控制电压V_{c}来改变（调整）。

6.2.2　差分输入g_{m}放大器

在使用g_{m}放大器的滤波器配置中，需要一个差分输入来消除共模信号。图6.9为差分输入g_{m}放大器的框图。如图6.9(a)所示，在差分输入单相输出时，输出电流i_{OUT}为两个输入信号的差分电压v_{IN}乘以跨导g_{m}。

$$i_{OUT} \equiv g_m \times v_{IN} = g_m\left(v_{IN}^{+} - v_{IN}^{-}\right) \tag{6.11}$$

在该电路中，即使输入存在共模分量（直流偏移），也对输出电流无影响。

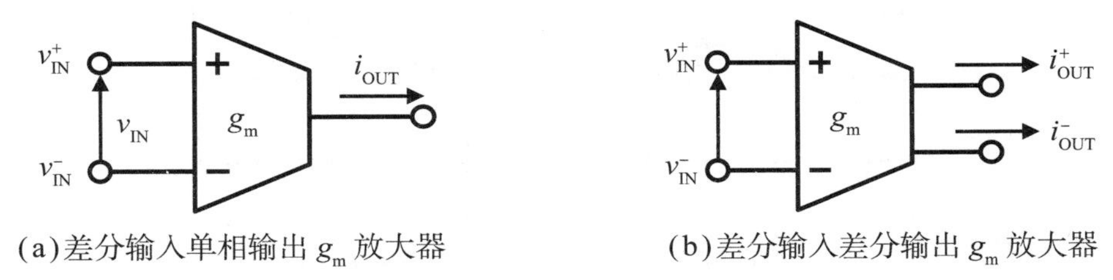

(a)差分输入单相输出 g_m 放大器　　(b)差分输入差分输出 g_m 放大器

图6.9　差分输入g_m放大器框图

另一方面，图6.9(b)显示了具有差分输入和差分输出的g_m放大器的框图。差分电路的配置与一般差分电路的设计相同，通过向两个单相输入单相输出电路（单端电路）的输入端分别输入差分信号，就可以得到差分输出电流，此时各输出电流的差值Δi为：

$$\Delta i = i_{OUT}^{+} - i_{OUT}^{-} = g_m\left(v_{IN}^{+} - v_{IN}^{-}\right) \tag{6.12}$$

在基于单端电路配置的差分输出中，当输入信号的共模分量存在差异时，输出中会出现共模分量，所以建议使用能够利用差分对配置保持平衡输出的电路，此时的输出电流i_{OUT}^{+}和i_{OUT}^{-}相位相反，即

$$i_{OUT}^{+} = -i_{OUT}^{-} = g_m\left(v_{IN}^{+} - v_{IN}^{-}\right) \tag{6.13}$$

图6.10是使用单端电路配置的差分输入g_m放大器的电路示例。在该电路中，通过OP放大器控制M_3和M_4，使垂直堆叠的MOS元件的源极电位变为驱动MOS元件M_1和M_2始终处于非饱和区的电压V_C。因为M_1和M_2工作在不饱和区（三极管区），所以该电路也称为三极管偏置g_m放大器。

如果MOS元件M_1和M_2的跨导系数为K，栅极电压为V_C，阈值电压为V_T，则输出电流i_1和i_2为：

$$\begin{aligned} i_1 &= K\left[\left(v_{IN}^{+} - V_T\right)v_C - \frac{1}{2}v_C^2\right] \\ i_2 &= K\left[\left(v_{IN}^{-} - V_T\right)v_C - \frac{1}{2}v_C^2\right] \end{aligned} \tag{6.14}$$

所以可求得输出电流差分Δi为：

$$\Delta i = i_1 - i_2 = K\left(v_{IN}^{+} - v_{IN}^{-}\right)v_C \tag{6.15}$$

可以看出，能够获得与输入信号电位差成正比的电流。

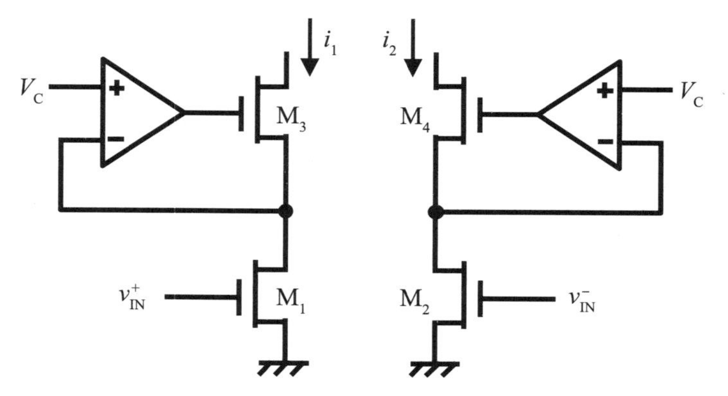

图6.10　三极管偏置g_m放大器示例

此外，作为使用单端CMOS电路的差分配置电路，有人提出了图6.11所示的称为Nauta的g_m放大器[5]。该电路由6个CMOS逆变器组成，其中逆变器1和逆变器2在输出电流与输入电压成正比的区域内偏置。逆变器1和逆变器2输入的是彼此相位相反的反向信号。逆变器1和逆变器2的输出由一对交叉耦合的逆变器连接，由于电路是对称的，因此由逆变器产生的偶数次非线性（共模分量）被抵消。

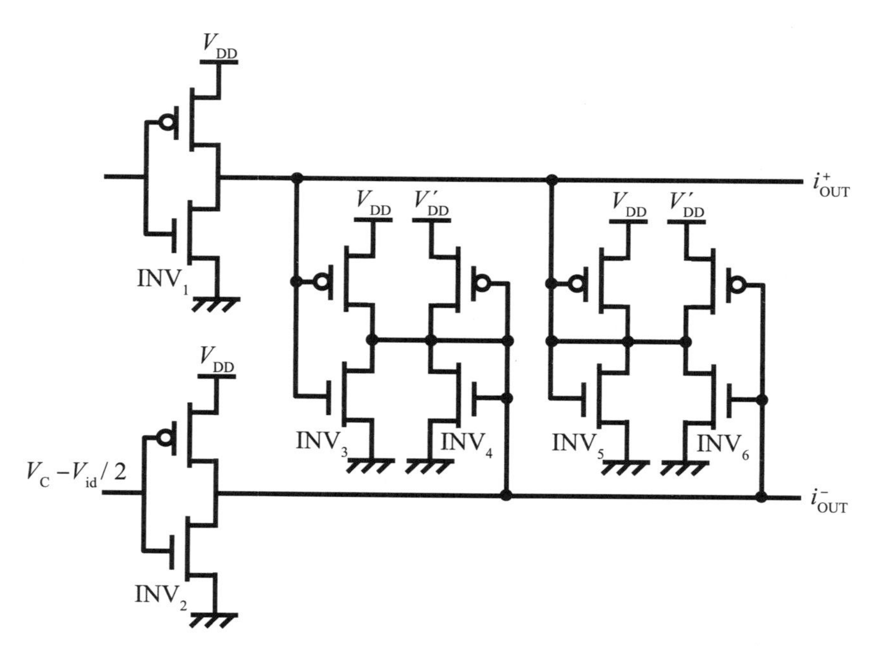

图6.11　CMOS配置g_m放大器（Nauta的g_m放大器）示例

虽然这个电路是单端结构，但连接到输出端的交叉耦合逆变器消除了共模噪声，因此，该电路有望具有与平衡差分电路相同的特性。

图6.12表示了一个差分输入输出g_m放大器，其中电流源I_S的电流由源极耦合MOS元件M_1和M_2切换，两个MOS元件被设计为在饱和区工作。由于各个MOS的漏极电流i_1和i_2之和等于电流源电流（$i_1+i_2=I_S$），设MOS的跨导系数为K，源极电位为v_S，则：

$$i_1+i_2=\frac{K}{2}(v_1-v_S-V_T)^2+\frac{K}{2}(v_2-v_S-V_T)^2=I_S \tag{6.16}$$

由此式计算源极电位v_S：

$$v_S=\frac{1}{2}\left[(v_1-V_T)+(v_2-V_T)\pm\sqrt{\frac{4I_S}{K}-(v_1-v_2)^2}\right] \tag{6.17}$$

将其代入漏极电流公式并设输入差分电压$\Delta v_{IN}=v_1-v_2$，可以看出M_1中的电流为：

$$i_1=\frac{K}{2}\left\{\frac{1}{2}(v_1-v_2)-\frac{1}{2}\left[\sqrt{\frac{4I_S}{K}-(v_1-v_2)^2}\right]\right\}^2=\frac{I_S}{2}+\frac{K}{4}\Delta v_{IN}\sqrt{\frac{4I_S}{K}-\Delta v_{IN}^2} \tag{6.18}$$

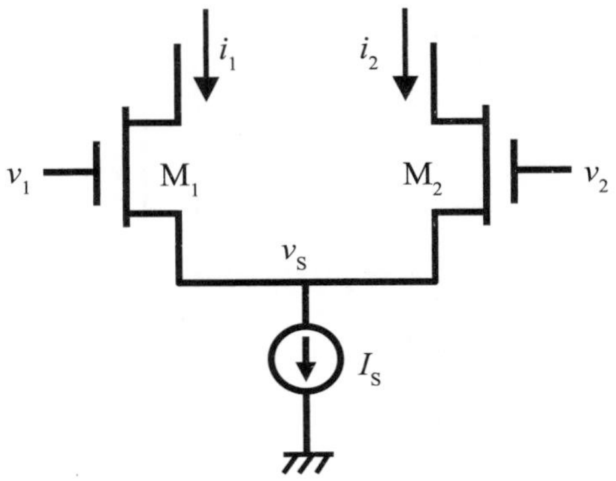

图6.12　差分对配置g_m放大器示例

M_2的电流也同样进行公式变形，可求得第二项符号变为负的等式。从这个电流公式可以看出，当输入差分电压Δv_{IN}较小时，可以得到与差分电压成正比的漏极电流。这里，如果每个MOS元件的漏极连接一个$I_S/2$电流源，则可以得到对应于输出电流变化的电流（上式中的第2项）作为输出电流。这一输出电流如图6.13所示。可以看出，当输入差分电压较低时，输出电流Δi相对于Δv_{IN}成线性。另一方面，当输入电位差变大时，输出电流Δi逐渐接近$\pm I_S$。随着输入差分电压的增加，非线性也随之增加，因此有必要检查g_m放大器的三阶谐波失真（harmonic distortion）和三阶互调失真（intermodulation distortion），并调节增益，使滤波器不受大振幅的影响。

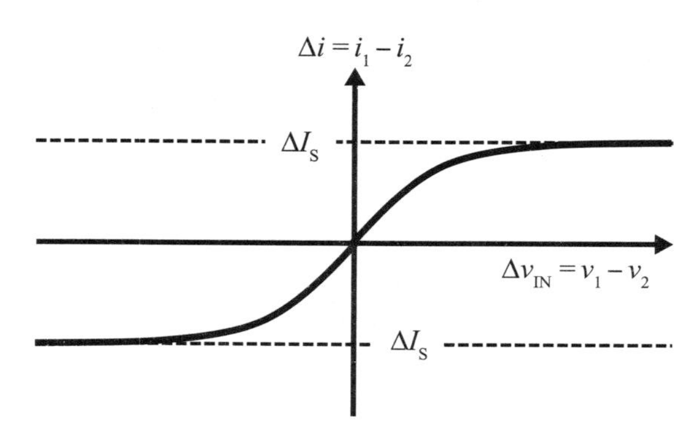

图6.13　差分配置g_m放大器的输出电流

图6.14是一个在M_1和M_2的源极接入简并电阻组成的差分电路，以改善图6.12电路中输出电流相对于输入差分电压的线性度[4]。

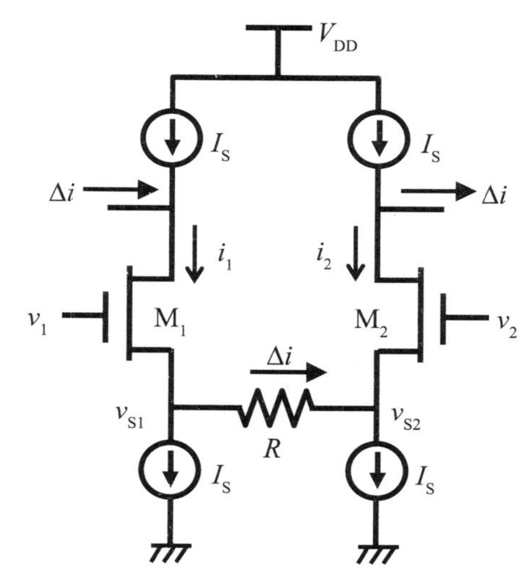

图6.14　使用源简并电阻的差分配置g_m放大器示例

在这个电路中，同一个电流源I_S分别与差分MOS对M_1和M_2的漏极和源极相连接。如果设M_1和M_2的栅极输入电位分别为v_1和v_2，栅极–源极电压为V_{GS1}和V_{GS2}，漏极电流为i_1和i_2，输出电流为Δi的话，那么各电流之间的关系为

$$\begin{aligned} i_1 &= I_S + \Delta i \\ i_2 &= I_S - \Delta i \end{aligned} \tag{6.19}$$

因为电流源与MOS的漏极和源极相连，所以差分MOS漏极电流的变化Δi将流经源简并电阻。也就是

$$i_{OUT} = i_1 - i_2 = 2\Delta i = \frac{v_{S1} - v_{S2}}{R} \tag{6.20}$$

这里，由于$v_{S1}=V_1-V_{GS1}$，且$V_{S2}=V_2-V_{GS2}$，因此可求得输出电流为：

$$i_{OUT}=i_1-i_2=2\Delta i=\frac{2}{R}\left[\Delta V_{IN}-\left(V_{GS1}-V_{GS2}\right)\right] \tag{6.21}$$

此处，假设漏极电流与栅极-源极电压的平方成正比，则MOS元件工作在饱和区时的栅极-源极电压公式可以变形为：

$$v_{GS1}-v_{GS2}=\left(V_T+\sqrt{\frac{2i_1}{K}}\right)-\left(V_T+\sqrt{\frac{2i_2}{K}}\right)=\sqrt{\frac{2}{K}}\left(\sqrt{i_1}-\sqrt{i_2}\right) \tag{6.22}$$

这里K是跨导系数。如果K足够大，漏极电流差很小，$V_{GS1}-V_{GS2}$可以近似为零，所以可得：

$$i_{OUT}=i_1-i_2=2\Delta i=\frac{\Delta v_{IN}}{R} \tag{6.23}$$

从这个结果可以看出，当$K(g_m)$值足够高时，输出电流可以被认为是相对于输入差分电压仅由源极简并电阻决定的函数。

仅由MOS元件组成的这一电路示例如图6.15 [4, 6]。在该电路中，漏极侧的电流源I_S为PMOS，源极侧的电流源通过将NMOS元件偏置而实现。另外，源极简并电阻由两个并联工作在非饱和区的NMOS组成，每个偏置都作为一个输入信号。

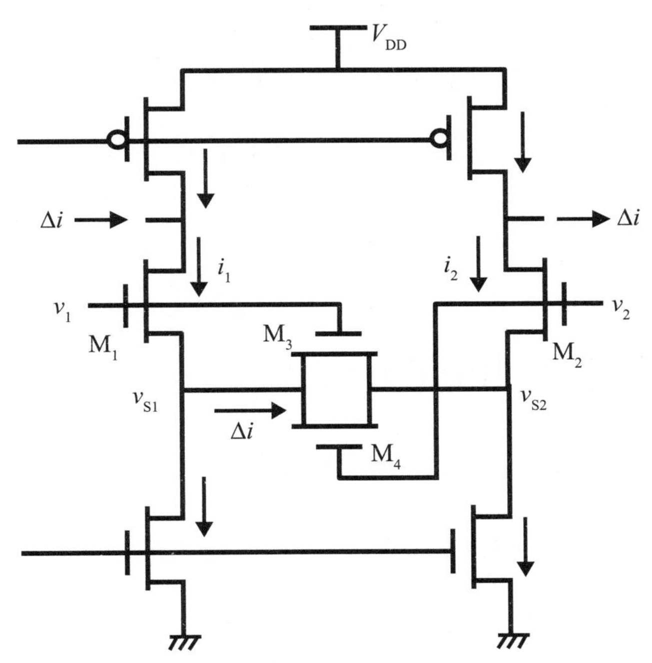

图6.15　由MOS元件构成的差分配置g_m放大器示例

对该电路工作的分析是基于MOS漏极电流与栅极–源极电压的平方成正比的假设。如果阈值电压为V_T，跨导系数为K，M_1和M_2的栅极输入电位分别为v_1和v_2，源极电位为v_{s1}和v_{s2}，漏极电流为i_1和i_2，输出电流为Δi，则各电流之间的关系为：

$$\begin{aligned}2\Delta i &= i_1 - i_2 \\ &= \frac{K}{2}\left[\left(v_1 - v_{S1} - V_T\right)^2 - \left(v_2 - v_{S2} - V_T\right)^2\right] \\ &= \frac{K}{2}\left\{\left[\left(v_1 - V_T\right) - v_{S1} + \left(v_2 - V_T\right) - v_{S2}\right]\left[\left(v_1 - v_2\right) - \left(v_{S1} - v_{S2}\right)\right]\right\}\end{aligned} \tag{6.24}$$

另一方面，假设工作在非饱和区，MOS的跨导系数为K_1，则流经作为简并电阻而连接的M_3和M_4的电流为

$$\begin{aligned}2\Delta i &= K_1\left[\left(v_1 - v_{S2} - V_T\right)\left(v_{S1} - v_{S2}\right) - \frac{1}{2}\left(v_{S1} - v_{S2}\right)^2\right. \\ &\quad \left. + \left(v_2 - v_{S2} - V_T\right)\left(v_{S1} - v_{S2}\right) - \frac{1}{2}\left(v_{S1} - v_{S2}\right)^2\right] \\ &= K_1\left[\left(v_1 - v_{S2} - V_T\right) - \frac{1}{2}\left(v_{S1} - v_{S2}\right) + \left(v_2 - v_{S2} - V_T\right)\right. \\ &\quad \left. - \frac{1}{2}\left(v_{S1} - v_{S2}\right)\right]\left(v_{S1} - v_{S2}\right) \\ &= K_1\left[\left(v_1 - V_T\right) - v_{S2} - v_{S1} + \left(v_2 - V_T\right)\right]\left(v_{S1} - v_{S2}\right)\end{aligned} \tag{6.25}$$

流经M_1和M_2的电流变化量等于流经M_3和M_4的电流变化量：

$$\begin{aligned}&\frac{K}{2}\left\{\left[\left(v_1 - V_T\right) - v_{S1} + \left(v_2 - V_T\right) - v_{S2}\right]\left[\left(v_1 - v_2\right) - \left(v_{S1} - v_{S2}\right)\right]\right\} \\ &\quad = K_1\left[\left(v_1 - V_T\right) - v_{S1} + \left(v_2 - V_T\right) - v_{S2}\right]\left(v_{S1} - v_{S2}\right)\end{aligned} \tag{6.26}$$

将上式变形为

$$\begin{aligned}&\left(v_{S1} - v_{S2}\right)\left(\frac{K}{2} + K_1\right)\left[\left(v_1 - V_T\right) - v_{S1} + \left(v_2 - V_T\right) - v_S\right] \\ &\quad = \frac{K}{2}\left[\left(v_1 - V_T\right) - v_{S1} + \left(v_2 - V_T\right) - v_{S2}\right]\left(v_1 - v_2\right) \\ &v_{S1} - v_{S2} = \frac{K}{K + 2K_1}\left(v_1 - v_2\right)\end{aligned} \tag{6.27}$$

可以得到源极电位差分电压(v_{S1}–v_{S2})与输入差分电压(v_1–v_2)的关系。将这一关系代入输出电流的关系式并整理，可得

$$
\begin{aligned}
2\Delta i &= i_1 - i_2 \\
&= \frac{K}{2}\left\{\left[(v_1 - V_T) - v_{S1} + (v_2 - V_T) - v_{S2}\right]\left[(v_1 - v_2) \quad \frac{K}{K+2K_1}(v_1 - v_2)\right]\right\} \\
&= \frac{KK_1}{K+2K_1}\left\{\left[(v_1 - V_T) - v_{S1} + (v_2 - V_T) - v_{S2}\right]\right\}(v_1 - v_2)
\end{aligned}
\tag{6.28}
$$

另一方面，考虑到漏极电流的平方根之和：

$$
\sqrt{i_1} + \sqrt{i_2} = \sqrt{\frac{K}{2}}\left[(v_1 - V_T) - v_{S1} + (v_2 - V_T) - v_{S2}\right]
\tag{6.29}
$$

可得

$$
\begin{aligned}
i_1 - i_2 &= \left(\sqrt{i_1} + \sqrt{i_2}\right)\left(\sqrt{i_1} - \sqrt{i_2}\right) \\
&= \frac{KK_1}{K+2K_1}\left\{\left[(v_1 - V_T) - v_{S1} + (v_2 - V_T) - v_{S2}\right]\right\}(v_1 - v_2) \\
&= \frac{K_1}{K+2K_1}\sqrt{2K}\left(\sqrt{i_1} + \sqrt{i_2}\right)(v_1 - v_2)
\end{aligned}
\tag{6.30}
$$

对关系式两侧进行整理

$$
\begin{aligned}
\sqrt{i_1} - \sqrt{i_2} &= \frac{K_1}{K+2K_1}\sqrt{2K}(v_1 - v_2) \\
\left(\sqrt{i_1} - \sqrt{i_2}\right)^2 &= i_1 - 2\sqrt{i_1}\sqrt{i_2} + i_2 = 2I_S - 2\sqrt{i_1}\sqrt{i_2} \\
&= \left[\frac{K_1}{K+2K_1}\sqrt{2K}(v_1 - v_2)\right]^2 \\
2\sqrt{i_1}\sqrt{i_2} &= 2I_S - \left[\frac{K_1}{K+2K_1}\sqrt{2K}(v_1 - v_2)\right]^2
\end{aligned}
\tag{6.31}
$$

另一方面，对漏极电流的平方根之和进行同样的变形，可得：

$$
\begin{aligned}
\left(\sqrt{i_1} + \sqrt{i_2}\right)^2 &= i_1 + 2\sqrt{i_1}\sqrt{i_2} + i_2 = 2I_S + 2\sqrt{i_1}\sqrt{i_2} \\
\sqrt{i_1} + \sqrt{i_2} &= \sqrt{2I_S + 2\sqrt{i_1}\sqrt{i_2}} = \sqrt{4I_S - \left[\frac{K_1}{K+2K_1}\sqrt{2K}(v_1 - v_2)\right]^2}
\end{aligned}
\tag{6.32}
$$

最终，输出电流为

$$
\begin{aligned}
i_1 - i_2 &= \frac{K_1}{K+2K_1}\sqrt{2K}\left(\sqrt{i_1}+\sqrt{i_2}\right)(v_1 - v_2) \\
&= \frac{K_1}{K+2K_1}\sqrt{2K}(v_1 - v_2)\sqrt{4I_S - \left[\frac{K_1}{K+2K_1}\sqrt{2K}(v_1 - v_2)\right]^2} \\
&= \frac{2K_1}{K+4K_1}\sqrt{2KI_S}(v_1 - v_2)\sqrt{1-\left[\frac{K_1}{K+4K_1}\sqrt{\frac{K}{2I_S}}(v_1 - v_2)\right]^2}
\end{aligned} \tag{6.33}
$$

从此关系式也可以预测，当输入差分电压较小时，输出电流将是线性的。

6.2.3　$g_m C$滤波器

因为$g_m C$滤波器使用由g_m放大器和电容C组成的积分器，所以也被称为OTA-C滤波器（operational transconductance amplifier-C Filter）。在设计$g_m C$滤波器时，从仅使用滤波器的基本结构的无源器件的LC梯形滤波器，到使用由g_m放大器和电容C来组成电感L的设计方法等，广泛使用了多种方法[2, 3]。图6.16(b)所示的电路由2个回转器和1个电容组成，每个回转器由2个相互交叉耦合连接的g_m放大器构成，这一电路特性与图6.16(a)所示的电感器等效。

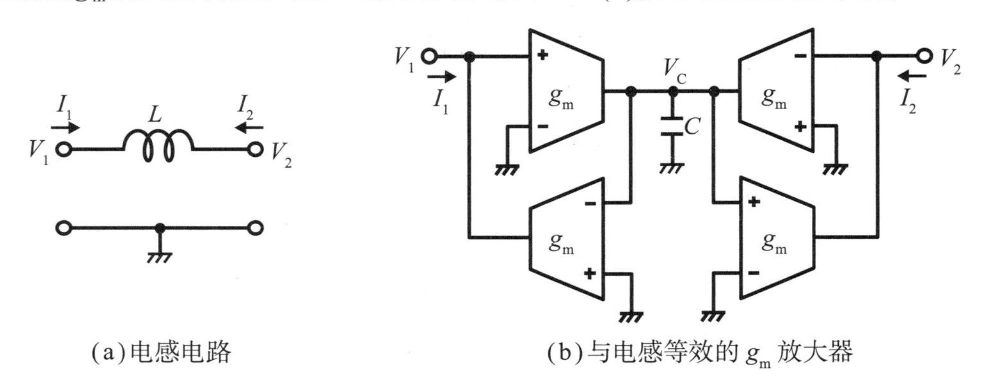

图6.16　具有与电感元件等效特性的g_m放大器

在图6.16中，假设g_m放大器只在线性领域内工作，则图6.16(a)的电流–电压关系为（使用拉普拉斯变换的s函数）：

$$
I_1(s) = -I_2(s) = \frac{V_1(s) - V_2(s)}{sL} \tag{6.34}
$$

另一方面，设图6.16(b)中的电容电位为$V_C(s)$，则

$$
V_C(s) = \left[g_m V_1(s) - g_m V_2(s)\right]\frac{1}{sC} = \frac{g_m}{sC}\left[V_1(s) - V_2(s)\right] \tag{6.35}
$$

与输入了$V_C(s)$的g_m放大器电流的关系式

$$I_1(s)=I_2(s)=g_m V_C(s)=\frac{g_m^2}{sC}\left[V_1(s)-V_2(s)\right] \tag{6.36}$$

相比较，可以看出图6.16(b)具有与电感器相同的特性。该电路中的等效电感L为

$$L=\frac{C}{g_m^2} \tag{6.37}$$

同样，图6.17(b)具有与图6.17(a)所示电阻相同的特性。

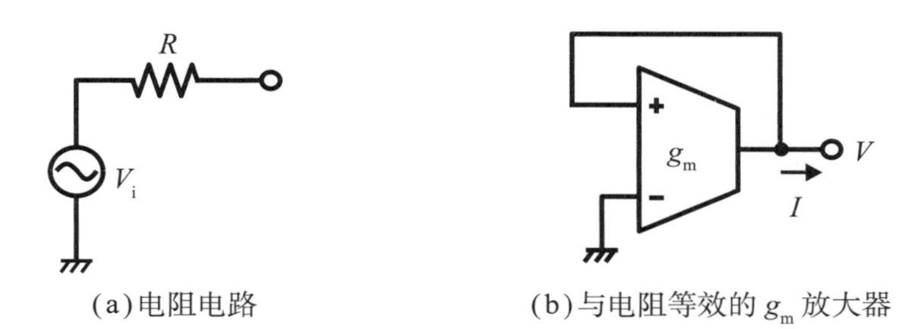

图6.17　具有与电阻元件等效特性的g_m放大器

图6.18为差分输入单相输出$g_m C$型一阶滤波器的电路实例。图6.18(a)为一阶低通滤波器。

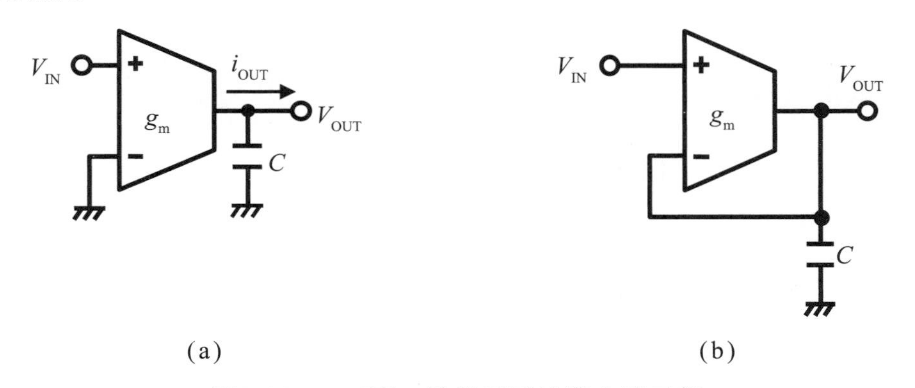

图6.18　$g_m C$型一阶低通滤波器电路示例

这里设差分输入电位为V_{IN^+}、V_{IN^-}，输出电流为I_{OUT}，输出电压为V_{OUT}，由下式

$$\begin{aligned}I_{OUT}(s)&=g_m\left[V_{IN}^+(s)-V_{IN}^-(s)\right]=g_m V_{IN}(s)\\ V_{OUT}(s)&=I_{OUT}(s)\times\frac{1}{sC}=\frac{g_m}{sC}V_{IN}(s)\end{aligned} \tag{6.38}$$

可得图6.18(a)中的传递函数：

$$H(s)=\frac{V_{\mathrm{OUT}}(s)}{V_{\mathrm{IN}}(s)}=\frac{g_{\mathrm{m}}}{sC} \tag{6.39}$$

由于该电路的DC增益无穷大，因此在低频范围内很难调节增益。另一方面，因为

$$\begin{aligned} I_{\mathrm{OUT}}(s)&=g_{\mathrm{m}}V_{\mathrm{IN}}(s) \\ V_{\mathrm{OUT}}(s)&=I_{\mathrm{OUT}}(s)\times\frac{1}{sC} \end{aligned} \tag{6.40}$$

从下式

$$V_{\mathrm{OUT}}(s)=g_{\mathrm{m}}\left[V_{\mathrm{IN}}(s)-V_{\mathrm{OUT}}(s)\right]\frac{1}{sC} \tag{6.41}$$

可求得图6.18(b)中的传递函数为

$$H(s)=\frac{V_{\mathrm{OUT}}(s)}{V_{\mathrm{IN}}(s)}=\frac{\dfrac{g_{\mathrm{m}}}{sC}}{1+\dfrac{g_{\mathrm{m}}}{sC}}=\frac{g_{\mathrm{m}}}{sC+g_{\mathrm{m}}} \tag{6.42}$$

从这个传递函数可以看出，该电路在包括DC在内的低频范围内有一个恒定的增益。此外，图6.19表示了由两级g_{m}放大器组成的电路配置，其中低频范围内的增益和截止频率可以独立调整。

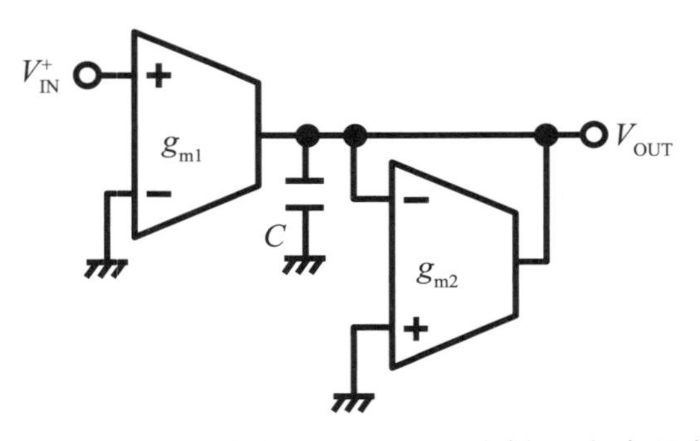

图6.19　由2级g_{m}放大器组成的一阶低通滤波器实例

以同样的方法求该电路的传递函数，可得：

$$H(s)=\frac{V_{\mathrm{OUT}}(s)}{V_{\mathrm{IN}}^{+}(s)}=\frac{\dfrac{g_{\mathrm{m1}}}{sC}}{1+\dfrac{g_{\mathrm{m2}}}{sC}}=\frac{g_{\mathrm{m1}}}{sC+g_{\mathrm{m2}}} \tag{6.43}$$

另外，图6.20表示了能够调整传递函数的极点和零点的电路配置。图6.20(a)由单极g_m放大器组成，从下式电流和电压之间的关系

$$\begin{aligned} I_{OUT}(s) &= [V_{IN}(s)-V_{OUT}(s)]\times sC_2+g_m[V_{IN}(s)-V_{OUT}(s)] \\ V_{OUT}(s) &= I_{OUT}(s)\times\frac{1}{sC_1} \end{aligned} \tag{6.44}$$

可得到传递函数为

$$H(s)=\frac{V_{OUT}(s)}{V_{IN}(s)}=\frac{sC_2+g_m}{s(C_1+C_2)+g_m} \tag{6.45}$$

另一方面由以下关系式

$$\begin{aligned} I_1(s) &= [V_{IN}(s)-V_{OUT}(s)]\,g_{m1} \\ I_2(s) &= -g_{m2}V_{OUT}(s) \\ [V_{IN}(s)-V_{OUT}(s)]\times sC_2 &+ [V_{IN}(s)-V_{OUT}(s)]\,g_{m1}-g_{m2}V_{OUT}(s)=I_{OUT}(s) \\ V_{OUT}(s) &= I_{OUT}(s)\times\frac{1}{sC_1} \end{aligned} \tag{6.46}$$

可以求得图6.20(b)的传递函数为：

$$H(s)=\frac{V_{OUT}(s)}{V_{IN}(s)}=\frac{sC_2+g_{m1}}{s(C_1+C_2)+g_{m1}+g_{m2}} \tag{6.47}$$

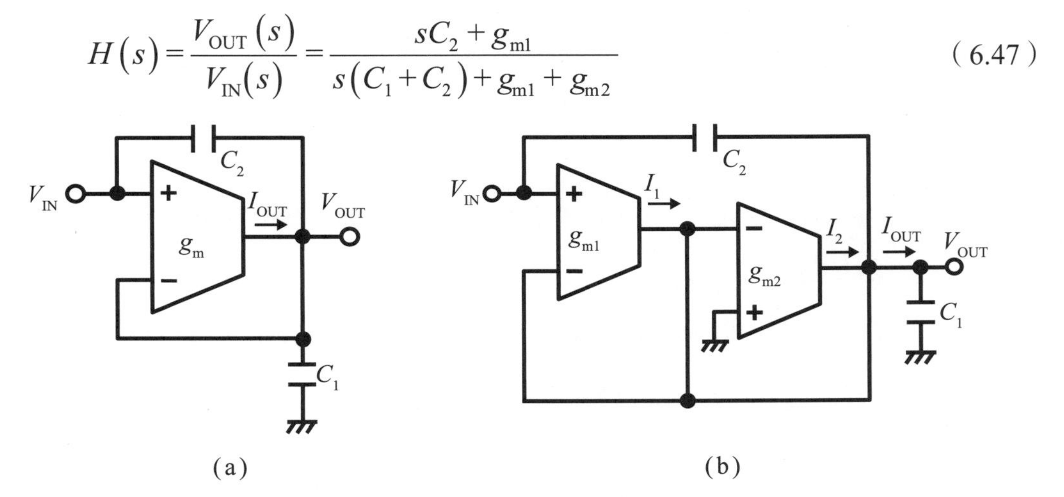

图6.20 极点/零点可调的$g_m C$型一阶低通滤波器示例

图6.21为配置有g_m放大器的二阶低通和带通滤波器示例。图6.21(a)所示为二阶低通滤波器的电路结构，从电路中电流与电压的关系

$$
\begin{aligned}
&I_1=\left[V_{\mathrm{IN}}(s)-V_{\mathrm{OUT}}(s)\right]g_{\mathrm{m1}}\\
&V_1(s)=I_1(s)\times\frac{1}{sC_1}\\
&I_{\mathrm{OUT}}(s)=\left[V_1(s)-V_{\mathrm{OUT}}(s)\right]g_{\mathrm{m2}}\\
&V_{\mathrm{OUT}}(s)=I_{\mathrm{OUT}}(s)\times\frac{1}{sC_2}
\end{aligned}
\tag{6.48}
$$

可以求得：

$$
H(s)=\frac{V_{\mathrm{OUT}}(s)}{V_{\mathrm{IN}}(s)}=\frac{g_{\mathrm{m1}}g_{\mathrm{m2}}}{s^2C_1C_2+sC_1g_{\mathrm{m2}}+g_{\mathrm{m1}}g_{\mathrm{m2}}}
\tag{6.49}
$$

这里，假设$g_{\mathrm{m1}}=g_{\mathrm{m2}}=g_{\mathrm{m}}$，与使用截止角频率$\omega_0$和$Q$值的二次滤波器的传递函数：

$$
H(s)=\frac{\omega_0^2}{s^2+(\omega_0/Q)s+\omega_0^2}
\tag{6.50}
$$

进行比较，可求得该滤波器的ω_0和Q值：

$$
\omega_0=\frac{g_{\mathrm{m}}}{\sqrt{C_1C_2}},\quad Q=\sqrt{\frac{C_2}{C_1}}
\tag{6.51}
$$

Q值是与谐振角频率（$\omega=\omega_0$）附近的增益的峰值锐度相关的值，但在低通滤波器中应该设计成不具有峰值。另一方面，在根据低通滤波器的传递函数进行转换设计的带通滤波器中，它是与选择性相关的重要值，特别是ω_0/Q是带宽的指标。

另外，图6.21(b)显示了二阶带通滤波器，从下面电路电流和电压之间的关系

$$
\begin{aligned}
&I_1(s)=-V_{\mathrm{OUT}}(s)g_{\mathrm{m1}}\\
&\left[V_1(s)-V_{\mathrm{in}}(s)\right]\times sC_1=I_1(s)\\
&I_{\mathrm{OUT}}(s)=\left[V_1(s)-V_{\mathrm{OUT}}(s)\right]g_{\mathrm{m2}}\\
&V_{\mathrm{OUT}}(s)=I_{\mathrm{OUT}}(s)\times\frac{1}{sC_2}
\end{aligned}
\tag{6.52}
$$

可得传递函数为：

$$
H(s)=\frac{V_{\mathrm{OUT}}(s)}{V_{\mathrm{IN}}(s)}=\frac{sC_1g_{\mathrm{m2}}}{s^2C_1C_2+sC_1g_{\mathrm{m2}}+g_{\mathrm{m1}}g_{\mathrm{m2}}}
\tag{6.53}
$$

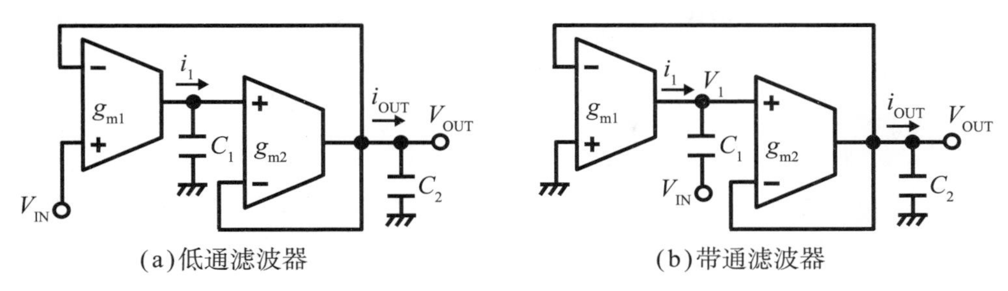

(a)低通滤波器　　(b)带通滤波器

图6.21　g_mC型二阶滤波器示例

在这个二阶滤波器中，高于截止频率的区域的增益斜率为-40dB/dec，相对于一阶滤波器的-20dB/dec更加倾斜。

此外，Sallen-Key滤波器是一个典型的二阶低通滤波电路，由一个OP放大器、两个电阻和两个电容组成。图6.22表示了一个使用g_m放大器构成滤波器的例子[3]。

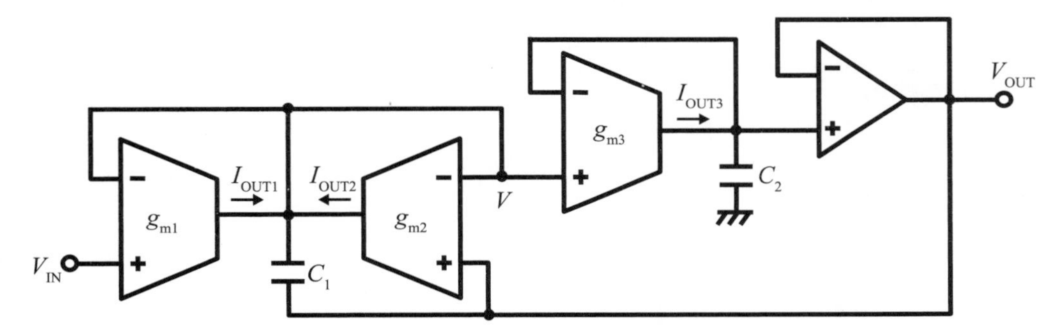

图6.22　配置了g_m放大器的Sallen-Key滤波器示例

这里假设电路中的节点电位为V，从下面电流与电压的关系：

$$\frac{\dfrac{g_{m1}}{C_1}}{s+\dfrac{g_{m1}}{C_1}+\dfrac{g_{m2}}{C_1}}(V_{IN}-V_{OUT})=V-V_{OUT} \tag{6.54}$$

$$V=\frac{s+\dfrac{g_{m3}}{C_2}}{\dfrac{g_{m3}}{C_2}}V_{OUT} \tag{6.55}$$

可以求得传递函数：

$$\frac{V_{OUT}}{V_{IN}}=\frac{\dfrac{g_{m1}}{C_1}}{\dfrac{g_{m1}}{C_1}+\dfrac{C_2 s}{g_{m3}}\left(s+\dfrac{g_{m1}}{C_1}+\dfrac{g_{m2}}{C_1}\right)}=\frac{\dfrac{g_{m1}g_{m3}}{C_1C_2}}{s^2+s\left(\dfrac{g_{m1}}{C_1}+\dfrac{g_{m2}}{C_1}\right)+\dfrac{g_{m1}g_{m3}}{C_1C_2}} \tag{6.56}$$

这里，由Sallen-Key滤波器的传递函数，可以求得截止频率和Q值：

$$\omega_0=\sqrt{\frac{g_{m1}g_{m3}}{C_1C_2}},\quad Q=\frac{1}{g_{m1}+g_{m2}}\sqrt{\frac{g_{m1}g_{m3}}{C_2}C_1} \tag{6.57}$$

图6.23是由$g_m C$放大器组成的二级双二阶滤波器（biquad filter）示例[3, 7]。

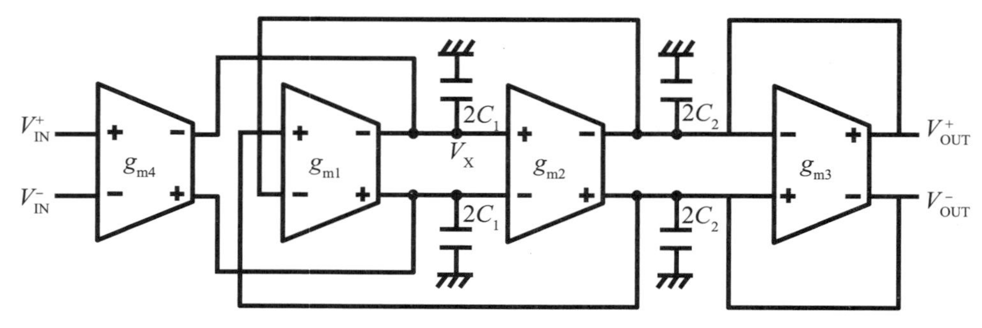

图6.23　二级双二阶滤波器示例

传递函数由下式给出：

$$H(s)=\frac{V_{OUT}(s)}{V_{IN}(s)}=\frac{g_{m2}g_{m4}}{s^2C_1C_2+sC_1g_{m3}+g_{m1}g_{m2}} \tag{6.58}$$

截止频率ω_0和Q值为

$$\omega_0=\sqrt{\frac{g_{m1}g_{m2}}{C_1C_2}}$$
$$Q=\frac{1}{g_{m3}}\sqrt{\frac{g_{m1}g_{m2}C_2}{C_1}} \tag{6.59}$$

当所需频率的占用频带附近存在干扰波时，在滤波器增益的频率特性上，必须设计得使从通带到阻带的传输区域变窄。有一种方法是增加滤波器的阶数，以使从通带到阻带的过渡斜率增大。二阶以上的高阶滤波器的传递函数一般公式由下式给出：

$$H(s)=\frac{s^n+a_{n-1}s^{n-1}+\cdots+a_1s+a_0}{s^m+b_{m-1}s^{m-1}+\cdots+b_1s+b_0},\quad (n\leqslant m) \tag{6.60}$$

但是，将此传递函数设计为单个电路需要大量元件，并且由于元件特性相互影响，频率响应的计算量变得庞大，因此，如图6.24所示，一般将滤波器以级联（纵向）连接方式来实现。

图6.24 高阶滤波器的构成

6.2.4 典型的滤波器特性

根据无线电规定进行整体设计时，在确定了具有权衡性的滤波器特性项目中重视哪一方面后，通常是基于几个典型的滤波器特性来设计。后面所示的滤波器特性在增益衰减和相位特性方面虽然有较大差异，但在很多情况下，都只是电路结构相同，电路参数不同[2]。

1. 巴特沃斯特性

在通带区域内有平坦的增益，截止频率为常数ω_C，与级数n无关，其传递函数由下式给出：

$$\left|H(\omega)\right|=\frac{1}{\sqrt{1+\left(\omega/\omega_C\right)^{2n}}} \tag{6.61}$$

比ω_C高的频域中的增益与$1/\omega^n$成正比。这意味着增益的衰减，以数字单位表示是$-6n$（dB/oct）或$-20n$（dB/dec）。巴特沃斯滤波器假如增加级数n的话，会接近理想的矩形滤波器（brick-wall filter）特性（通带内增益恒定，通带到阻带呈阶梯式过渡），但延迟失真在截止频率附近达到高峰[3, 7]。

2. 切比雪夫特性

通过对通带施加波纹，使从通带到阻带的斜率更大，并且波纹越大，就能得到越陡峭的衰减特性。如果衰减特性陡峭，则可以减少滤波器的级数（阶数），这样就具有使滤波器电路小型化和简化调整的优点。另一方面，切比雪夫滤波器由于其较大的群延迟失真，不适用于脉冲信号等宽带信号。与切比雪夫特性相反，还有一种反向切比雪夫特性，即阻带有波纹，通带平坦，但一般很少使用。

3. 椭圆特性

也称为联立切比雪夫特性，是一种通过在通带到阻带的过渡区域加入陷波而具有更陡峭的衰减梯度的滤波器。在切比雪夫特性无法实现的陡峭衰减特性时使用它。由于过渡区域存在陷波极点，因此存在阻带高频区衰减量减少、群延迟失真大等缺点。上述滤波器在电路配置相同的情况下，只需改变参数即可实现，但椭圆滤波器由于极点的形成，电路配置略有不同。图6.25表示了由g_m放大器组成的电路示例[3]。

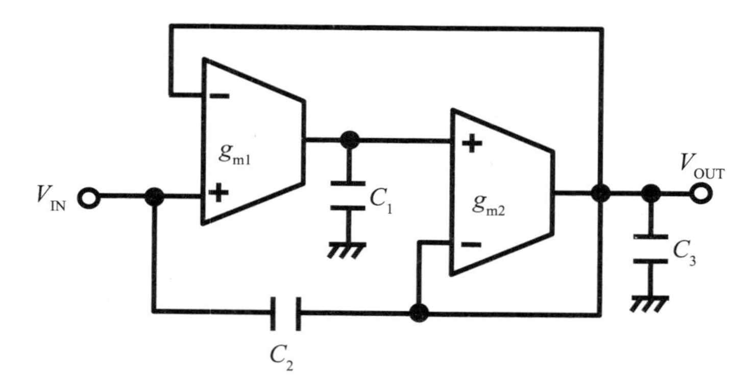

图6.25　二阶椭圆滤波器示例

该电路的传递函数和截止频率ω_0和Q值由下式给出：

$$H(s)=\frac{V_{OUT}}{V_{IN}}=\left(\frac{C_2}{C_2+C_3}\right)\frac{s^2+\frac{g_{m1}}{C_1C_2}}{s^2+\frac{g_{m2}}{C_2+C_3}s+\frac{g_{m1}g_{m2}}{C_1(C_2+C_3)}} \tag{6.62}$$

$$\omega_0=\sqrt{\frac{g_{m1}g_{m2}}{C_1(C_2+C_3)}},\quad Q=\sqrt{\frac{g_{m1}(C_2+C_3)}{C_1g_{m2}}}$$

4. 贝塞尔特性

在通带具有平坦的相位特性，即使在多级配置中群延迟也几乎恒定，并且在截止频率处几乎没有延迟，因此适用于宽带信号（脉冲信号）的电路。另一方面，由于增益的衰减特性平缓，因此消除目标波附近的干扰波的效果较差。这种滤波器特性适合用于基带信号A/D转换的抗混叠滤波器。

图6.26显示了五阶低通滤波器的增益–频率特性。其中，截止频率参数相同，并将横轴绘制为标准化频率。

6.2.5　滤波器特性自动调整电路

采用集成电路组成滤波器时，电阻元件和电容元件的中心值在制造过程中会有正负百分之十几的波动。此外，构成g_m放大器的NMOS和PMOS元件的阈值电压和跨导系数等参数也有较大波动，因此滤波器的截止频率和Q值可能会发生±20%以上的变化。虽然可以通过外部控制信号等单独调整滤波器特性，但成本较高，因此最好能够在滤波器集成块内部实现自动调整滤波器特性。

另一方面，由于在同一芯片上形成的元件表现出几乎相同的特性，因此有人

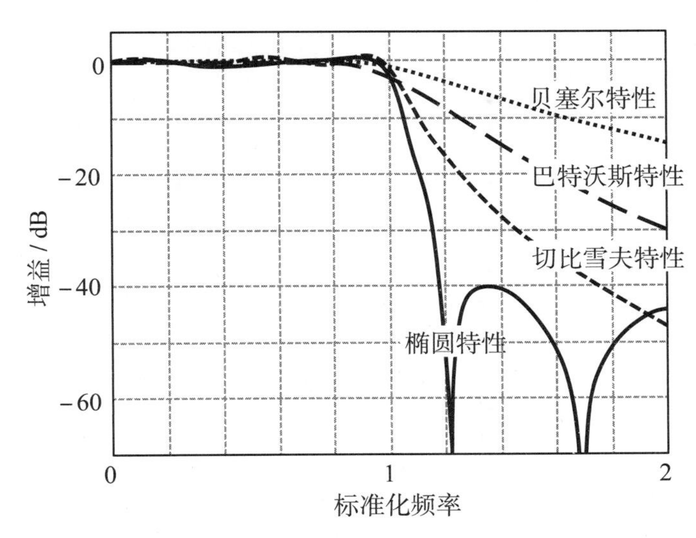

图6.26 五阶低通滤波器的增益–频率特性比较

提出了图6.27所示的自动调整电路方案[5]。在该电路中，将与滤波器主体中使用的g_mC电路相同电路组成的振荡器作为一个主电路，这一振荡器的振荡频率以及振幅被反馈控制为基准的信号或电压。通过将这个反馈控制信号同时施加到滤波器主体电路（从属电路），以调整主滤波器的特性，因此具有主从配置结构（master-slaveconfiguration）。

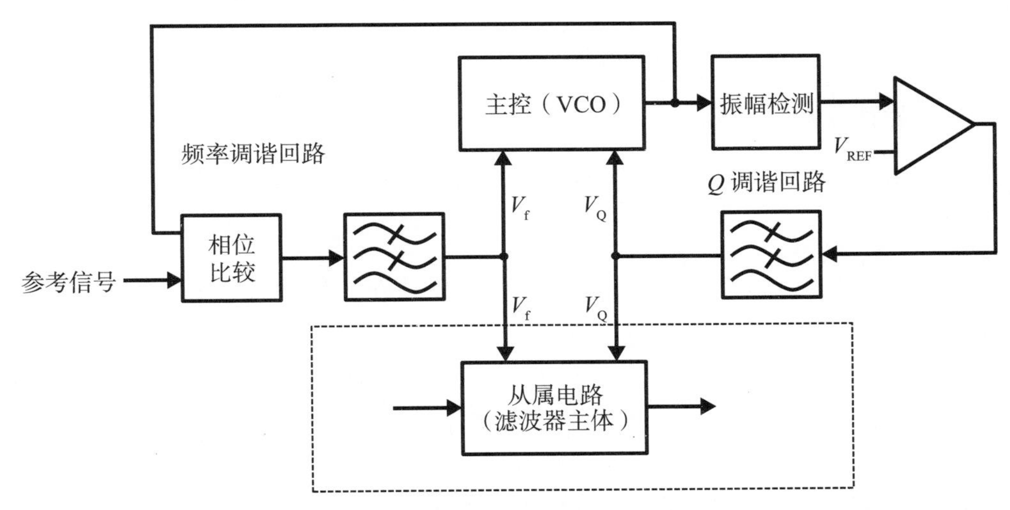

图6.27 调整滤波器特性的主从配置

图6.28是一个主电路的VCO电路的例子。在此电路中，差分g_m放大器被交叉耦合连接而形成一个发射机。由于该电路的振荡频率是g_mC滤波器的截止频率，因此可以通过比较该信号与外部参考信号之间的相位频率并控制反馈来将其调整到目标频率。此外，由于振荡器频率下的输出振幅强烈依赖于Q值，因此将该振

幅与来自外部的参考电压进行比较来执行反馈控制的话，就能够调整Q值。这些控制是通过直接控制电源电压或调节连接到电源的电流调节MOS的栅极电位来进行的。

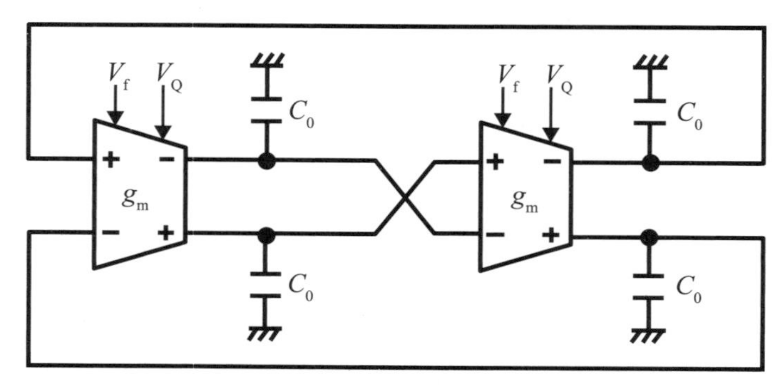

图6.28　用于调整滤波器特性的主VCO电路示例

6.3　离散时间滤波器

处理采样离散信号的离散时间信号处理电路（discrete-time signal processing）比处理连续信号的传统模拟电路具有如下优点：

（1）通过转移电荷来进行信号传递，因此即使低电压也可以获得高线性度。

（2）通过改变采样频率就能够改变截止频率等，可以很容易地重建功能。

（3）噪声导致的错误率很低。

（4）由于传递函数是由电容比来决定的，因此受工艺变化的影响较小，再现性高。

基于以上优点，近年来各地都在大力研究其在无线电路中的应用[8~10]。特别是去除干扰波和选择通道的模拟基带滤波器需要精确的特性控制，因此采用离散处理技术的应用实例很多。另一方面，在应用该技术时，还需要使用在采样期间去除噪声折返的抗混叠滤波器和与时钟相关的馈通噪声抑制电路。

6.3.1　使用开关电容的离散时间滤波器

使用开关电容（switched capacitor）的电荷区离散时间滤波器（discrete-time filter）是离散时间滤波器的一个典型例子，通过用开关控制电容的电荷，可以获得与电阻相同的特性，其传递函数不是由每个电容的绝对值决定的，而是由相对的电容比和采样时钟频率决定的，所以比较容易控制特性。首先考虑由图6.29(a)所示的电容和两个开关组成的开关电容电路的操作。两个开关由图6.29(b)的时序图所示的控制信号ϕ_1和ϕ_2交替地控制，使得它们不会同时导通。

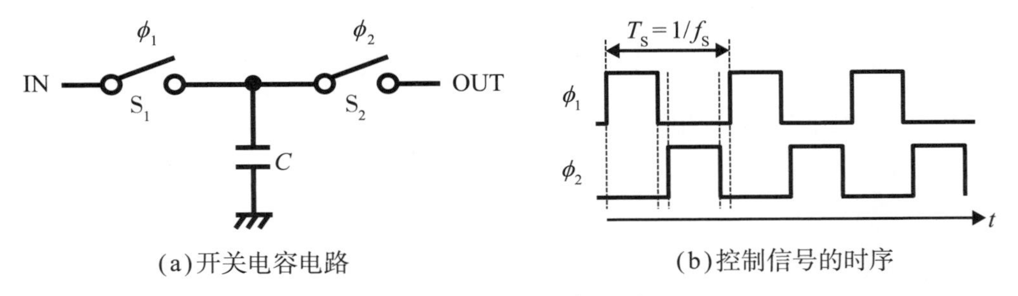

(a)开关电容电路　　(b)控制信号的时序

图6.29　开关电容电路

在图6.29(a)中，设输入电压为v_{IN}，输出电压为v_{OUT}，并假设输入信号频率远低于开关周期。当开关S_1导通时，电容C中储存的电荷$Q_{\phi1}=Cv_{IN}$，接下来当开关S_2导通时，因为开关S_1断开，因此电容C的电荷为$Q_{\phi2}=Cv_{OUT}$。由于该电荷差值ΔQ从输入流向输出，因此可得$\Delta Q=Q_{\phi1}-Q_{\phi2}=C(v_{IN}-v_{OUT})$。此外，如果到开关$S_1$再次导通的周期为$T_S$，则从输入流向输出的电流为：

$$i=\frac{\Delta Q}{T_S}=\frac{C}{T_S}\left(v_{IN}-v_{OUT}\right) \tag{6.63}$$

从此式可以看出，在图6.29(a)所示的开关电容电路中，如果改变周期T_S，则电阻值$R=T_S/C=1/f_SC$的变化可以认为是一个电阻。根据采样定理，开关电容电路中控制信号的频率必须至少是输入信号频率的2倍以上。

图6.30是开关电容积分器的电路示例。像图6.29中所求得的那样，OP放大器前级的开关电容电路可以看作是一个具有等效电阻$R=T_S/C_1$的电阻，因此该电路的输出假设具有无限大的OP增益，则V_X可视为虚拟接地，因此可求得：

$$v_{OUT}=-\frac{1}{C_2}\int i_1 dt=-\frac{1}{C_2}\times\left(\frac{C_1}{T_S}\right)\int v_{IN}dt=-\frac{1}{T_S}\frac{C_1}{C_2}\int v_{IN}dt \tag{6.64}$$

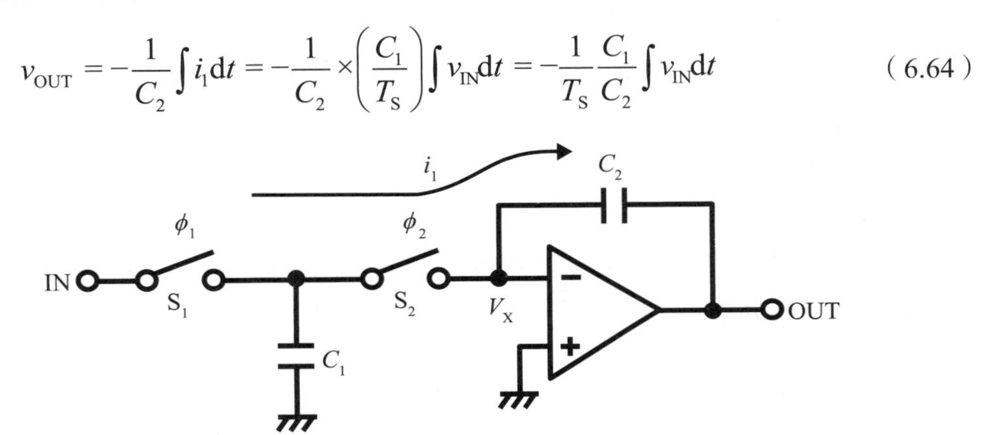

图6.30　开关电容积分器电路

该电路的增益由电容比C_1/C_2和采样信号的周期T_S决定。由于周期T_S可以从外部来精确确定，因此电容比C_1/C_2决定了开关电容积分器中增益的精度。由于集成电路上形成的元件的相对个体差异很小，所以也可以通过减少电容的绝对值来削减占有面积。

这里，用z变换法推导出传递函数，如果在第k个周期存储在电容C_1和C_2中的电荷为$Q_1(k) = C_1 \times v_{IN}(k)$和$Q_2(k) = C_2 \times v_{OUT}(k)$，则由$Q_2(k) = Q_2(k-1) - Q_1(k-1)$，进行$z$变换[11, 12]：

$$C_2V_{OUT}(z) = C_2V_{OUT}(z)z^{-1} - C_1V_{IN}(z)z^{-1} \tag{6.65}$$

所以可求得传递函数

$$\frac{V_{OUT}(z)}{V_{IN}(z)} = -\frac{C_1}{C_2}\frac{z^{-1}}{1-z^{-1}} \tag{6.66}$$

为了确认z变换表示的传递函数是频域的函数，将$z = e^{+j\omega T_s}$代入式中并重新整理

$$\begin{aligned} H(j\omega) &= -\frac{C_1}{C_2}\frac{e^{-j\omega T_S}}{1-e^{-j\omega T_S}} = -\frac{C_1}{C_2}\frac{e^{-j\omega T_S/2}}{e^{+j\omega T_S/2} - e^{-j\omega T_S/2}} \\ &= -\frac{C_1}{C_2}\frac{e^{-j\omega T_S/2}}{j2\sin(\omega T_S/2)} \end{aligned} \tag{6.67}$$

如果采样频率远远高于输入信号频率的话，因为$\omega T_S \ll 1$，所以可以近似表示为

$$H(j\omega) = -\frac{C_1}{C_2}\frac{1}{j\omega T_S} \tag{6.68}$$

因此能够确认具有低通特性（积分特性）。

另一方面，由于开关S_1和S_2由MOS元件构成，因此需要考虑MOS元件的寄生电容成分的影响。图6.31是MOS元件漏极和源极存在寄生电容C_{p1}和C_{p2}时的开关电容积分器电路图。虚线内的部分是MOS元件的等效电路。开关S_1的输入端电容C_{p1}无助于电荷转移。此外，由于开关S_2的输出端实际上是虚拟接地的，电容C_{p2}中没有电荷积累，因此可以忽略不计。根据与C_1并联的剩余的寄生电容，可得开关电容积分器的电容比为$(C_1 + C_{p1} + C_{p2})/C_2$。因此可以看出，在这种配置中由于寄生电容的影响，造成无法得到准确的增益。

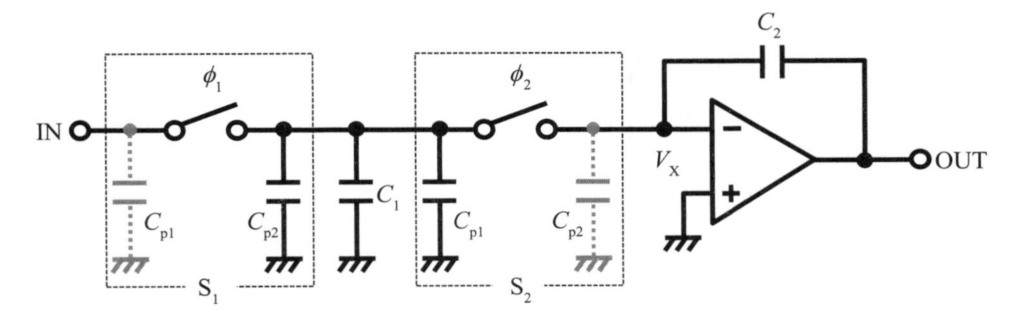

图6.31 考虑MOS元件寄生电容的开关电容积分电路

图6.32是不受MOS元件寄生电容影响的采样电路示例。在这个采样电路中，MOS的寄生电容总是接地或虚拟接地，所以没有电荷积累，因此不影响传递函数。

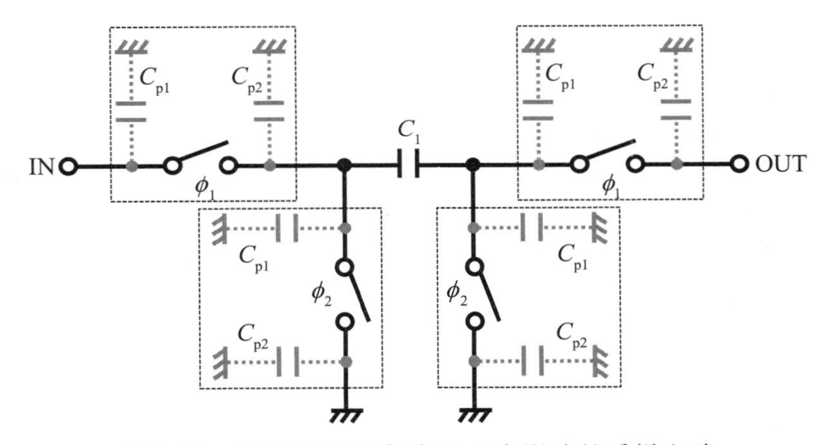

图6.32 不受MOS元件寄生电容影响的采样电路

图6.33是使用该采样电路的开关电容积分器的电路示例。在这个积分器中，虽然输入信号和输出信号反相，但没有延迟产生。用z函数表示的传递函数为

$$H(z)=\frac{V_{\mathrm{OUT}}(z)}{V_{\mathrm{IN}}(z)}=-\frac{C_1}{C_2}\frac{1}{1-z^{-1}} \tag{6.69}$$

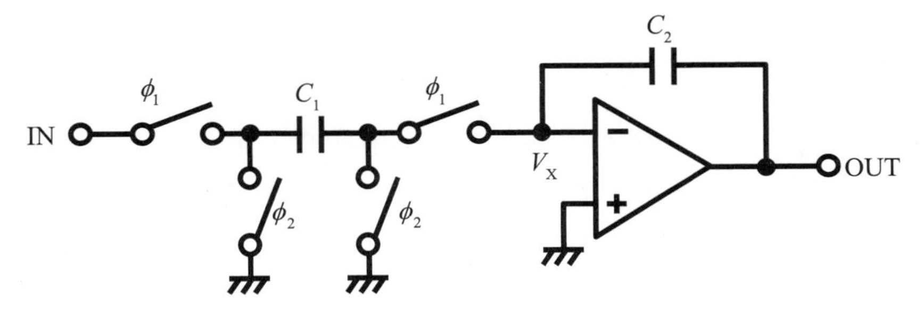

图6.33 不受MOS元件寄生电容影响的开关电容器

另一方面，图6.34显示了一个开关电容积分器的例子，该电路在延迟一个时钟后产生一个反相输出。传递函数由以下公式给出：

$$H(z)=\frac{V_{\mathrm{OUT}}(z)}{V_{\mathrm{IN}}(z)}=\frac{C_1}{C_2}\frac{z^{-1}}{1-z^{-1}} \tag{6.70}$$

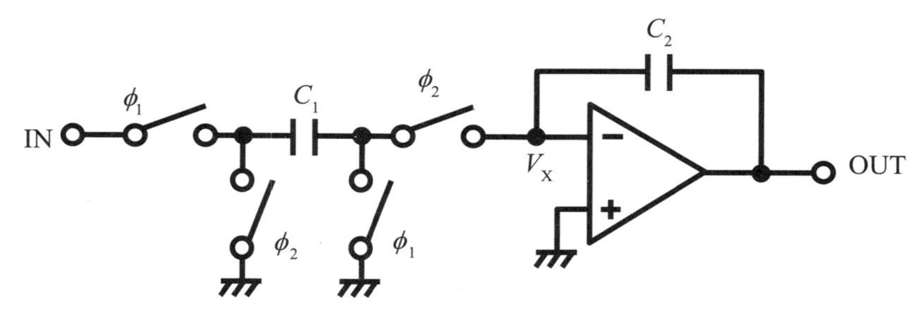

图6.34　开关电容积分器的另一种配置示例

接下来，将对开关电容电路的噪声进行说明。采样用MOS元件的开/关控制操作会引起两种类型的开关噪声：时钟馈通和电荷注入。如图6.35(a)所示，当存储在MOS元件栅极和漏极之间以及栅极和源极之间的寄生电容中的电荷伴随着时钟操作（从高电平向低电平的迁移或从低电平向高电平的迁移）流入和流出采样电容C_1时，就会发生时钟馈通。另一方面，电荷注入是这样一种现象：如图6.35(b)所示，当MOS元件从导通状态变为关闭状态时，在通道下方的反转层中诱发的电荷会影响采样电容C_1中的电荷。

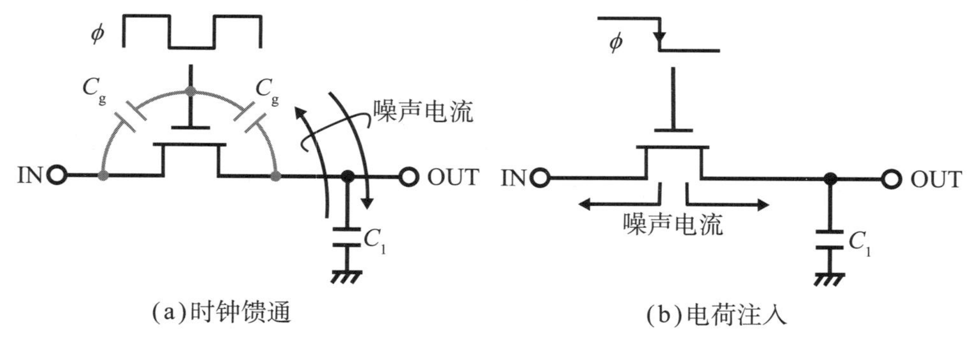

图6.35　开关电容电路中的开关噪声

作为抑制这种噪声的对策，例如有这样一种电路，其中设置了用于采样开关的MOS元件1/2尺寸的虚拟元件，并施加与采样开关相位相反的信号。图6.36就是一个带有虚拟MOS的开关电容器的例子。在该电路中，为了抑制MOS阈值的影响，采样MOS元件将NMOS和NMOS并联连接，相互的栅极输入互补信号。虚拟MOS也以互补方式工作，漏极和源极短路。时钟操作产生的寄生电容的电荷被虚拟开关吸收。

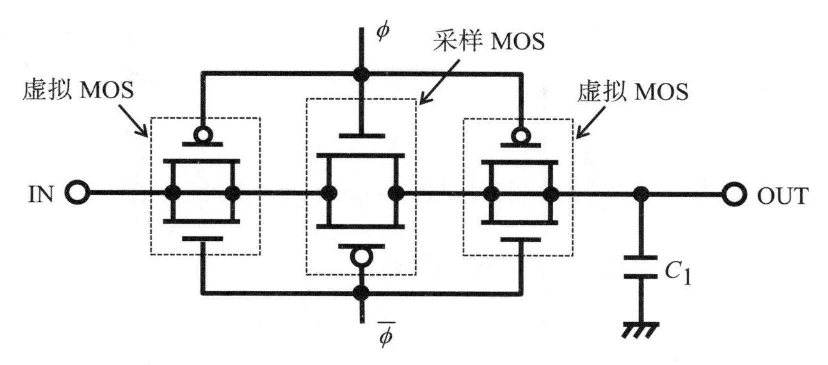

图6.36　安装虚拟MOS的开关电容器

前面提及采样MOS开关可以与等效电阻互换。该电阻产生的热噪声在解析开关电容时也很重要。此处，设等效电阻为R_{eq}，则热噪声为白噪声（均匀存在，没有频率依赖性）并由下式给出：

$$S_{th}(f) = 4kTR_{eq} \tag{6.71}$$

考虑到开关电容作为低通滤波器来工作，噪声可以通过乘以传递函数并在整个频带上进行积分来求得：

$$\overline{v_n^2} = \int_0^\infty S_{th}(f)\left|H(f)\right|^2 \mathrm{d}f = \int_0^\infty \frac{4kTR_{eq}}{1+\left(2\pi fCR_{eq}\right)^2}\mathrm{d}f = \frac{kT}{C} \tag{6.72}$$

由此式可以看出，在开关电容滤波器中，噪声仅由电容值决定。

图6.37为一个使用开关电容积分器的二级双二阶滤波器的示例电路，此电路被称为Fleischer&Laker双二阶滤波器，由非重叠的（不会同时开启）时钟信号

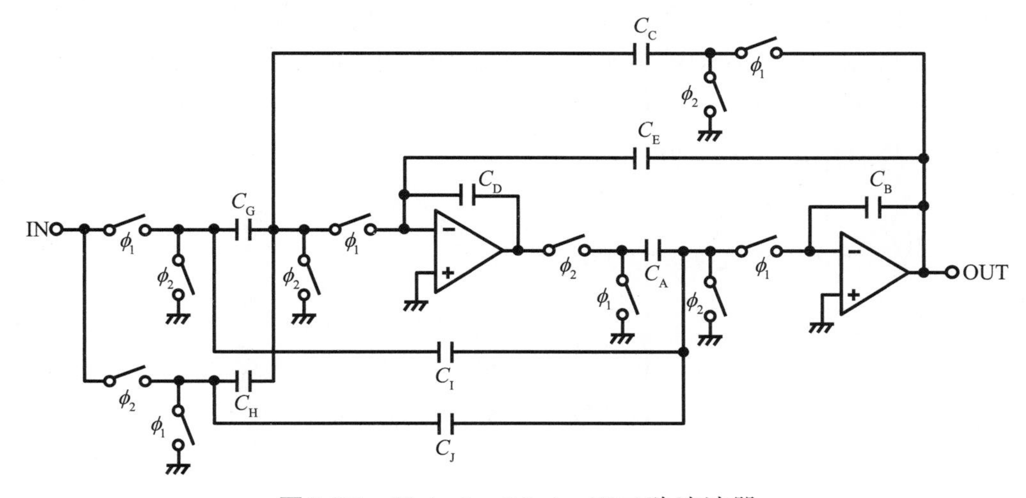

图6.37　Fleischer&Laker双二阶滤波器

ϕ_1和ϕ_2控制。通过对电容$C_A \sim C_J$进行适当设置，可以获得任意的二阶滤波器特性，其传递函数为：

$$H(z)=\frac{I+(C_G-C_I-C_J)z^{-1}+(C_J-C_H)z^2}{1+(C_C+C_E-2)z^{-1}+(1-C_E)z^{-2}} \tag{6.73}$$

6.3.2　占空比控制离散时间滤波器

有一种使用模拟g_m放大器和MOS元件，通过时钟信号的脉宽（占空比控制）来控制特性的电路方案被提出[10]。图6.38是跨导器（transconductor）的工作解说图，为简便起见，图中表示的是单相配置。

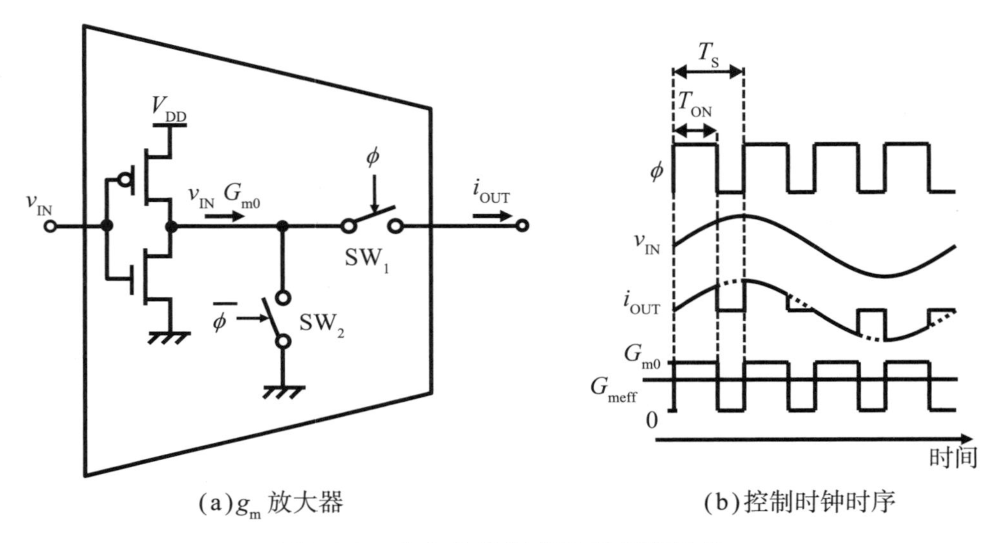

(a)g_m放大器　　(b)控制时钟时序

图6.38　占空比控制离散处理跨导器

该电路由一个使用高速和线性的CMOS逆变器的跨导电路，以及两个CMOS传输型开关电路（SW_1和SW_2）组成。开关SW_1和SW_2受时钟ϕ及其反相信号的控制，周期为T_S，时钟ϕ只在T_{ON}期间为高电平，时序图和电流波形如图6.38(b)所示。时钟的时序可以表示为：

$$\phi(t)=\begin{cases}1, & 0\leqslant t\leqslant T_{ON}\\ 0, & T_{ON}<t\leqslant T_S\end{cases} \tag{6.74}$$

当时钟ϕ处于高电平且SW_1开启时，跨导的输出电流流向下一级，而当时钟处于低电平时，SW_1关闭以切断流向下一级的电流，同时SW_2开启以防止跨导输出电流对寄生电容充电而导致故障发生，输出电流流向GND。

g_m放大器Q_{sig}的电荷转移量可由下式求得：

$$Q_{\mathrm{sig}}=\int_{kT_{\mathrm{S}}}^{(k+1)T_{\mathrm{S}}} G_{\mathrm{m0}}v_{\mathrm{IN}}(\tau)\times\phi\left(kT_{\mathrm{S}}+T_{\mathrm{ON}}-\tau\right)\mathrm{d}\tau=\frac{e^{j\omega T_{\mathrm{ON}}}-1}{j\omega}e^{j\omega(kT_{\mathrm{S}}-t)}G_{\mathrm{m0}}v_{\mathrm{IN}}(t)$$

（6.75）

这里采样时钟的频率相对于输入信号来说足够快时，如果g_{m}值为G_{m0}，那么时间平均的g_{m}值（G_{meff}）由（$T_{\mathrm{ON}}/T_{\mathrm{CLK}}$）$G_{\mathrm{m0}}$给出，$g_{\mathrm{m}}$值可以由采样时钟的占空比（$T_{\mathrm{ON}}$与$T_{\mathrm{CLK}}$的比率）来控制。

$$G_{\mathrm{meff}}=\frac{\overline{i_{\mathrm{sig}}}}{v_{\mathrm{IN}}}=\frac{e^{j\omega T_{\mathrm{ON}}}-1}{j\omega T_{\mathrm{S}}}e^{j\omega(kT_{\mathrm{S}}-t)}G_{\mathrm{m0}}\sim\frac{T_{\mathrm{ON}}}{T_{\mathrm{S}}}G_{\mathrm{m0}} \quad (6.76)$$

设热噪声系数为γ，则该电路频率Δf所对应的输入转换噪声为

$$\overline{v^{2}_{\mathrm{th}}}=\frac{4kT\gamma}{G_{\mathrm{m0}}}\Delta f \quad (6.77)$$

输出噪声电流为

$$\overline{i^{2}_{\mathrm{th}}}=\left|G_{\mathrm{meff}}\right|^{2}\overline{v^{2}_{\mathrm{th}}}=\left(\frac{T_{\mathrm{ON}}}{T_{\mathrm{CLK}}}G_{\mathrm{m0}}\right)^{2}\mathrm{sinc}^{2}\left(\frac{\omega T_{\mathrm{ON}}}{2}\right)\overline{v^{2}_{\mathrm{th}}} \quad (6.78)$$

由于频率高于$f_{\mathrm{S}}/2$的噪声被折返到奈奎斯特频率（$0<f<f_{\mathrm{S}}/2$）之内，因此

$$\begin{aligned}\overline{i^{2}_{\mathrm{n,OUT}}}&=\int_{0}^{\infty}\overline{i^{2}_{\mathrm{th}}}\,\mathrm{d}f\Big/\frac{f_{\mathrm{CLK}}}{2}\\&=8kT\gamma\frac{T_{\mathrm{ON}}}{\pi T_{\mathrm{CLK}}}G_{\mathrm{m0}}\Delta f\int_{0}^{\infty}\mathrm{sinc}^{2}\left(\frac{\omega T_{\mathrm{ON}}}{2}\right)\mathrm{d}\left(\frac{\omega T_{\mathrm{ON}}}{2}\right)\\&=4kT\gamma\left(\frac{T_{\mathrm{ON}}}{T_{\mathrm{CLK}}}G_{\mathrm{m0}}\right)\Delta f\end{aligned} \quad (6.79)$$

该噪声电流与$G_{\mathrm{meff}}=G_{\mathrm{m0}}$（$T_{\mathrm{ON}}/T_{\mathrm{S}}$）的模拟电路相同。

6.4 基带放大器

在基带部分，需要一个具有可变增益的中频放大器（IF-Amp）来维持ADC输入的恒定振幅。通常情况下，这种放大器使用差分配置，通过调整偏置电流、g_{m}和负载电阻来改变增益[13]。然而，由于MOS元件的g_{m}值与偏置电流的平方根成正比，因此很难实现模拟基带中所要求的20dB以上的增益变化。另一方面，

在改变放大器的源极简并电阻的电路中，增益调整是相对容易的，图6.39表示了一个差分增益可变放大器的示例电路。差分电路由PMOS组成，通过改变连接到源极的简并电阻的组合来改变增益。

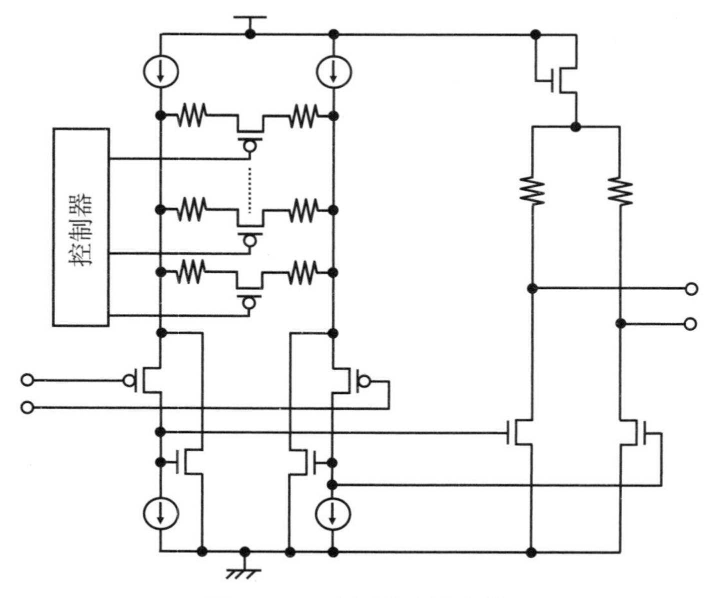

图6.39　可变增益放大器

参考文献

[1] 宮内一洋. フィルタの解析と設計. コロナ社, 2009.

[2] Arthur B. Williams. Analog Filter and Circuits Design Handbook. McGraw-Hill Education, 2010.

[3] Tahira Parveen. Textbook of Operational Transconductance Amplifier and Analog Integrated Circuits. I. K. International Publishing House Pvt. Ltd., 2009.

[4] Hongjiang Song. The Arts of VLSI Circuit Design: Symmetry Approaches Toward Zero PVT Sensitivity. Xlibris, Corp., 2011.

[5] Bram Nauta. ANALOG CMOS FILTERS FOR VERY HIGH FREQUENCIES. Kluwer Academic Publishers, 1993.

[6] Josk Silva-Martinez, Michel S. J. Steyaert, and Willy M. C. Sansen. A Large-Signal Very Low-Distortion Transconductor for High-Frequency Continuous-Time Filters. IEEE Journal of Solid-State Circuits, 1991, 26(7): 946-955.

[7] Mohammad Mehdi Farhad and Sattar Mirzakuchaki. A Second-Order Gm-C Continuous Time Filter in Mobile Radio Receiver Architecture. 2010 2nd international Conference on Education Technology and Computer (ICETC), 2010, 170-173.

[8] R. Bagheri, et al.. An 800MHz to 5GHz Software-Defined Radio Receiver in 90nm CMOS. IEEE International of Solid State Circuit Conference (ISSCC) Digest of Technical Papers, 2006, 480-481.

[9] R. B. Staszewski, et al.. All-Digital TX Frequency Synthesizer and Discrete-Time Receiver for Bluetooth Radio in 130-nm CMOS. IEEE Journal of Solid-state Circuits, 2004, 2278-2291.

[10] Masaki Kitsunezuka, Shinichi Hori, and Tadashi Maeda. A Widely-Tunable Reconfigurable CMOS Analog Baseband IC for Software-Defined Radio. IEEE Journal of Solid-State Circuits, 2009, 44(9): 2496-2502.

[11] 三谷政昭. 信号解析のための数学-ラプラス変換, z変換、DFT、フーリエ級数、フーリエ変換-. 森北出版, 1998.

[12] 足立修一. フーリエ変換 ラプラス変換、z変換. コロナ社, 2014.

[13] 浅田邦博, 松澤昭共編. アナログRF CMOS集積回路設計. 培風館, 2011.

[14] P. V. Ananda Mohan, V. Ramachandran, and M. N. S. Swamy. Parasitic-Compensated Single Amplifier SC Biquad Equivalent to Fleischer-Laker SC Biquad. IEEE Transactions on Circuits and Systems, 1986, CAS-33(4): 458-460.

第7章
接收机的设计

根据去除载波的下变频方法不同，无线电接收机主要分为超外差接收机（superheterodyne receiver）、低中频接收机（low-IF receiver）和直接变换接收机（direct conversion receiver）三种。

7.1 接收机架构

图7.1表示了一种超外差接收机架构，其中将接收信号转换为数百MHz频段的中频（IF），去除图像信号等无用波并进行增益调节，然后在IF频段再次进行下变频，接着进行解调。它的优点是动态范围大，接收性能好，但作为高Q值的带通滤波器，为了去除相对高频段的无用波，LNA电路和中频（IF）部分需要多个表面声波滤波器（surface acoustic waveguide filter）。但由于无法集成表面声波滤波器以及由于需要与IF级数相对应的振荡器（PLL）而导致的高功耗等问题，这种方法最近已经不被用于无线架构。

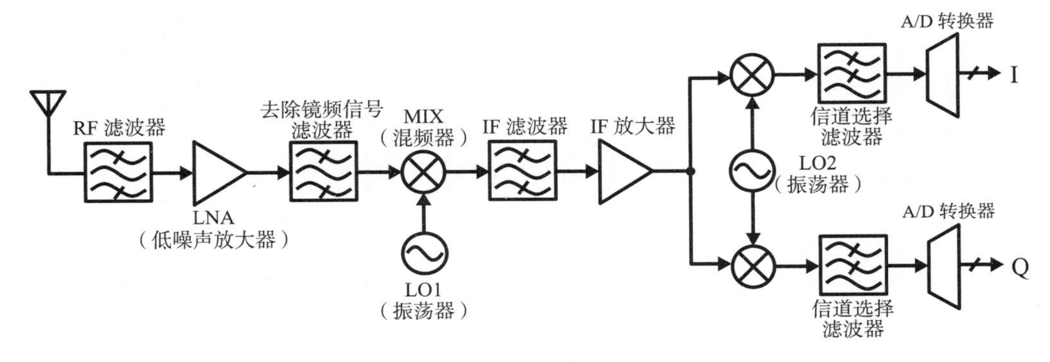

图7.1　超外差接收机架构

图7.2所示的滑动IF方法也以与超外差方法相同的方式执行多路下变频，区别在于在IF频段下变频的本地（LO）信号频率是从RF中的下变频LO信号频率中分频产生的。例如，有报道称，将用于下变频IF信号的频率设为RF信号的LO信号的1/4。这种方法不需要生成多个LO信号，另外，它的优点是不发生直流偏

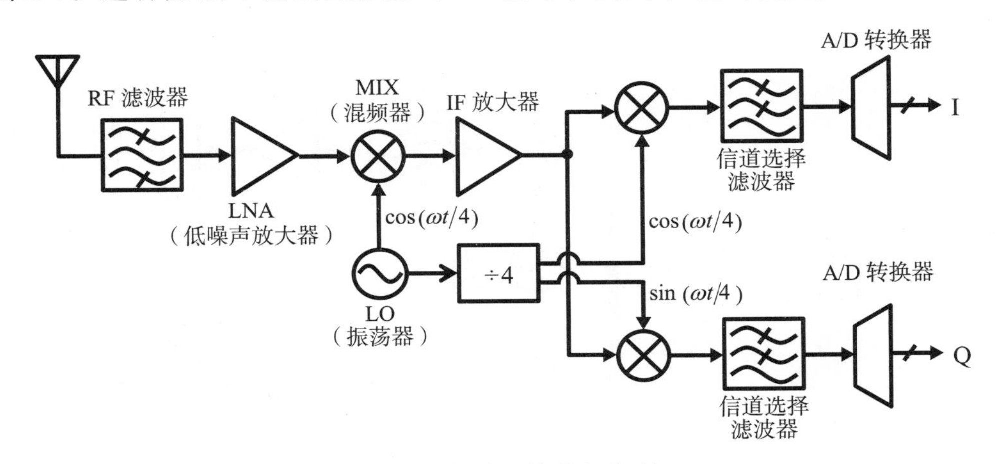

图7.2　滑动IF接收机架构

移，这是后面要讲述的直接变换方法中的一个问题，在毫米波波段收发机的开发中有很多报道[1, 2]。

图7.3所示的低中频方法与超外差法类似，接收的信号首先被下变频到中频段，然后被解调，但中频段频率被设置为靠近基带的较低频率（例如100kHz～1MHz）。这使得集成模拟IF滤波器电路成为可能。消除镜频信号是必要的，由于频率低，可以用半导体集成电路来实现。此外，它还可用于蓝牙等无线应用，这是因为它没有自混频等引起的直流偏移问题，而这一问题发生在后面要讲述的直接变换方法中[3]。

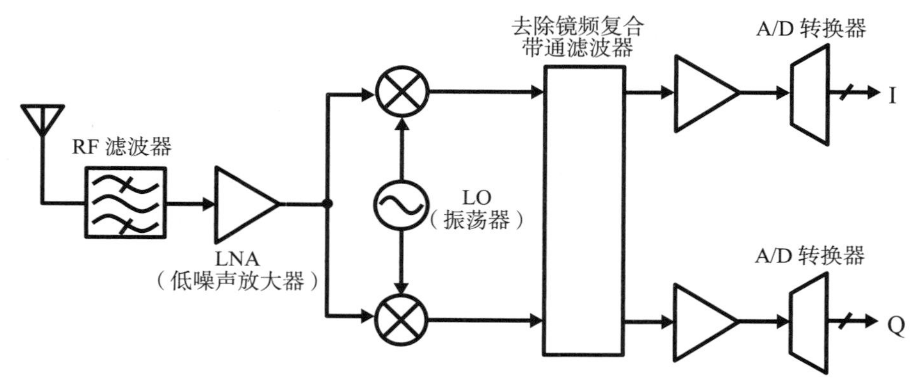

图7.3　低中频接收机架构

图7.4所示的直接变频接收架构是一种将接收到的射频信号通过单次下变频直接变换为基带信号的方法[4, 5]。这种方法不需要中频段或镜频抑制滤波器，因此常用于最近的无线系统，具有易于集成和低功耗等优点。后面将介绍直接变频接收机的整体设计、本系统应考虑的直流偏移消除以及针对闪烁噪声和二次失真的对策。

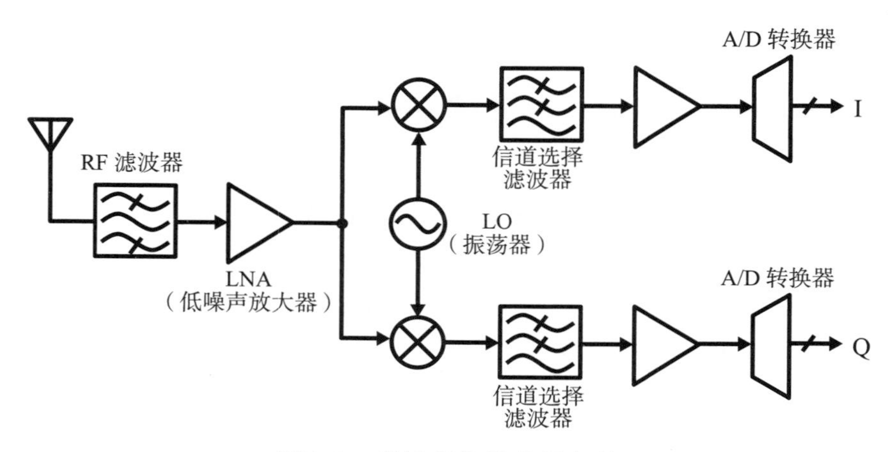

图7.4　直接变换接收机架构

首先说明一下无线电的最低接收灵敏度。假设无线电波在自由空间传播，接收天线上的信号电波的功率可以通过弗里斯传输公式得到。如果发射端功率为P_T，发射天线的绝对增益为G_T，发射机和接收机之间的距离为d，则接收天线位置的功率密度$P_D = P_T G_T/(4\pi d^2)$。另一方面，如果接收天线的绝对增益是G_R，接收天线的有效面积是$(\lambda/4\pi)G_R$，那么接收功率为[6]：

$$P_R = P_D \frac{\lambda^2}{4\pi} G_R = \left(\frac{\lambda}{4\pi d}\right)^2 G_T G_R P_T \quad (\mathrm{W}) \tag{7.1}$$

代入具体数值计算，如果射频频率为2.4GHz，假设为各向同性天线（绝对增益 = 1），当以0dBm的发射功率发射100m的距离时，衰减量为80dB，则接收端功率为−80dBm。在实际环境中，接收功率可能会因无线电波反射或衰退而进一步衰减，需要考虑10dB左右的余量，因此应假设最小接收功率为−90dBm。组成接收机的各个电路都需要高增益性能来进行频率转换，以能够将微弱信号放大到A/D转换器可以转换的电压电平。

另一方面，当距离接近1m时，接收功率变为−40dBm，这比发送和接收之间的距离为100m时高约50dB。当如此强的信号输入到电路中时，电路的非线性会造成输出信号饱和（输出振幅被削减）。图7.5以信号空间图表示了在最近的无线系统中使用的QAM调制信号的信号饱和状态。在本例中，RF信号以16QAM调制。当输入信号电平变高时，如果射频部分和基带部分的增益过大，会出现信号饱和，基带信号空间图无法再现原始信号，也就无法从解调信号中提取信息。

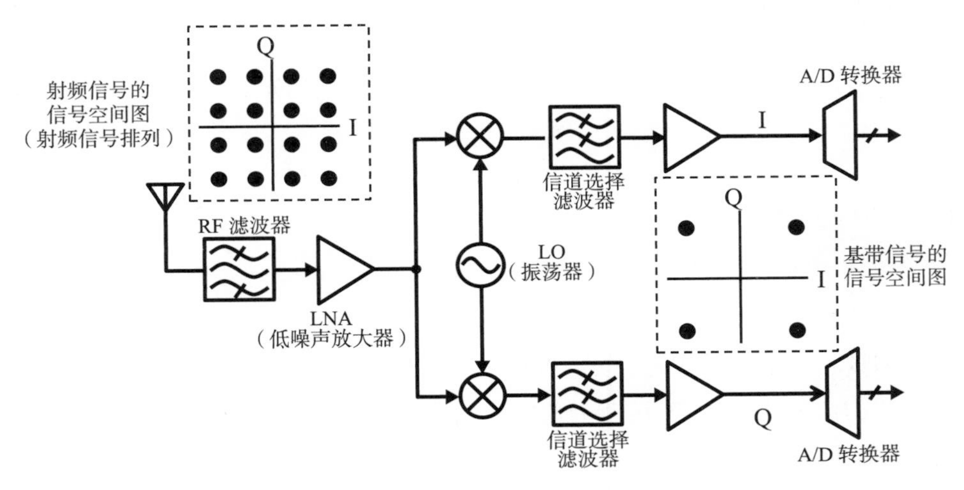

图7.5　接收信号饱和引起的信号空间图变化

图7.6显示了一个具有自动增益控制（AGC）功能的接收机配置，能够回避强信号输入时的信号饱和。在这种配置中，在数字信号处理部分产生一个增益控

制信号，以防止模拟电路工作在非线性区域。本例中用于增益控制的模块在高频部分是LNA电路，在模拟基带部分是VGA电路。

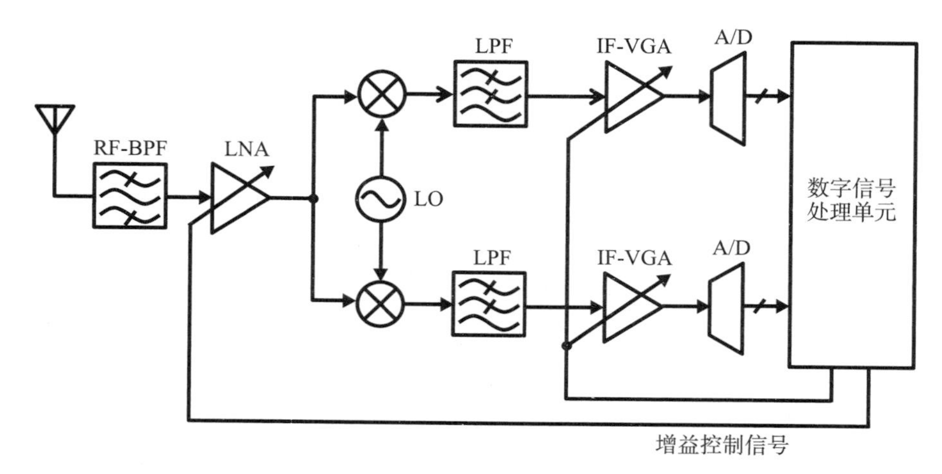

图7.6　接收机的可变增益配置示例

在本例中，每个电路的增益是根据输入信号强度来调整的，但调整量可以是阶梯式的。如果是阶梯式逐步调整的话，电路安装相对容易。阶梯式切换增益的条件一般是各电路达到1dB增益压缩点（$OP_{-1\text{dB}}$）时的输入功率。若1dB增益压缩点的输入功率为$IP_{-1\text{dB}}$，功率电路的增益为G的话，则$OP_{-1\text{dB}} = IP_{-1\text{dB}} + (G-1)$，因此，如果降低增益，即使输入功率很高，也可以避免输出饱和。

至于电路的非线性，三次谐波失真也影响到解调信号。考虑到施加干扰波和期望波等两个或多个信号的情况，随着输入信号强度的增加，由于这些信号的混合而产生的无用信号变得比期望波信号的输出大。由于输出电平OIP3（三次谐波失真截点）比$OP_{-1\text{dB}}$高10dB，所以通过在$OP_{-1\text{dB}}$切换增益（$IP_{-1\text{dB}}$）可以避免三次谐波失真。

7.2　电平设计

图7.7是一个进行电平设计的接收机电路的例子。设定系统是一个工作频率为2450MHz，最小接收功率为−95dBm，最大输入功率为−20dBm，可变增益范围为70dB，ADC动态范围为800mVpp，信号带宽为0.5MHz（−3dB带宽0.6MHz）的频移键控（frequency shift keying，FSK）系统。在FSK情况下，误码率10^{-3}所需的SNR为11dB[7]，因此最小接收功率所需的NF可通过式（2.8）计算求得：

$$NF_{\mathrm{RX@\text{-}95dBm}}(\mathrm{dB}) = -kT(\mathrm{dBm/Hz}) - 95(\mathrm{dBm}) - SNR_{\mathrm{FSK}} - 10\log(\mathrm{BW}) \\ = 174 - 95 - 11 - 10\log(0.6\times10^{6}) = 10(\mathrm{dB}) \tag{7.2}$$

根据该值，应该考虑余量来确定目标*NF*。如果预期有3dB的余量，则目标*NF*为7dB。

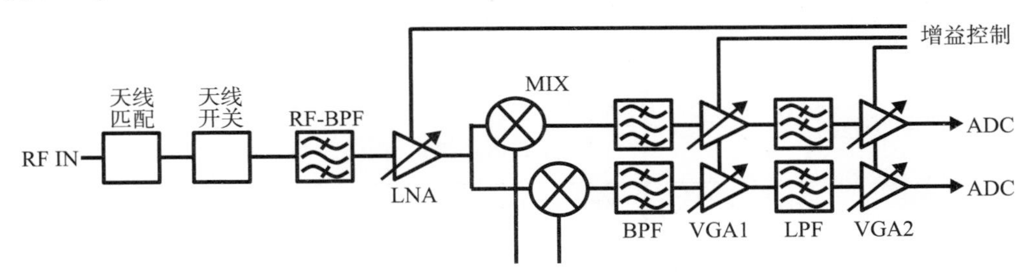

图7.7　接收机的电平设计用电路示例

在后面的示例中，LNA电路的增益变量为4级（-10dB～+20dB），步长为10dB；VGA1电路为4级（0～18dB），步长为6dB；VGA2电路为6级（0～25 dB），步长为5dB。每个模块电路的增益、*NF*、$OP_{-1\mathrm{dB}}$和*OIP*表示在表7.1中。在这个例子中，天线匹配电路的损耗被假定为-0.5dB，RF-BPF和天线开关的损耗被假定为-2.5dB，$OP_{-1\mathrm{dB}}$被假定为+50dBm。

表7.1　接收机的各电路特性表

		ANT. MATCH	BPF/SW	LNA	MIX	BPF	VGA1	LPF	VGA2	ADC
中心频率	MHz	2450	2450	2450	2450	3	3	0.5	0.5	0.5
-3dB带宽	MHz	100	100	100	100	1	1	0.6	0.6	0.6
单独电路增益	dB	-0.50	-2.50	+20 ～ -10	14.00	0.00	+18 ～ 0	0.00	+25 ～ 0	0.00
单独电路NF	dB	0.50	2.50	1.50	20.00	23.00	10.00	40.00	10.00	0.00
单独电路OP-1db	dBm	50.00	50.00	-20.00	-13.00	-14.00	-20.00	0.00	-20.00	0.00
单独电路OIP3	dBm	60.50	62.50	-10.00	-3.00	-4.00	-10.00	10.00	-10.00	0.00

级联电路的*NF*可由式（2.8）计算，表7.1中的LNA、VGA1和VGA2的最大增益为$G_{\mathrm{LNA}}=+20\mathrm{dB}$，$G_{\mathrm{VGA1}}=+18\mathrm{dB}$，$G_{\mathrm{VGA2}}=+25\mathrm{dB}$时，最好能降低至

$$
\begin{aligned}
NF_{\mathrm{RX}} = {} & NF_{\mathrm{ANT\_Match}} + NF_{\mathrm{BPF\_SW}} \\
& +10\times\log\left\{10^{(NF_{\mathrm{LNA}}/10)} + \frac{10^{(NF_{\mathrm{MIX}}/10)}-1}{10^{(G_{\mathrm{LNA}}/10)}} + \frac{10^{(NF_{\mathrm{BPF}}/10)}-1}{10^{(G_{\mathrm{LNA}}/10)}\times 10^{(G_{\mathrm{MIX}}/10)}}\right. \\
& + \frac{10^{(NF_{\mathrm{VGA1}}/10)}-1}{10^{(G_{\mathrm{LNA}}/10)}\times 10^{(G_{\mathrm{MIX}}/10)}\times 10^{(G_{\mathrm{BPF}}/10)}} \\
& + \frac{10^{(NF_{\mathrm{LPF}}/10)}-1}{10^{(G_{\mathrm{LNA}}/10)}\times 10^{(G_{\mathrm{MIX}}/10)}\times 10^{(G_{\mathrm{BPF}}/10)}\times 10^{(G_{\mathrm{VGA1}}/10)}} \\
& \left. + \frac{10^{(NF_{\mathrm{VGA2}}/10)}-1}{10^{(G_{\mathrm{LNA}}/10)}\times 10^{(G_{\mathrm{MIX}}/10)}\times 10^{(G_{\mathrm{BPF}}/10)}\times 10^{(G_{\mathrm{VGA1}}/10)}\times 10^{(G_{\mathrm{LPF}}/10)}}\right\} \\
= {} & 7.1(\mathrm{dB})
\end{aligned}
\tag{7.3}
$$

图7.8显示了从输入功率为−95dBm到−20dBm进行这种控制的结果。输入功率从−93dBm到−78dBm时控制VGA2的增益，从−69dBm到−48dBm控制LNA的增益，从−38dBm到−26dBm控制VGA1的增益。作为这种控制的结果，可以看到VGA2的输出几乎恒定在大约−20dBm（800m V_{pp}）。

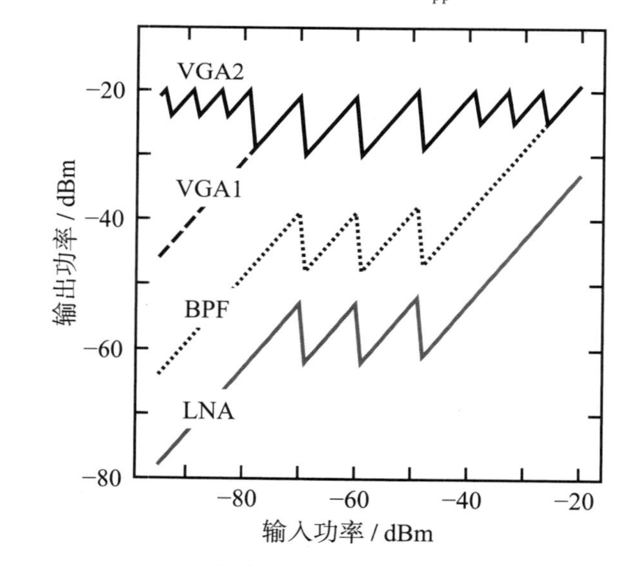

图7.8　接收机部分的增益控制实例

另一方面，整个接收机的噪声可以用与式（2.2）相同的方法计算，其中玻尔兹曼常数为k，绝对温度为T，每级的带宽为B，由于热噪声功率为kTB，所以

$$
NF = \frac{S_{\mathrm{IN}}/N_{\mathrm{IN}}}{S_{\mathrm{OUT}}/N_{\mathrm{OUT}}} = \frac{S_{\mathrm{IN}}}{S_{\mathrm{OUT}}}\times\frac{N_{\mathrm{OUT}}}{N_{\mathrm{IN}}} = \frac{1}{G}\times\frac{N_{\mathrm{OUT}}}{kTB} \tag{7.4}
$$

其中，G是电路增益。因此，电路的输出噪声N_{OUT}为：

$$N_{\mathrm{OUT}}=NF\times kTB\times G=kTB\times G+(NF-1)kTB\times G \tag{7.5}$$

所以n级级联电路的第n级的输出噪声$N_{\mathrm{n_OUT}}$可以由下式给出：

$$N_{n\_\mathrm{OUT}}=N_{n-1\_\mathrm{OUT}}\times G_n+(NF_n-1)kTB\times G_n \tag{7.6}$$

另外，如果各级的带宽不同，那么：

$$N_{n\_\mathrm{OUT}}=N_{n-1\_\mathrm{OUT}}\times\frac{B_n}{B_{n-1}}\times G_n+(NF_n-1)kTB_n\times G_n \tag{7.7}$$

根据此式，计算出接收机VGA2的噪声，*SNR*的计算结果如图7.9所示。

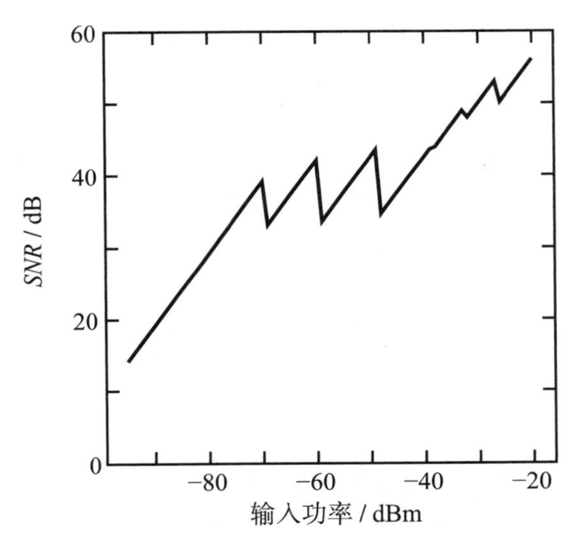

图7.9 接收机输出（VGA2输出）的*SNR*

由于接收机的*SNR*是由第一级的LNA（低噪声放大器）决定的，即使改变下一级的增益也不会降低*SNR*，而且*SNR*随着输入功率的增加而增加。从这个结果可以看出，即使调整增益以避免电路饱和，也能达到接收机解调所需的*SNR*。

7.3 模拟电路的缺陷对解调性能的影响

在设计整个接收机时，不仅要考虑各电路的饱和度，还要考虑组成接收机的电路中的缺陷的影响。缺陷包括电路之间的信号泄漏、VCO产生的相位波动、IQ信号之间的相位偏移以及振幅误差等。所有这些因素都会降低解调性能，必须采取对策。

首先，将就接收机中进行频率转换的电路之间的信号泄漏进行讲解。图7.10表示了VCO和RF（射频）前端电路之间的信号包络情况，其原因是：

（1）由接线间电容或MOS元件的寄生电容等造成的电容耦合。

（2）由半导体基板的电阻成分造成的耦合。

（3）由键合线造成的电感耦合。

图7.10(a)显示了由于上述耦合作用，VCO信号出现在LNA的输入或输出端的情况。如果在混频器输入端混入与VCO相同的频率，它将在下变频信号中表现为一个直流分量（直流偏移）。特别是，绕到LNA输入端的信号被LNA放大，所以对接收性能的影响很大。图7.10(b)则相反，表示了LNA输出信号与VCO的耦合。在这种情况下也同样会在混频器下变频后出现直流偏移。因为直流偏移与强输入的情况相同，会导致信号饱和并降低解调性能，所以采取对策很重要。

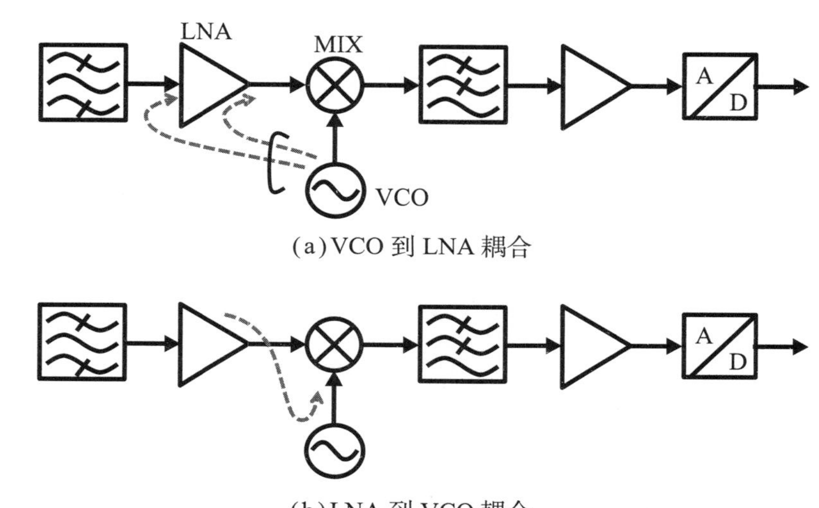

(a) VCO 到 LNA 耦合

(b) LNA 到 VCO 耦合

图7.10　接收机中的信号耦合

作为在模拟电路去除直流分量的例子，有图7.11所示的电路。图7.11(a)显示了在信号路径中插入高通滤波器的电路。以去除DC分量为目的而使截止频率接近DC的话，需要非常大的电容，因此不现实。类似地，即使在使用图7.11(b)所示反馈电路的电路中，也需要大电容以免影响下变频后的所需波形信号分量。在这种情况下，近些年的接收机主要使用来自数字基带的控制信号来调整直流偏移。

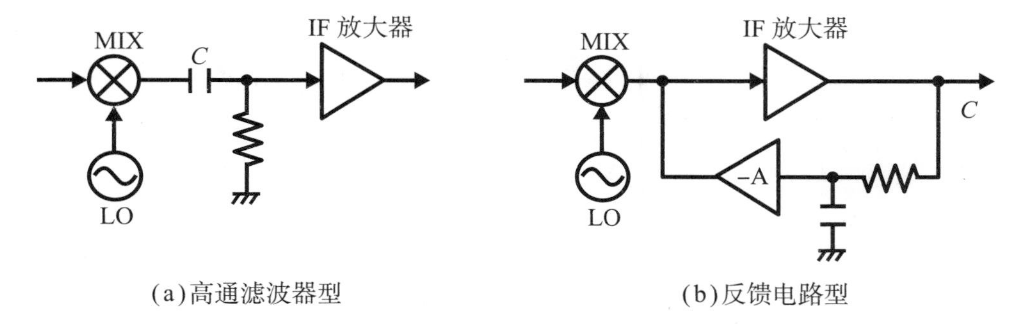

(a)高通滤波器型　　(b)反馈电路型

图7.11　通过模拟电路消除直流偏移

在直接变换方式中，由于图7.12所示正交混频器中使用的90°移相器的相移，以及IQ通道之间的路径长度偏移等原因，造成IQ信号不完整（相位差不再是90°或振幅偏移）。现在，设RF输入信号$a(t)$的角频率为ω_c、调制信号为$m(t)$，初始相位角为ϕ，那么

$$a(t)=A\cos\left(\omega_c t+m(t)+\phi\right) \tag{7.8}$$

如果输入到正交混频器的本地信号不完整，振幅误差为$\pm\varepsilon/2$，相位误差为$\pm\theta/2$的话，则

$$\begin{aligned}x_{LO,I}(t)&=\left(1+\frac{\varepsilon}{2}\right)\cos\left(\omega_c t+\frac{\theta}{2}\right)\\x_{LO,Q}(t)&=\left(1-\frac{\varepsilon}{2}\right)\sin\left(\omega_c t-\frac{\theta}{2}\right)\end{aligned} \tag{7.9}$$

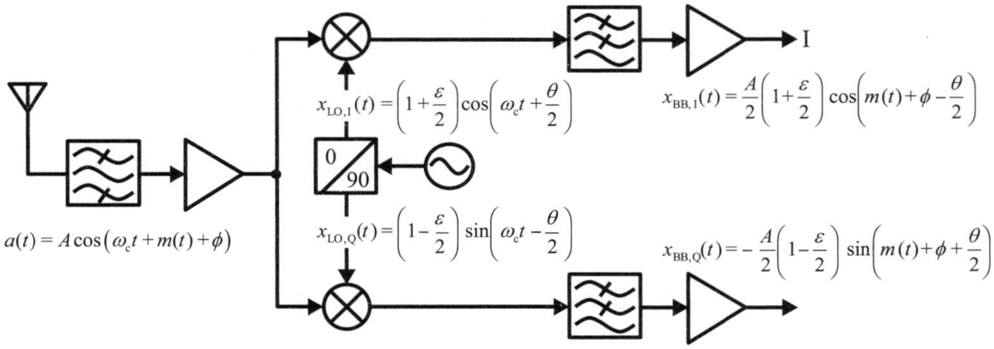

I

$x_{LO,I}(t)=\left(1+\frac{\varepsilon}{2}\right)\cos\left(\omega_c t+\frac{\theta}{2}\right)$

$x_{BB,I}(t)=\frac{A}{2}\left(1+\frac{\varepsilon}{2}\right)\cos\left(m(t)+\phi-\frac{\theta}{2}\right)$

0 / 90

$a(t)=A\cos\left(\omega_c t+m(t)+\phi\right)$

$x_{LO,Q}(t)=\left(1-\frac{\varepsilon}{2}\right)\sin\left(\omega_c t-\frac{\theta}{2}\right)$

$x_{BB,Q}(t)=-\frac{A}{2}\left(1-\frac{\varepsilon}{2}\right)\sin\left(m(t)+\phi+\frac{\theta}{2}\right)$

图7.12　正交混频器中的IQ失配

从这些信号相乘的结果也就是混频器的输出中，用低通滤波器去除高频成分后的信号为：

$$
\begin{aligned}
x_{\mathrm{BB,I}}(t) &= \frac{A}{2}\left(1+\frac{\varepsilon}{2}\right)\cos\left(m(t)+\phi-\frac{\theta}{2}\right) \\
x_{\mathrm{BB,Q}}(t) &= -\frac{A}{2}\left(1-\frac{\varepsilon}{2}\right)\sin\left(m(t)+\phi+\frac{\theta}{2}\right)
\end{aligned}
\tag{7.10}
$$

下变频后的IQ信号中会发生相位和振幅偏移。这一IQ信号的信号空间图的变化情况如图7.13所示，分为相位偏移和振幅偏移。相位偏移是指在信号空间图中旋转的信号点的移动。另一方面，振幅偏移表现为信号点在信号空间图上的水平或垂直移动，信号点从其原始位置的移动减少了解调时的噪声裕度，降低了错误率。由于近些年的无线系统使用了如QAM等先进的调制方式，IQ信号的不平衡性大大降低了解调性能。

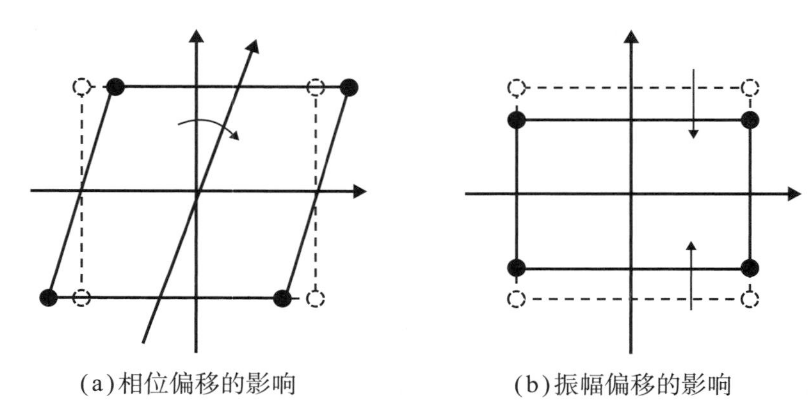

(a)相位偏移的影响　　(b)振幅偏移的影响

图7.13　正交混频器IQ失配对信号空间图的影响

由于仅使用模拟电路很难调整这种缺陷，所以近年来，人们使用数字基带的校正信号进行调整。具体来说，已经提出了一种方案，即输入一个已知的先导信号，从与预期解调信号的差值中推定出振幅误差和相位误差，然后执行一个消除误差的处理或者生成一个发送给模拟部分的修正控制信号等[8~12]。

参考文献

[1] Behzad Razavi. A Millimeter-Wave CMOS Heterodyne Receiver With On-Chip LO and Divider. IEEE Journal of Solid-State Circuits, 2008, 43(2): 477-485.

[2] S. Bozzola1, D. Guermandi, F. Vecchi, M. Repossi, M. Pozzoni, A. Mazzanti and F. Svelto. A Sliding IF Receiver for mm-wave WLANs in 65nm CMOS. Technical digest of IEEE 2009 Custom Intergrated Circuits Conference (CICC), 2009, 669-672.

[3] Kenichi Agawa, Hideaki Majima, Hiroyuki Kobayashi, Masayuki Koizumi, Shinichiro Ishizuka, Takeshi Nagano, Makoto Arai, Yutaka Shimizu, Go Urakawa, Nobuyuki Itoh, Mototsugu Hamada, and Nobuaki Otsuka. A-90dBm Sensitivity 0.13m CMOS Bluetooth Transceiver Operating in Wide Temperature Range. Technical digest of IEEE 2007 Custom Intergrated Circuits Conference (CICC), 2007, 655-658.

[4] Li Lin, Naratip Wongkomet, David Yu, Chi-Hung Lin, Ming He, Brian Nissim, Steven Lyuee, Paul Yu, Todd Sepke, Shervin Shekarchian, Luns Tee, Paul Muller, Jonathan Tam, Thomas Cho. A fully integrated 2 × 2 MIMO dual-band dual-mode direct-conversion CMOS transceiver for WiMAX/WLAN applications. IEEE International of Solid State Circuit Conference (ISSCC) Digest of Technical Papers, 24.5, 2009, 416-417.

[5] Tadashi Maeda, Noriaki Matsuno, Shinichi Hori, Tomoyuki Yamase, Takashi Tokairin, Kiyoshi Yanagisawa, Hitoshi Yano, Robert Walkington, Keiichi Numata, Nobuhide Yoshida, Yuji Takahashi, and Hikaru Hida. A Low-power Dual-band Triple-mode WLAN CMOS Transceiver. IEEE Journal of Solid-State Circuits, 2006, 41(11): 2481-2490.

[6] 岩井誠人, 前川泰之, 市坪信一. 電波伝搬. 朝倉書店.

[7] 式部幹, 田中公男, 橋本秀雄. 大学課程情報伝送工学. オーム社.

[8] Francois Horlin and Andre Bourdoux. Digital Compensation for Analog Front-Ends. A John Wiley & Sons, Ltd, Publication, 2008.

[9] Tim Schenk. RF Imperfections in High-rate Wireless Systems Impact and Digital Compensation. Springer Science, 2010.

[10] A. Schuchert, R. Hasholzner, and P. Antoine. A novel IQ imbalance compensation scheme for the reception of OFDM signals. IEEE Trans. Consum. Elect., 2001, 47(3): 313-318.

[11] E. Tsui and J. Lin. Adaptive IQ imbalance correction for OFDM systems with frequency and timing offsets. in Proc. IEEE Global Telecommun. Conf., 2004, 4004-4010.

[12] A. Tarighat, R. Bagheri, and A. H. Sayed. Compensation Schemes and Performance Analysis of IQ imbalances in OFDM Receivers. IEEE Trans. on Sign. Proc., 2005, 53(8): 3257-3268.

第8章 发射机的设计

8.1 收发机的整体配置

第四代（4G/LTE）手机必须能够支持全球所有的4G/LTE通信系统，以及3.5代HSPA+、3代WCDMA和TD.SCDMA、2.5至2.75代EDGE和EDGE-EVO、第二代GSM等，必须内置多个接收机系统以实现多样性。此外，随着用户数量的增加和通信量的增大，各种通信方式所使用的频段范围为800MHz频段、900MHz频段、1.5GHz频段、1.7GHz频段、1.9GHz频段、2GHz频段等。例如，发射和接收按频率分开的FDD-LTE对应频段1～21、23～25；发射和接收按照时间切换的TDD-LTE对应频段33～41；CDMA的频段对应0、1、6、15；WCDMA的频段对应1～21、24、25；TD-SCDMA对应频段34、39；EGPRS频段对应GSM、EGSM、DCS、PCS。因此，无线终端收发机必须多频段化，以能够利用更多频段。今后除了计划分配给第五代系统的3.6GHz～4.1GHz和4.5GHz～4.8GHz频段外，还需要支持27GHz～29.5GHz频段。

图8.1是一个多频段收发机的例子，各个频段的切换由天线开关（antenna switch）执行，各个频段的发射和接收切换采用双工器（duplexer）。发射系统中的功率放大器（PA）和接收系统中的低噪声放大器（LNA）使用单独的IC。在这个例子中，相应的频率是频段1（1920MHz～1980MHz为上行频率（UL），即从移动终端到基站的信号；2110MHz～2170MHz为下行频率（DL），即从基站到移动终端的信号），频段3（1710MHz～1785MHz为上行频率，1805MHz～1880MHz为下行频率），以及频段19（830MHz～845MHz为上行频率，875MHz～890MHz为下行频率）。本图中只表述了三个频段，但实际的手机则支持更多的频段。

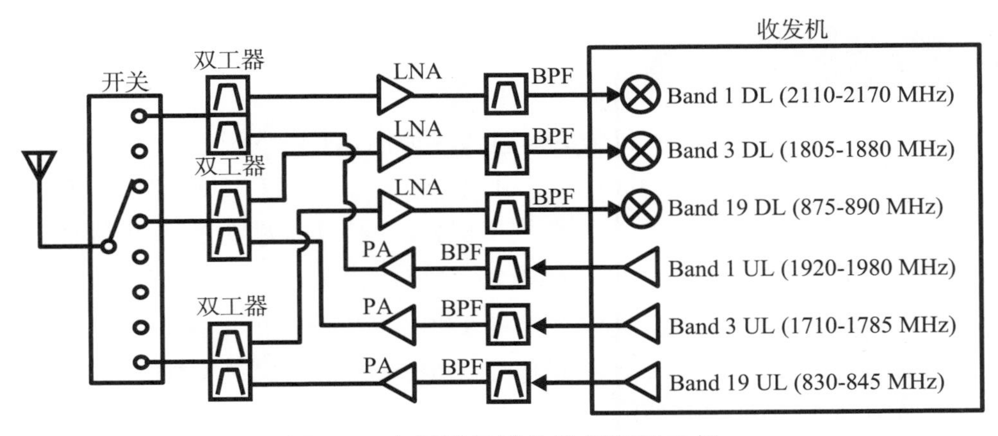

图8.1　多频段无线收发机配置示例

8.2 发射机性能指标

发射机性能指标包括输出功率、频率稳定性、占用带宽、邻道泄漏比（adjacent channel leakage ratio，ACLR）、杂散发射、发射机噪声、发射功率偏差、发射互调、误差矢量幅度等[1, 2]。在这一节中，将讨论最重要的性能指标：邻道泄漏比、杂散发射和误差矢量幅度。

在无线发射和接收中，为了使多个用户同时通信，将可用的频率范围划分为称为“信道”的单位。发射信号泄漏到正在使用的信道相邻频段的功率称为邻道功率（adjacent channel power，ACP），邻道功率与发射信道功率的比值称为邻道泄漏比（ACLR）。导致功率泄漏到相邻信道的主要原因是振荡器（PLL）的相位噪声和功率放大器的失真。

杂散发射是指必要带宽之外的一个或多个频率的发射。严格来说，杂散发射是指以信道频带中心频率 ± 250%的频率为边界，从信道带外到这个边界定为带外区域，在其外侧的区域定为杂散区域时，该区域的无用发射被定义为杂散发射。法律严格规定了杂散发射的容许值。杂散发射的允许值在所有频率上都不是恒定的，会因频带而异，并且由频谱模板定义。

误差矢量幅度（error vector magnitude，EVM）是指构成数字调制波每个信号点的IQ平面上的点偏离其理想位置的程度。EVM的计算方法是：取理想点和实测点之间距离的平方，在所有的点上取平均值，然后除以平均功率，以百分比或dB表示。由于误差矢量幅度受上变频用的LO信号的相位噪声支配影响，所以开发低相位噪声的LO十分重要。

8.3 发射机架构

在手机中，需要对一个阻抗为50Ω的天线提供1W（+30dBm）的功率，此时PA的输出信号振幅为10V（$20V_{pp}$）。组成收发机的微细CMOS器件没有足够的耐压来处理这种大振幅，因此不能直接集成PA。可以通过在PA输出级的匹配电路上使用变压器等进行阻抗转换来降低PA输出所需的振幅，但会产生变压器的损耗，所以一般不使用。图8.2显示了由PA和收发机组成的电路示例，该收发机由GaAsHBT和SiGeHBT等双极晶体管和LDMOS（横向扩散MOS）等高耐压器件组成。收发机的发射部分的构成方式是：数字基带信号被D/A转换器转换为模拟IQ信号后，由呈90° 相位差的正交LO信号（sin/cos信号）进行上变频并合成之后生成RF（射频）信号，因为经过一次上变频转换生成RF（射频）信号，所以称为直接变换式。收发机的发射部分还集成了驱动放大器（DA），它是功率放大器的第一级放大器。这种方法的优点是，由于没有中频（IF），所以功耗低；由于使用的频率比其他方式少，所以产生的杂散少。但是由于驱动放大器的输出相对较高，约为0dBm，因此存在一些问题，例如由于线间电容和基板耦合导致的VCO频率波动的频率牵引现象。为此，在集成电路的布局设计中，必须注意防止基板耦合，例如，采用三孔结构，安装保护环，并将振荡器和驱动放大器位置分开等。

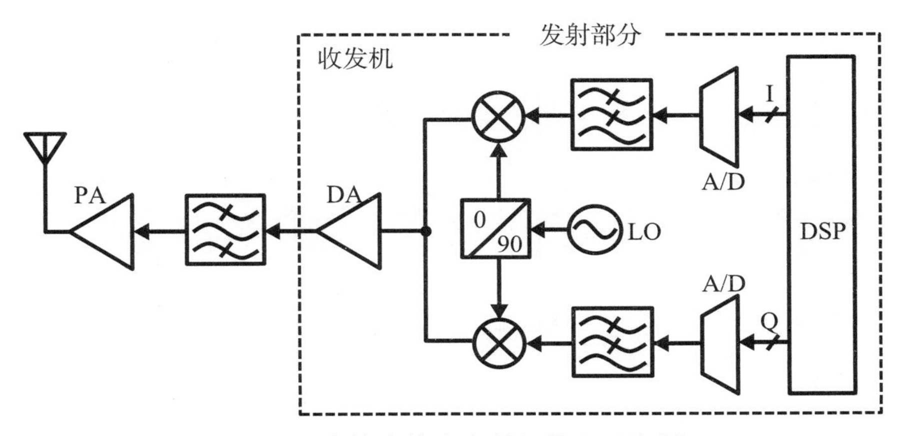

图8.2 直接变换式发射机的配置实例

图8.3是发射机配置的例子，由一个执行两次频率转换的超外差收发机发射部分和一个PA组成。在此配置中，转换后的模拟IQ信号，由一个与L01信号呈90°相位差的正交信号进行上变频以及合成，被转换成频率相对较高的中频（IF）带频率。为去除此时产生的镜频信号，连接了一个高Q值带通滤波器。然

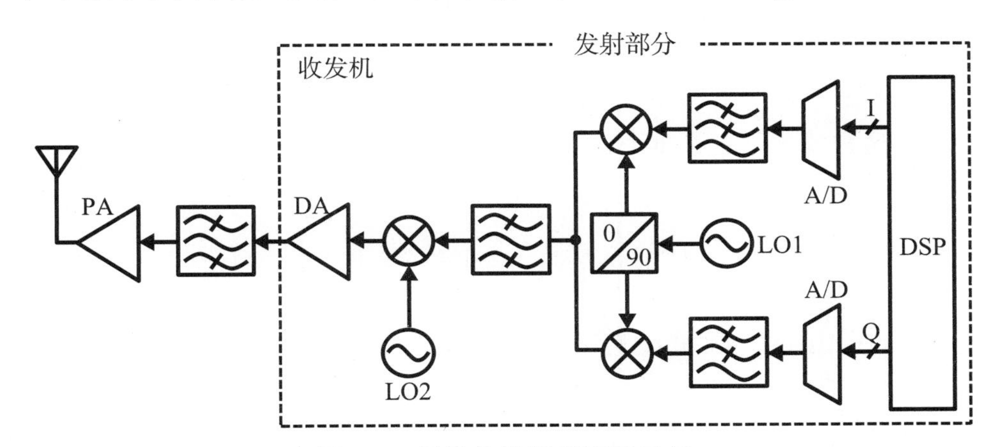

图8.3 超外差发射机配置示例

后利用L02信号将该信号上变频为射频信号。这种方法的优点是不使用与DA输出相同频率的LO（VCO）信号，因此不会发生LO牵引，但由于需要两个中频带电路和两个LO发生器，因此存在功耗大的问题。

图8.4表示了一个称为偏移式PLL系统的发射机配置的例子。与直接变换法相同，模拟IQ信号经过一次上变频被转换成RF信号，但不同的是，LO信号是由两个不同频率的振荡器合成产生的。由于此方法没有与DA输出频率相同频率的振荡器，因此可以避免LO牵引，但存在出现杂散的问题。

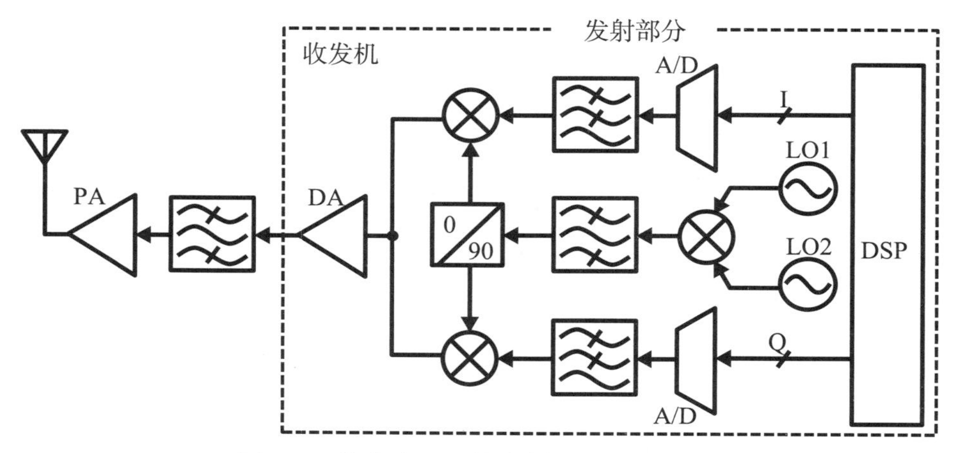

图8.4　偏移式PLL的发射机的配置实例

8.4　发射信号对接收性能的影响（SAW滤波器的必要性）

使用双工器分离发射和接收的FDD方法中，有时需要在功率放大器之后安装一个高频带通滤波器，以防止发射电路产生的噪声对接收频段的接收特性（NF特性）造成影响（对接收方的干扰）。由于发射频率和接收频率通常为比较接近的值，因此这种滤波器需要非常高的Q值，一般采用声表面波（SAW）滤波器。

图8.5是用于系统级噪声分析的无线电框图[3]。这一无线电包括一个用于波段切换的天线开关（TX波段插入损耗$S_{\text{TX-OUT}}$（dB））、一个用于发送/接收切换的双工器（TX波段损耗$D_{\text{TX-OUT}}$（dB），$T_{\text{X-RX}}$隔离$D_{\text{TX-RX}}$（dB））、一个功率放大器（增益G_{PA}（dB），RX波段噪声为$N_{\text{PA-Rx}}$（dBm））、一个声表面波带通滤波器（TX波段损耗G_{TX}（dB），RX波段衰减$G_{\text{TX-RX}}$（dB））和一个收发机。收发机的驱动放大器（DA）的输出功率为P_{DA}（dBm），RX波段噪声为$NF_{\text{TX-RX}}$（dBc/Hz）。收发机的接收部分从低噪声放大器（LAN）到模拟基带都是集成的。

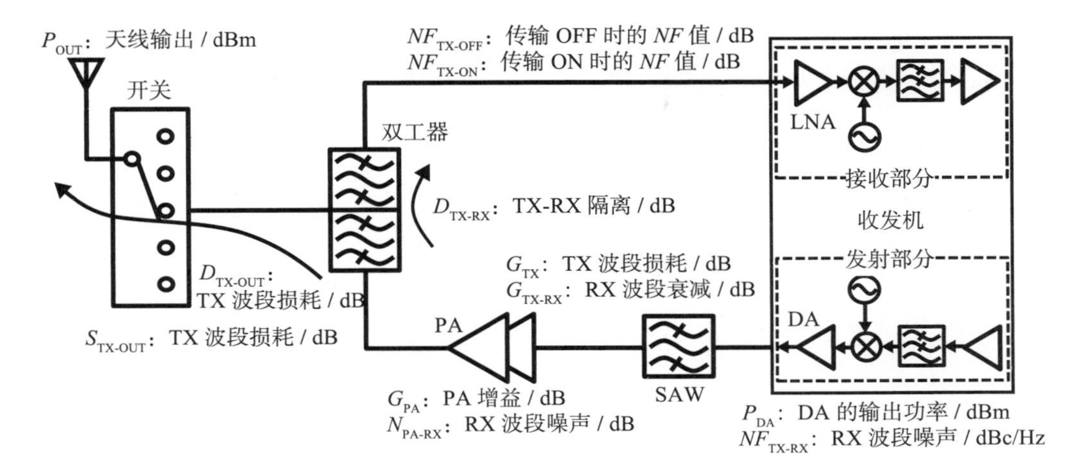

图8.5 系统级噪声分析的无线电框图

此时，如果设RX波段信号带宽为BW（Hz），考虑到TX信号的增益，那么通过SAW滤波器和PA的收发机的RX波段噪声N_{TX-RX_PAout}（dB）可以表示为：

$$N_{TX-RX\_PAout}(dB)=NF_{TX-RX}+G_{TX-RX}+10\log(BW)+P_{DA}+G_{TX}+G_{PA} \quad (8.1)$$

另外，在双工器之前的RX频带噪声是与PA的RX频带噪声N_{pA-RX}的总和，因此

$$N_{RX\_PAout}=10\log\left(10^{N_{TX-RX\_PAout}/10}+10^{N_{PA-RX}/10}\right) \quad (8.2)$$

考虑到RX频带内的噪声只被双工器D_{TX-RX}的TX-RX隔离所抑制，当TX信号为OFF时，接收机NF的收发机输入端的噪声N_{RX}为：

$$N_{RX}=10\log\left[10^{(N_{RX\_PAout}-D_{TX-RX})/10}+10^{[-174+10\log(BW)+NF_{TX-OFF}]/10}\right] \quad (8.3)$$

因此，如果假设S_{RX}是开关的RX波段插入损耗，D_{RX}是双工器的RX波段损耗，从天线的角度来看，整个系统的NF值由下式给出：

$$NF(dB)=N_{RX}+174-10\log(BW)+S_{RX}+D_{RX} \quad (8.4)$$

在这里，以宽带码分多址（wideband code division multiple access，WCDMA）为例，代入具体数值来解释噪声的影响。WCDMA是一个以QPSK为主要调制方式，以码分多址（CDMA）为辅助调制方式的系统。在这一系统中，基带比特率是一个12.2kbps的窄带信号，它通过CDMA编码扩展在3.84MHz带宽上进行扩频。这种扩频后的数据速率称为码片速率，描述为3.84Mcps。通过对信号进行编码扩展，即使干扰波大于所需波，也可以通过逆向扩展只提取出所需波，使干扰波扩散出去，从而解调信号。这种处理对信噪比的影响被称为处理增

益（processing gain），它可以通过将码片速率除以比特率来计算。如果比特率为12.2kbps，码片速率为3.84Mcps，则可以求得处理增益G_p（dB）为25dB[4,5]。

假定解调后误码率为10^{-3}，则目标信噪比E_b/N_0为7dB，但目标信噪比可以通过处理增益来缓和，即

$$SNR(\text{dB}) = E_b/N_0 - G_p = -18(\text{dB}) \tag{8.5}$$

如果最小接收灵敏度为−117dBm，则目标NF可求得为：

$$NF = 174 + P_{\text{in,min}} - 10\log(B) - SNR = 9(\text{dB}) \tag{8.6}$$

接下来，如图8.6所示，当发射功率目标为+30dBm时，作为收发机发射部分的驱动性能，设输出功率为+3dBm，RX频带噪声$NF_{\text{TX-RX}}$为−150dBc/Hz。当SAW滤波器的TX频段损耗为1dB，RX频段衰减为30dB，PA增益为30dB，RX频段噪声$N_{\text{PA-RX}}$为−70dBm@3.84MHz时，可求得收发机噪声造成的PA输出分量中的噪声为-82.1dBm，SAW滤波器抑制了收发机输出中的RX带噪声，可以看出大部分噪声由PA产生的分量所占据。由于此噪声分量在双工器衰减了45dB，因此接收机输入端的噪声电平为−104.7dBm。当收发机中接收端自身的NF值（$NF_{\text{TX-OFF}}$）为3dB，开关和双工器的RX带损耗合计为3dB时，可以看出发射信号输出时的NF值（$NF_{\text{TX-ON}}$）为6.45dB，满足了9dB的目标。发射功率在收发机端用功率放大器从+3dBm放大30dB，但SAW滤波器、双工器和开关各有1dB的损耗，因此在天线端可以获得30dBm的目标值。

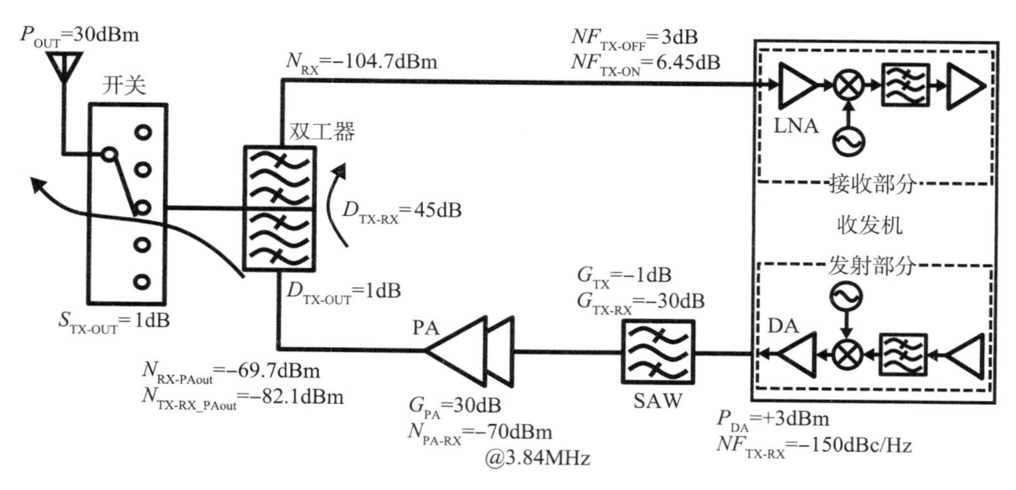

图8.6 带有SAW滤波器的无线电TX噪声

接下来，没有SAW滤波器时接收机的NF可按照图8.7来计算。对于收发机的输出，因为没有必要预估SAW滤波器的损耗，所以设置为+2dBm。收发机的RX

频带噪声在PA输出端为-52.2dBm，可以看出PA输出端的噪声分量以收发机噪声为主。即使通过双工器抑制了RX频段噪声，接收机输入端的噪声为-96.5dB，输出传输信号时的NF值为14.7dB，说明无法达到目标。

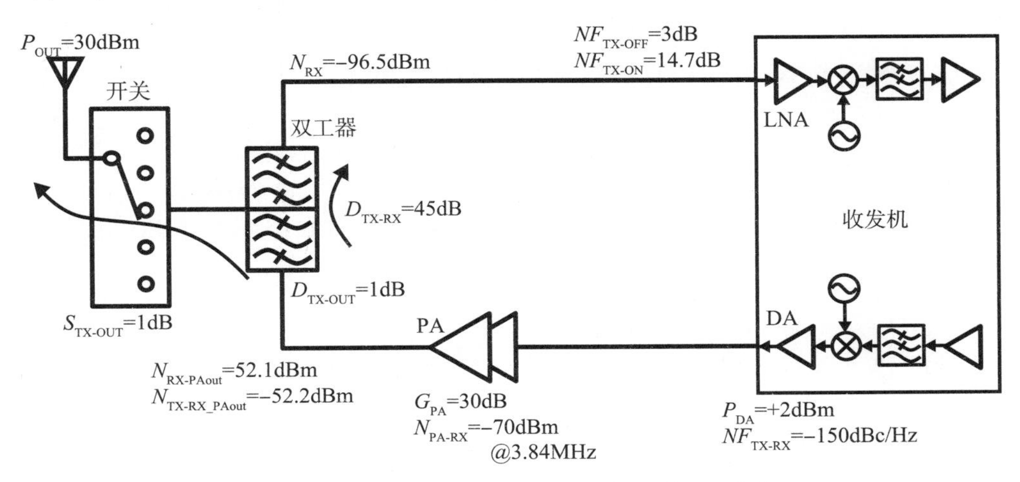

图8.7 没有SAW滤波器的无线电的TX噪声

为了降低输入噪声，在没有SAW滤波器的情况下也能够使接收机NF小于9dB的目标值，有必要使用具有高隔离性能的双工器，或降低收发机的RX频带噪声。由于具有高隔离性能的双工器价格昂贵，因此尝试在不使用双工器的情况下，可以在多大程度上降低收发机输出（DA输出）的RX频段噪声，达到RX频段的目标NF。如果收发机输出端的RX频段噪声为-162dBc/Hz，如图8.8所示，可以看到，接收机输入端的噪声可以降低到-103.4dBm，NF值为7.8dB，能够实现低于目标值。

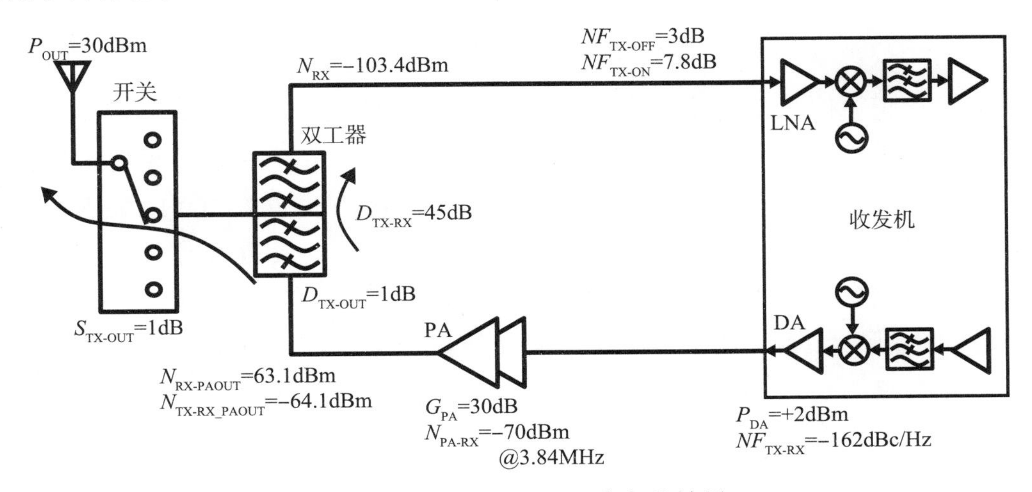

图8.8 降低收发机DA噪声的效果

8.5　低噪声驱动放大器设计

收发机发射部分的驱动放大器（DA）输出端RX频段的噪声主要是由TX上变频混频器（以下简称调制器）的信号切换噪声引起的。降低噪声方法有各种方案，例如切换调制器的IQ-LO信号时降低噪声的电路、导入片上滤波电路等。

图8.9(a)表示了在WCDMA发射机中作为调制器，在双平衡混频器的差分对开关之间设置用于绕过基带电流($i_b + i$)的开关的结构[6]。如图8.9(b)的时序图所示，在LO信号切换期间，使基带电流变化为零，从而减少差分电路同时ON时产生的噪声成分。此外，差分部分的寄生电容中积累的电荷在相应的频率分量上与电感串联谐振并被移除，以避免产生与LO信号同时ON时相同的效果。据文献报道，这种配置可以将RX频段的噪声成分降低到–156dBc/Hz。

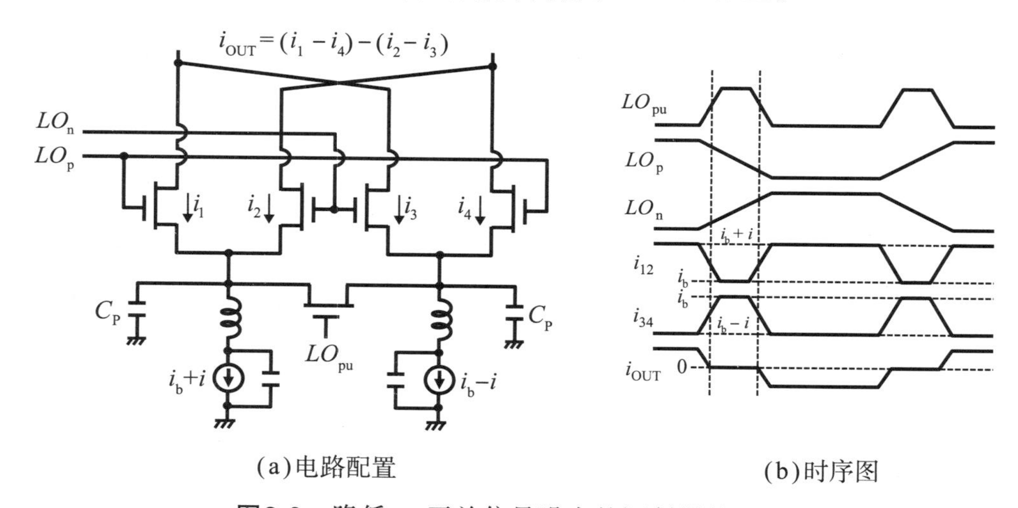

(a)电路配置　　(b)时序图

图8.9　降低LO开关信号噪声的调制器的配置

在直接变频传输架构中，DA输出信号会引起LO牵引，因此采用了一种配置，将2倍RF频率振荡的振荡器信号分频成LO信号。这时候分频器带来的非常大的噪声成分也是一个问题。图8.10显示了FDD方式中WCDMA发射机的低噪声调制器开发示例[7, 8]。该电路如图8.10(a)所示，具有调整相位的结构，使得在分频器信号的切换时刻不发生电流路径切换。当分频器信号切换时，如图8.10(b)所示，LO信号不发生切换，分频器噪声不会出现在输出端。某些公布的此类电路还内置了相位关系的自动补偿结构，RX频段的相位噪声实现了–162dBc/Hz。

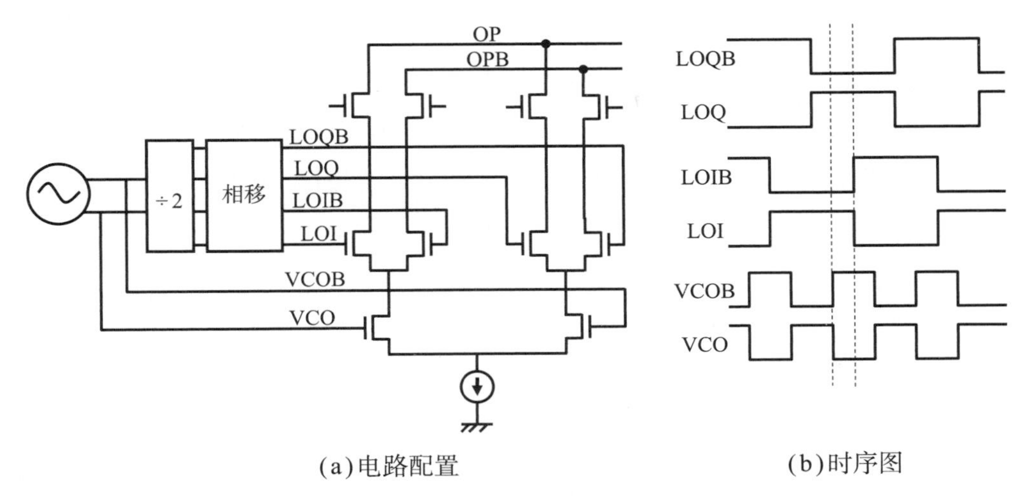

(a)电路配置　　　　(b)时序图

图8.10　降低分频器噪声影响的调制器

图8.11是内置片上带通滤波器的发射机的示例[9]。DA输出用接收频率的LO信号进行下变频，去除噪声成分，然后用接收频率的LO信号再次上变频到原来的高频，并进行反转和组合，在RX频段产生一个等效的陷波滤波器特性。通过该电路去除噪声，RX频带中的噪声能够改善至-160dBc/Hz。

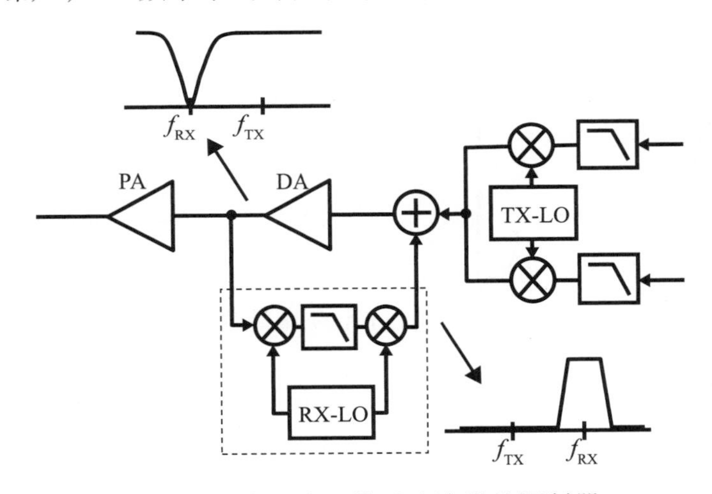

图8.11　内置片上带通滤波器的调制器

8.6　功率放大器

功率放大器（power amplifier，PA）是一种将射频信号放大到所需水平并通过天线传输的电路。其主要性能指标包括1dB输出功率压缩点（P_{1dB}）、饱和功率P_{sat}、功率增益G_{PA}、漏极效率（drain efficiency，DE）和功率附加效率（power-added efficiency，PAE）。

图8.12表示了功率放大器的输入输出功率特性。虚线为理想特性，显示输出功率（增益 = G）与输入功率成正比。实线为实际的输入输出特性，但随着输入功率的增加，输出功率趋于饱和。这里，输出功率比理想特性低1dB的点称为1dB压缩点（P_{1dB}），它表示PA可以线性放大功率的极限。PA可以输出的最大功率称为饱和功率（P_{sat}）。

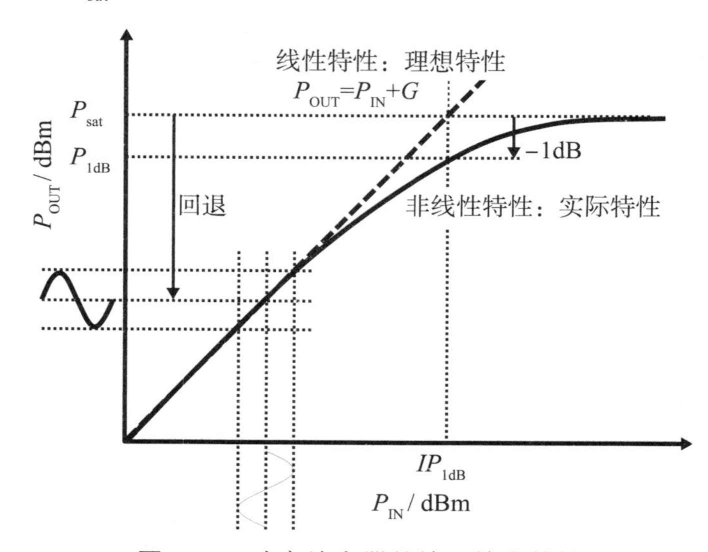

图8.12　功率放大器的输入输出特性

在增益恒定区域工作的PA称为线性PA，适用于振幅变化中包含信息的振幅调制以及振幅调制和相位调制相组合的QAM调制。由于手机等高速、大容量无线电采用QAM调制，因此P_{1dB}成为重要指标。另一方面，非线性PA被称为饱和PA，它工作在输出功率饱和的区域，适用于输入功率恒定的恒定包络调制方式（如GMSK调制等）。增益变化是通过PA的偏置改变输出电平P_{OUT}来进行的。

漏极效率η_{DE}是PA功率效率之一，由输出功率P_{OUT}与功耗P_{DC}的比率定义：

$$\eta_{DE} = \frac{P_{OUT}}{P_{DC}} \tag{8.7}$$

它显示了可以从电源中提取多少功率给天线。此外，功率附加效率η_{PAE}被定义为输出功率减去输入功率P_{IN}之后的功率与功耗之比，即：

$$\eta_{PAE} = \frac{P_{OUT} - P_{IN}}{P_{DC}} \tag{8.8}$$

它表示了从输入功率能够进行功率放大的效率。功率放大器越接近饱和功率，其功率效率就越高，但必须设计成在低于饱和点的平均输出功率水平下工作，以确保线性。饱和功率和平均输出功率之间的差值被称为回退（backoff），通过回退使效率和线性之间保持平衡关系。另外，平均输出功率和最大输出功率之间的差（峰均功率比，peak to average power ratio，PAPR）越大，就应该对回退取更大值。如最近高速无线系统中使用的OFDM调制等具有高频谱效率的调制，因为具有较大的PAPR，所以提高功率效率是个重要课题。

图8.13表示了一个单相（单端）功率放大器电路的例子。增益级仅由一个有源MOSFET和几个无源元件组成，但MOS的设计非常重要。要点在于栅极宽度大的MOS应该通过平行布置栅极宽度相对较小的MOS来构建。平行布置MOS的原因是为了确保输入信号在栅极上没有电位分布。在这个例子中，MOS的偏置是在扼流圈电感产生的。另外，无源元件和MOS一样重要，在设计中需要注意的是，考虑到模型缺陷、元件差异、布局后的寄生元件等影响，电路应该设计为可调整的。调整时，需要考虑谐振电路的Q值和无源元件的寄生参数的影响等。作为寄生元件的例子，有连接到MOS源电极的键合线和封装引线电感等。为了减少这种影响，连接了去耦电容。

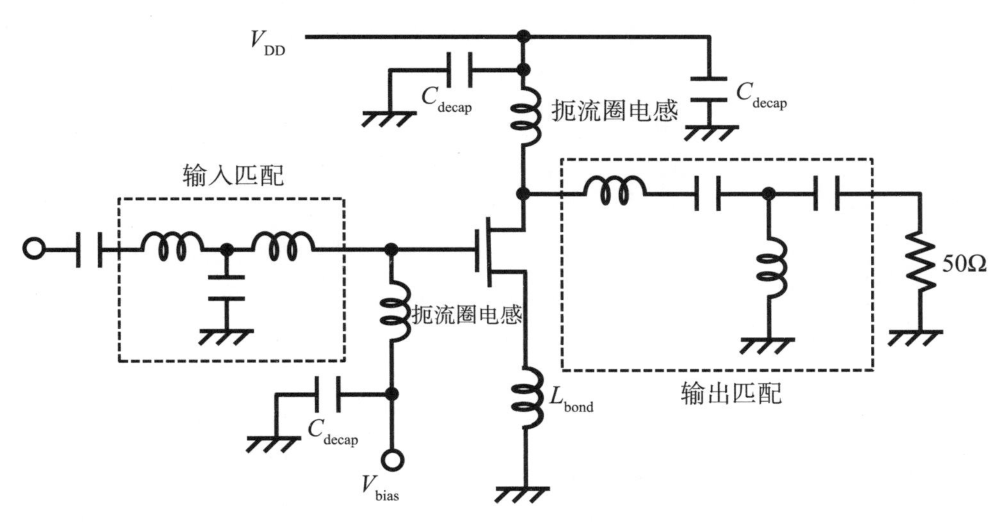

图8.13 功放电路示例

PA的输入输出阻抗必须与前级电路（DA等）的输出阻抗和天线的阻抗（图8.13示例中为50Ω）匹配。输入输出匹配是防止信号功率被反射所必需的，特别是输出匹配尤其重要，可以起到去除不连续电流波形引起的谐波的作用。然而，由于PA输出以大信号工作，所以非线性工作的MOS的输出阻抗产生复杂的变化。在PA设计中，很难通过解析来得到最佳匹配条件，所以一般常用负载牵引测量（loadpull measurement）的方法。在负载牵引测量中，在连接PA（对应天线）的情况下改变负载阻抗，测量输出功率和效率，并在史密斯圆图上绘制等输出功率和等效率线。根据这个结果，可以得到PA的输出匹配条件。

图8.14显示了模拟A类、AB类、B类和C类功率放大器的工作点和输出电流。在A类工作的功率放大器中，工作点应设置在可获得最大电流的栅极偏置的1/2处。此时，如果像图8.13中的电路示例那样使用一个扼流圈电感，漏极电压将在V_{DD}的中心位置输出信号，所以设计时必须考虑到MOS的耐受电压不应超过额定值。A类工作的PA，MOS总是工作在饱和区（导通角$\alpha=2\pi$），因而具有出色的线性，但功率效率很低。如果假设MOS具有导通电阻为零的理想特性，设电源电压为V_{DD}，负载电阻为R_L，则由于输出电压幅值为V_{DD}，所以功耗由$P_{DC}=V_{DD}{}^2/R_L$给出。因此，漏极效率η_{DE}可由下式求得：

$$\eta_{DE}=\frac{P_{OUT}}{P_{DC}}=\frac{\left(V_{DD}/\sqrt{2}\right)^2/R_L}{V_{DD}^2/R_L}=\frac{1}{2} \tag{8.9}$$

可以看出，理论效率的最大值为50%。

如图8.14(a)所示，B类PA的栅极偏置设置为阈值电压V_{th}。如图8.14(b)所示，漏极电流为只流经半个周期的半波整流波形（导通角$\alpha=\pi$），而漏极电压成为振幅为$2V_{DD}$的半波整流波。由于B类放大器的输出通过匹配电路等仅提取基波分量，因此基波分量变为振幅V_{DD}的正弦波（在MOS断开状态下，电路元件的储存能量起到了提供电流的功能）。另一方面，电流消耗是一个振幅为$2V_{DD}/R_L$的半波整流波，其平均值I_{DC}为：

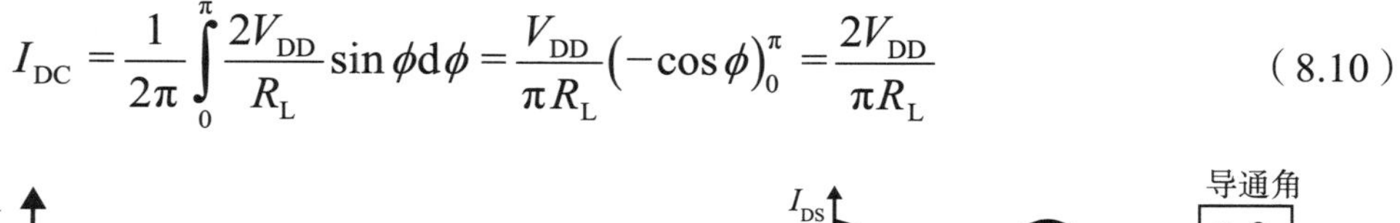

$$I_{DC}=\frac{1}{2\pi}\int_0^{\pi}\frac{2V_{DD}}{R_L}\sin\phi\,\mathrm{d}\phi=\frac{V_{DD}}{\pi R_L}\left(-\cos\phi\right)_0^{\pi}=\frac{2V_{DD}}{\pi R_L} \tag{8.10}$$

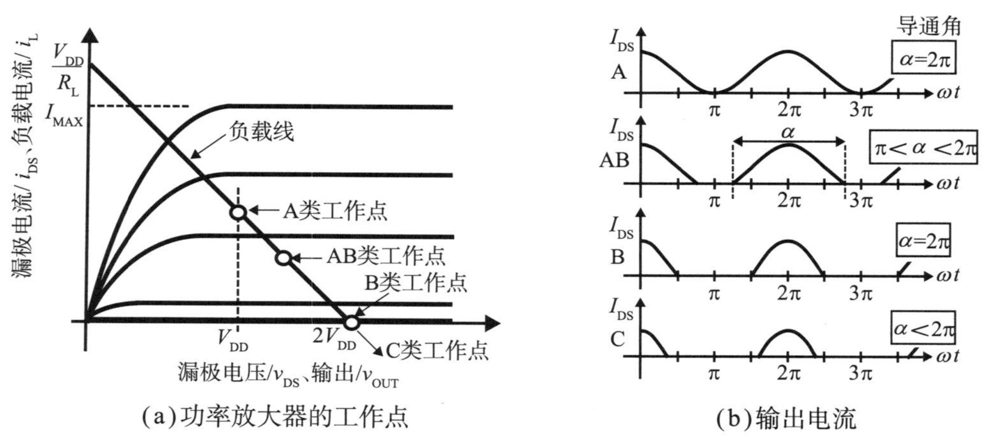

(a)功率放大器的工作点　　(b)输出电流

图8.14　各级功率放大器的工作点和输出电流

对于功耗P_{DC}，由$P_{DC}=V_{DD}I_{DC}$，可求得：

$$\eta_{DE}=\frac{P_{OUT}}{P_{DC}}=\frac{\left(V_{DD}/\sqrt{2}\right)^2/R_L}{2V_{DD}^2/\pi R_L}=\frac{\pi}{4} \tag{8.11}$$

可以看出，理论效率的最大值为78.5%。

在AB类功率放大器中，栅极偏置被设置在A类和B类之间，导通角为$\pi<\alpha<2\pi$，其效率也介于A类和B类的值之间（约60%），但由于MOS的非线性效应，其线性度优于A类，因此，它主要用于移动电话等需要线性度的无线应用。

C类PA将栅极偏置设置为阈值电压V_{th}以下，导通角$\alpha<\pi$，此时的功耗和输出功率使用图8.15推导。假设流过MOS的电流的直流分量为I_Q，峰值电流为I_{pk}，导通角为α，如果对该波形进行傅里叶级数展开，则可求得功耗的直流分量为：

$$\begin{aligned}I_{DC}&=\frac{1}{2\pi}\int_{-\alpha/2}^{\alpha/2}\left(I_Q+I_{pk}\cos\omega t\right)\mathrm{d}\omega t=\frac{I_{pk}}{2\pi}\left[\alpha\frac{I_Q}{I_{pk}}+2\sin\left(\alpha/2\right)\right]\\&=\frac{I_{pk}}{2\pi}\left[2\sin\left(\alpha/2\right)-\alpha\cos\left(\alpha/2\right)\right]\end{aligned} \tag{8.12}$$

在这里利用了$I_Q/I_{pk}=\cos(\alpha/2)$的关系。如果认为输出电流只是该波形的基波分量，那么傅里叶级数展开的一阶系数（基波的振幅）为：

$$\begin{aligned}I_1&=\frac{1}{\pi}\int_{-\alpha/2}^{\alpha/2}\left(I_Q+I_{pk}\cos\omega t\right)\cos\left(\omega t\right)\mathrm{d}\omega t\\&=\frac{I_{pk}}{2\pi}\left[4\frac{I_Q}{I_{pk}}\sin\left(\alpha/2\right)+\left(\alpha+\sin\alpha\right)\right]\\&=\frac{I_{pk}}{2\pi}\left[-4\sin\left(\alpha/2\right)\cos\left(\alpha/2\right)+\alpha+\sin\alpha\right]=\frac{I_{pk}}{2\pi}\left(\alpha-\sin\alpha\right)\end{aligned} \tag{8.13}$$

因此，对于消耗功率P_{DC}，由$P_{DC}=V_{DD}I_{DC}$，可求得：

$$P_{DC}=I_{DC}V_{DD}=\frac{V_{DD}I_{pk}}{2\pi}\left[2\sin\left(\alpha/2\right)-\alpha\cos\left(\alpha/2\right)\right] \tag{8.14}$$

另一方面，由于基波的振幅为V_{DD}，因此输出功率P_{OUT}为：

$$P_{OUT}=\frac{I_1}{\sqrt{2}}\frac{V_{DD}}{\sqrt{2}}=I_1V_{DD}=\frac{V_{DD}I_{pk}}{4\pi}\left(\alpha-\sin\alpha\right) \tag{8.15}$$

此时的漏极效率η_{DE}为：

$$\eta_{\mathrm{DE}}=\frac{P_{\mathrm{OUT}}}{P_{\mathrm{DC}}}=\frac{\dfrac{V_{\mathrm{DD}}I_{\mathrm{pk}}}{4\pi}(\alpha-\sin\alpha)}{\dfrac{V_{\mathrm{DD}}I_{\mathrm{pk}}}{2\pi}\left[\alpha\dfrac{I_{\mathrm{Q}}}{I_{\mathrm{pk}}}+2\sin(\alpha/2)\right]}=\frac{1}{4}\frac{(\alpha-\sin\alpha)}{\sin(\alpha/2)-(\alpha/2)\cos(\alpha/2)} \tag{8.16}$$

由此式可知，导通角α越小，预期的效率就越高，当导通角α接近零时，效率变为100%，但实际上电流也为零，所以无法达到这样的效率。需要注意的是，在C类工作中，如果导通角过小，效率反而会下降。

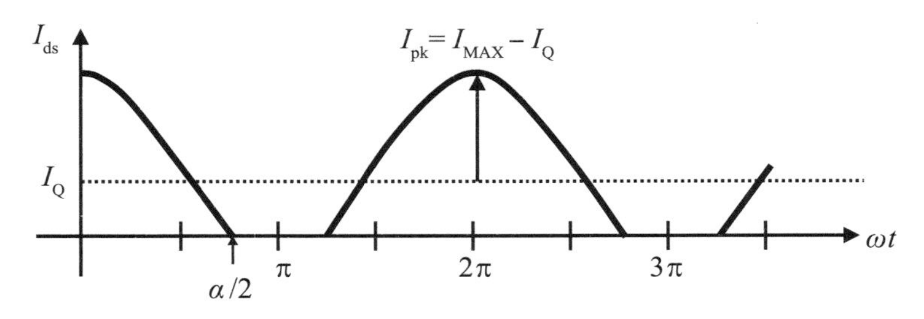

图8.15　C类功率放大器的输出电流

接下来，讨论D类、E类和F类功率放大器，它们被称为开关功率放大器，通过开关输入信号来放大信号。开关功率放大器的理论效率为100%，与A类、B类、AB类和C类等线性放大器相比，它们也被称为饱和放大器，因为它们工作在输入输出特性的饱和区域。

D类放大器的配置示例如图8.16(a)所示。此示例的D类放大器，输出级具有CMOS配置。如图8.16(b)所示，输入信号与作为参考信号的三角波进行比较，转换为高电平或低电平的脉冲信号。此时，由于脉宽根据输入信号的电位发生变化（调制），因此这种信号转换电路称为脉宽调制（pulse width modulation,

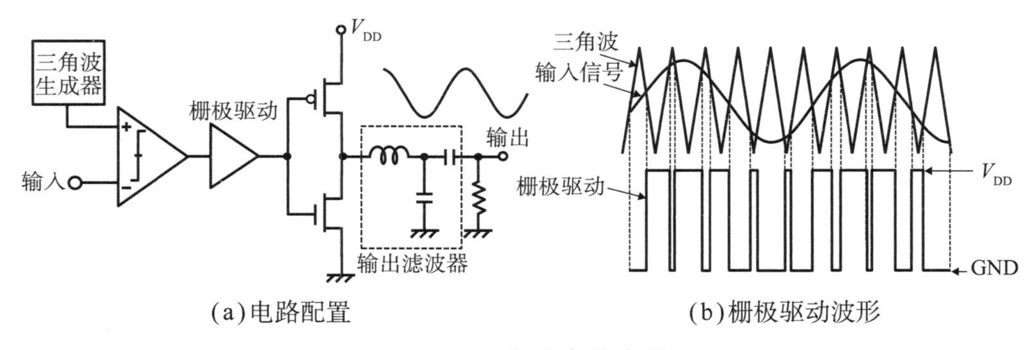

图8.16　D类功率放大器

PWM）电路。CMOS电路按原样放大并输出该脉冲信号。输出滤波器连接到CMOS电路的输出端，可以再现对应于脉冲宽度的模拟电位。除了本示例中所示的PWM调制之外，还有其他的脉冲调制方法，如AD转换器中使用的ΔΣ调制。

图8.17显示了E类功率放大器的电路示例，仅由MOSFET和无源元件构成[10~12]。在该电路中，由扼流圈电感提供直流电流，并通过MOSFET的开关操作放大信号，但是确定无源元件（并联电容器C_p）的参数时，在MOSFET从OFF到ON的瞬间要使施加到MOSFET的电压为零，并且电压的斜率也为零，由此实现了被称为零电压开关（zero voltage switching，ZVS）的开关操作，其中在ON/OFF的瞬间没有来自C_p的电荷放电，并且MOSFET电流和电压的相位不重叠。结果，开关操作的功耗为零，理论上可以获得100%的效率。开关产生的谐波成分通过一个与基波共振的串联谐振电路连接到天线上，因此只有基波成分被输出到天线上。MOSFET的漏极电压是电源电压V_{DD}的3.56倍，因此应注意确保MOSFET的漏极电压不超过耐受电压[11]。

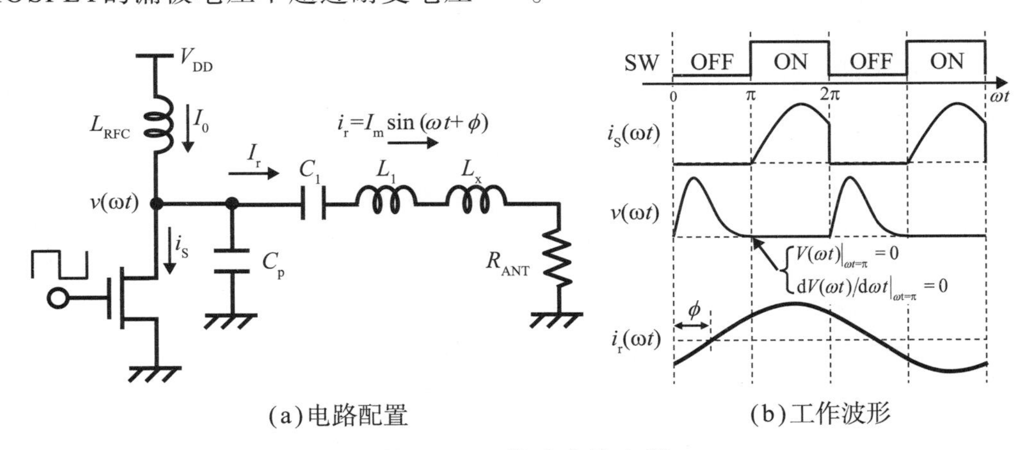

(a)电路配置　　(b)工作波形

图8.17　E类功率放大器

在设计E类功率放大器时为了推导每个元件参数，做出以下假设[13]：

（1）MOSFET是理想开关（导通电阻和寄生电容为零，OFF时电阻为∞，ON/OFF切换时间为零）。

（2）开关操作的占空比为50%。

（3）扼流圈电感L_{RFC}具有零电阻分量，电感值无限大。因此，交流信号被切断，只有直流分量通过，不会发生电位下降。

（4）输出谐振电路的Q值足够高，输出电流仅为基波分量。

E类工作的条件是在MOSFET从OFF到ON的瞬间施加在MOSFET上的电压为零，其斜率也为零，所以：

$$v_S(\omega t)\Big|_{\omega t=\pi}=0,\quad \frac{\mathrm{d}v_S(\omega t)}{\mathrm{d}\omega t}\Big|_{\omega t=\pi}=0 \tag{8.17}$$

另外，流过MOSFET的电流可以表示为：

$$i_S(\omega t)=\omega C_p\frac{\mathrm{d}}{\mathrm{d}(\omega t)}v_S(\omega t) \tag{8.18}$$

假设流过谐振电路的电流为$i_r = l_m\sin(\omega t+\phi)$，它与扼流圈电感电流$I_0$的差值是开关电流$i_S(\omega t)$，则：

$$i_S(\omega t)=I_0-i_r=I_0-I_m\sin(\omega t+\phi) \tag{8.19}$$

因此，开关的漏极电压为

$$\begin{aligned}v_S(\omega t)&=\frac{1}{\omega C_p}\int_0^{\omega t}i_S(\omega t)\mathrm{d}(\omega t)\\&=\frac{1}{\omega C_p}\left\{I_0\omega t+I_m\left[\cos(\omega t+\phi)-\cos\phi\right]\right\}\end{aligned} \tag{8.20}$$

由$v(\pi)=0$，得

$$I_0=\frac{2I_m}{\pi}\cos\phi \tag{8.21}$$

由于功率损耗为零，输出功率和输入功率相等，所以由$I_0V_{DD}=I_m{}^2R_{ANT}/2$，可得

$$I_m=\frac{4V_{DD}}{\pi R_{ANT}}\cos\phi \tag{8.22}$$

因此，输出电压振幅V_m、电源电流I_0和输出功率P_{ANT}为

$$V_m=R_{ANT}I_m=R_{ANT}\times\frac{4V_{DD}}{\pi R_{ANT}}\cos\phi=\frac{4V_{DD}}{\pi}\cos\phi \tag{8.23}$$

$$I_0=\frac{I_m^2R_{ANT}}{2V_{DD}}=\left(\frac{4V_{DD}}{\pi R_{ANT}}\cos\phi\right)^2\times\frac{R_{ANT}}{2V_{DD}}=\frac{8V_{DD}}{\pi^2R_{ANT}}\cos^2\phi \tag{8.24}$$

$$P_{ANT}=\frac{R_{ANT}I_m^2}{2}=R_{ANT}\times\left(\frac{4V_{DD}}{\pi R_{ANT}}\cos\phi\right)^2=\frac{8V_{DD}^2}{\pi^2R_{ANT}}\cos^2\phi \tag{8.25}$$

从E类工作条件来看，当开关ON时，因为$i_S(\pi)=0$，所以

$$I_0 = -I_m \sin\phi \tag{8.26}$$

由式（8.21）和式（8.26）可得

$$\tan\phi = -\frac{2}{\pi} \tag{8.27}$$

因此可求得实现E类操作的基本相位差$\phi = 32.48°$。

另外，根据三角函数公式，将

$$\sin\phi = \frac{|\tan\phi|}{\sqrt{1+\tan^2\phi}} = \frac{2}{\sqrt{\pi^2+4}},\quad \cos\phi = \frac{1}{\sqrt{1+\tan^2\phi}} = \frac{\pi}{\sqrt{\pi^2+4}} \tag{8.28}$$

代入式（8.23）、式（8.24）、式（8.25），可得：

$$V_m = \frac{4V_{DD}}{\pi}\frac{\pi}{\sqrt{\pi^2+4}} = \frac{4V_{DD}}{\sqrt{\pi^2+4}} \tag{8.29}$$

$$I_0 = \frac{8V_{DD}}{\pi^2 R_{ANT}}\frac{\pi^2}{\pi^2+4} = \frac{8V_{DD}}{R_{ANT}\left(\pi^2+4\right)} \tag{8.30}$$

$$P_{ANT} = \frac{8V_{DD}^2}{\pi^2 R_{ANT}}\cos^2\phi = \frac{8V_{DD}^2}{\pi^2 R_{ANT}}\frac{\pi^2}{\pi^2+4} = \frac{8V_{DD}^2}{R_{ANT}\left(\pi^2+4\right)} \tag{8.31}$$

对于理想的扼流圈，$v_S(\omega t)$的平均值应等于V_{DD}，因为

$$V_{DD} = \frac{1}{2\pi}\int_0^{\pi} V(\omega t)\mathrm{d}(\omega t) = \frac{8V_{DD}}{\pi\omega C_p\left(\pi^2+4\right)R_{ANT}} \tag{8.32}$$

所以可求分流电容为：

$$C_p = \frac{8}{\pi\omega\left(\pi^2+4\right)R_{ANT}} \tag{8.33}$$

输出电压$v_{ANT}(\omega t)$与施加于电感L_X上的电压$v_X(\omega t)$的基波分量之和v_{S1}为

$$\begin{aligned} v_{S1} &= v_{ANT}\left(\omega t\right) + v_{X1}\left(\omega t\right) \\ &= V_m \sin\left(\omega t+\phi\right) + \frac{\omega L_X V_m}{R_{ANT}}\cos\left(\omega t+\phi\right) = V_1 \sin\left(\omega t+\phi_1\right) \\ V_1 &= V_m\sqrt{1+\left(\frac{\omega L_X}{R_{ANT}}\right)^2},\quad \phi_1 = \phi + \tan^{-1}\left(\frac{\omega L_X}{R_{ANT}}\right) \end{aligned} \tag{8.34}$$

另一方面，如果LC串联电路在基波频率下产生谐振，则施加到电感L_X和天

线电阻R_{ANT}上的电压为MOSFET电压$v_S(\omega t)$的基波分量。另外，由于输出电流为$i_r = I_m\sin(\omega t + \phi)$，所以施加在电感$L_X$上的电压是cos分量，它比天线电阻上的输出电压超前π/2相位，可以通过$v_S(\omega t)$的傅里叶级数扩展得到。进一步代入谐振状态下电压的电抗分量为零的条件，即可得到LC串联谐振电路的输出为：

$$\frac{1}{\pi}\int_0^{\pi} v_S(\omega t)\cos(\omega t+\phi_1)\mathrm{d}(\omega t)=0 \tag{8.35}$$

由此式可得：

$$\begin{aligned}\frac{1}{\pi}\int_0^{\pi} v_S(\omega t)\cos(\omega t+\phi_1)\mathrm{d}(\omega t)&=\frac{1}{\pi}\int_0^{\pi} v_S(\omega t)(\cos\omega t\cos\phi_1-\sin\omega t\sin\phi_1)\mathrm{d}(\omega t)\\&=\frac{1}{\pi}\left[\cos\phi_1\int_0^{\pi} v_S(\omega t)\cos\omega t\mathrm{d}(\omega t)\right.\\&\qquad\left.-\sin\phi_1\int_0^{\pi} v_S(\omega t)\sin\omega t\mathrm{d}(\omega t)\right]=0\end{aligned} \tag{8.36}$$

$$\tan\phi_1=\frac{\int_0^{\pi} v_S(\omega t)\cos\omega t\mathrm{d}(\omega t)}{\int_0^{\pi} v_S(\omega t)\sin\omega t\mathrm{d}(\omega t)} \tag{8.37}$$

将$v_S(\omega t)$代入该式并对右边积分，可得：

$$\tan\phi_1=\frac{\dfrac{\pi^2-8}{2\omega C_p\sqrt{\pi^2+4}}I_m}{\dfrac{\pi}{\omega C_p\sqrt{\pi^2+4}}I_m}=\frac{\pi^2-8}{2\pi} \tag{8.38}$$

这里，根据式（8.34），因为

$$\tan^{-1}\left(\frac{\omega L_X}{R_{ANT}}\right)=\phi_1-\phi$$

可得$\omega L_X = R_{ANT}\tan(\phi_1-\phi)$。

由于谐振电路的Q值为$Q = \omega L/R_{ANT}$，所以

$$L = \frac{R_{\mathrm{ANT}} Q}{\omega} \tag{8.39}$$

由于C_1被设计为在开关频率为ω_0时与L_1发生谐振，所以$\omega_0{}^2 = 1/L_1C_1$，可得：

$$L_1 = L - L_{\mathrm{X}},\quad C_1 = \frac{1}{\omega_0^2\left(L - L_{\mathrm{X}}\right)} = \frac{1}{\omega_0\left(R_{\mathrm{ANT}}Q - \omega_0 L_{\mathrm{X}}\right)} \tag{8.40}$$

上述电路参数的推导是基于MOSFET和无源元件是理想状态的假设，因此实际设计时必须进行优化，以考虑到寄生元件的影响。特别是，作为扼流圈电感器使用较大电感值的元件存在着建议工作频率较低的问题，因此，为了设计用于GHz频段的高频的E类放大器，有必要使用具有优良高频特性的有限电感为前提的解析式[14～16, 20]。

F类功率放大器是通过使用传输远路径或多个谐振电路使电流和电压的谐波执行ZVS操作，从而达到100%效率的功率放大器[11, 17]。图8.18显示了一个使用谐振电路的F类功率放大器。本例中，采用与负载（天线）电阻相连的谐振频率为f_0的并联谐振电路，天线电阻中仅出现基波分量。另外，通过与负载电阻串联的谐振频率为$3f_0$、$5f_0$和$(2n-1)f_0$等仅在奇数次谐波共振的并联谐振电路，从开关MOS到负载端的阻抗被设计为奇数次下无限大。因此，出现在MOS元件漏极的电压只有奇数次谐波分量，其波形为矩形波。另一方面，流经MOS元件的电流是由偶数次谐波成分减去基波的半波整流波。因此，能够实现MOS元件的电压和电流不会同时重叠的ZVS操作[11]。

图8.18的配置中，理论上有必要准备一个以无限高次谐波共振的谐振电路，但实际上，只要具有与三阶或五阶的谐波对应的谐振电路就能够实现F级操作。

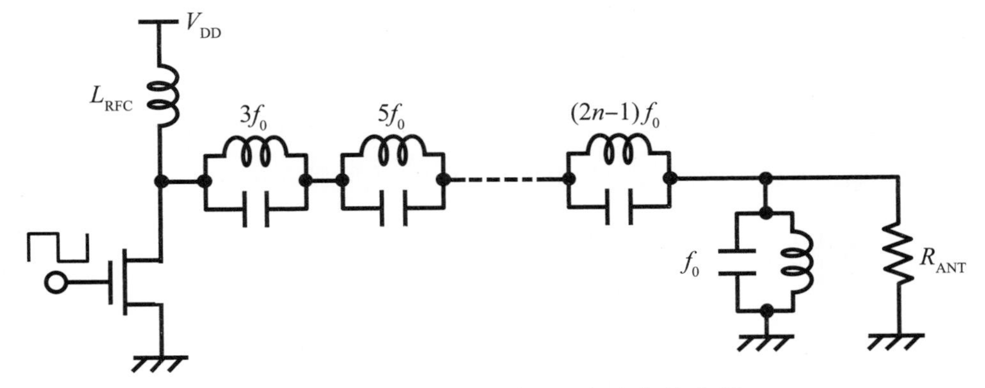

图8.18　使用谐振电路的F类功率放大器

另一方面，图8.19显示了采用$\lambda/4$传输线路的F类运算放大器的示例。假设传输线路是无损的，由MOSFET的漏极端到$\lambda/4$传输线路时的阻抗Z_T可以看成是终端短路（电源V_{DD}短路），所以谐波使开路和短路重复出现。

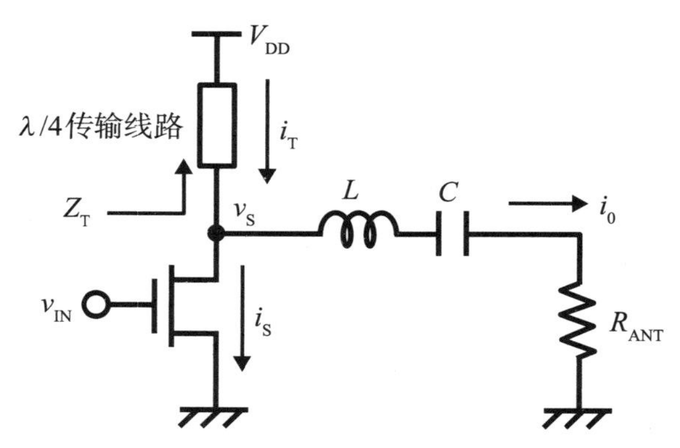

图8.19　使用$\lambda/4$传输线路的F类功率放大器

如果特性阻抗为Z_0，相位常数为$\beta = 2\pi/\lambda$，则在布线长度为l处有短路终端的无损传输线的输入阻抗Z_T为：

$$Z_T = \frac{V(l)}{I(l)} = Z_0 \frac{0 + jZ_0 \tan \beta l}{Z_0 + j0 \times \tan \beta l} = Z_0 \tan \beta l \tag{8.41}$$

当基波频率的波长为λ_0，布线长度为$\lambda_0/4$时，传输线的阻抗为：

$$Z_T = Z_0 \tan\left(\frac{2\pi}{\lambda}\frac{\lambda_0}{4}\right) = Z_0 \tan\left(\frac{2\pi}{\lambda_0/k}\frac{\lambda_0}{4}\right) = Z_0 \tan\left(\frac{\pi}{2}k\right) \tag{8.42}$$

这里如果m是偶数次谐波的阶数，n是奇数次谐波的阶数，则

$$\begin{cases} Z_{T\_even} = Z_0 \tan(\pi m) = 0, \quad m = 0, 2, 4 \cdots \\ Z_{T\_odd} = Z_0 \tan\left(\frac{\pi}{2} n\right) = \infty, \quad n = 1, 3, 5 \cdots \end{cases} \tag{8.43}$$

这意味着相对于奇数次谐波的阻抗是无限大的，相对于偶数次谐波的阻抗是零，从传输线流向漏极端的归一化电流$i_T = i(\omega t)/I_0$可以表示为下式：

$$i_T = \frac{i(\omega t)}{I_0} = 1 - 2\sum_{n=2,4,6\cdots}^{N} \frac{\cos n\omega t}{n^2 - 1} \tag{8.44}$$

这是个全波整流波。漏极端的归一化电压$v_S = v(\omega t)/V_0$为可用下式表示的矩形波：

$$v_S = \frac{v(\omega t)}{V_0} = 1 + \frac{4}{\pi}\sum_{n=1,3,5,7\cdots}^{N} \frac{\sin n\omega t}{n} \tag{8.45}$$

此外，由于串联谐振电路将基波分量的电流发送到天线电阻，流过MOSFET的电流为下式的半波整流波：

$$i_S = \frac{i(\omega t)}{I_0} = 1 - \frac{\pi}{2}\sin\omega t - 2\sum_{n=2,4,6\cdots}^{N}\frac{\cos n\omega t}{n^2 - 1} \tag{8.46}$$

该波形如图8.20所示。

由此可知，流过MOSFET的电流i_S与漏极电压v_S的相位差为π（180°），实现了ZVS操作。由于MOS漏极电压的最大值是电源电压的两倍，所以在设计中需要注意MOSFET的耐压。此外，由于MOSFET的电流也是流过负载的电流（天线电阻）的两倍，因此也需要注意电流密度。

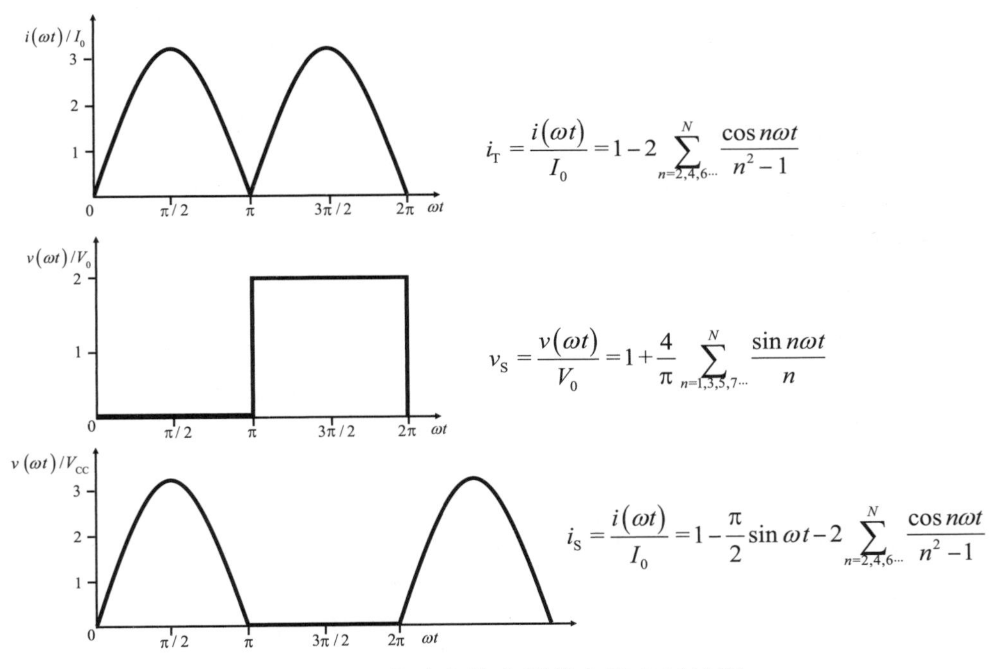

图8.20 F类功率放大器的电流电压波形

在F类功率放大器中，虽然使电流和电压的谐波分量不发生重叠很重要，但如果输出电压的上升/下降时间变长或出现延迟，则不能满足ZVS条件。因此，有人提出了通过使用半波整流波作为F类功率放大器的输入信号来确保相位裕量的电路。

图8.21显示了一个内置逆F类驱动放大器的电路示例，该放大器可将F类功率放大器的输入信号转换为半波整流波。在反相F类放大器中，λ/4传输线和以基波共振的谐振电路一起串联在MOSFET的漏极和GND之间。这样，由逆F类驱动放

大器的漏极到传输线的阻抗$Z_{\text{T-DA}}$，除了基波频率外，终端呈开路，对奇数次谐波是短路的，对偶数次谐波是开路的，所以能够得到理想的波形。

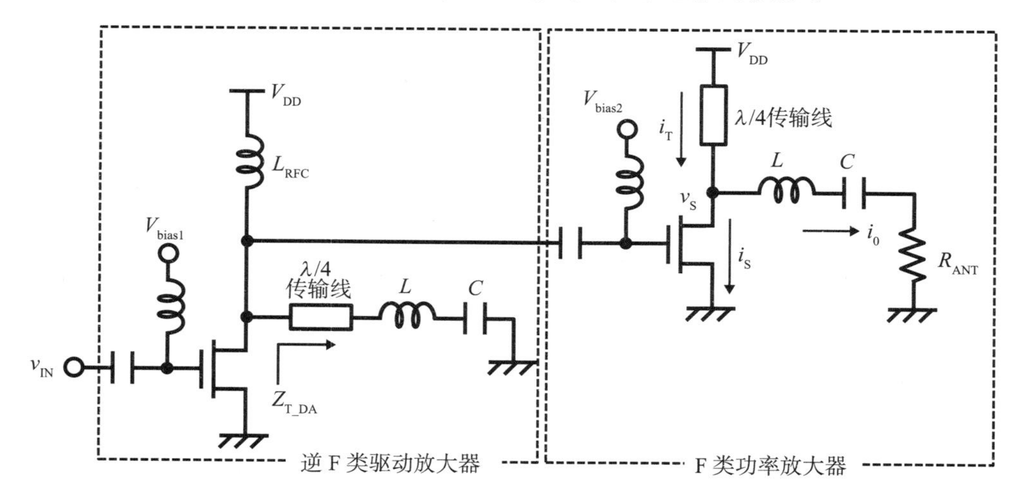

图8.21　内置逆F类驱动器的F类功率放大器

8.7　低失真高效率化方法

在这一节中，将讨论降低失真和提高功率放大器效率的方法，例如预失真、多尔蒂功率放大器（Doherty power amplifier）、包络跟踪（envelop tracking，ET）以及包络消除和恢复（envelop elimination and restoration，EER）等。

预失真是在预先知道功率放大器输入输出的非线性特性的情况下，通过使输入信号反向失真来校正输出失真的方法。预失真方法存在一些问题：在功率放大器中产生的失真是在另一个单独的电路中产生的，所以失真补偿很小；它不能应对如温度变化和负载阻抗变化等动态变化的失真。但是预失真的优点是对于宽带调制波可以稳定运行。使用模拟电路在相反方向上实现非线性特性的配置称为模拟预失真器，使用数字电路实现失真特性的配置称为数字预失真器。

图8.22是模拟预失真的原理说明图。功放的输入功率与输出功率的关系称为AM/AM特性，输入功率与相位关系的关系称为AM/PM特性。在理想的功率放大器中，如图中虚线所示，输出功率与输入功率成正比，无论输入功率如何，相位都保持恒定。而在实际的功率放大器中，随着输入功率的增加，输出功率达到饱和，相位发生变化，导致失真。预失真器产生的信号的特性与功率放大器产生的失真方向相反，在模拟方式的预失真器中，通过将产生的信号输入功率放大器来补偿失真[18]。

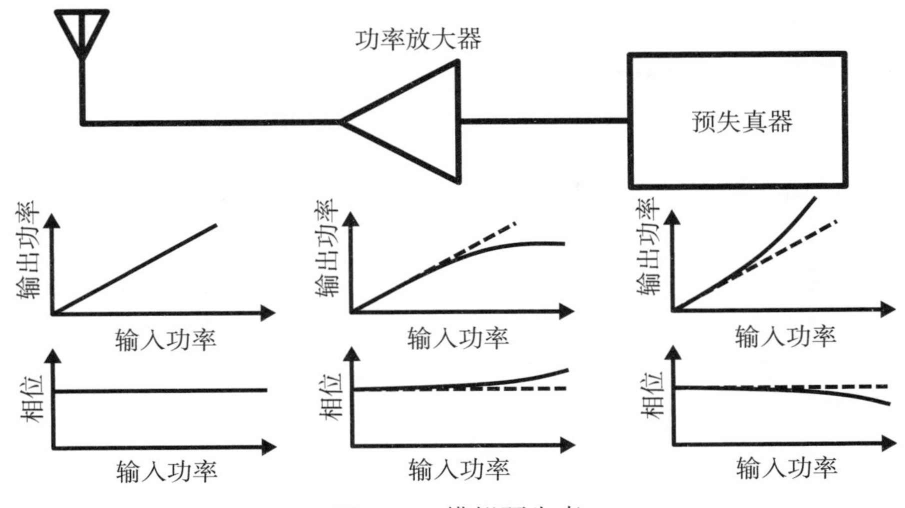

图8.22 模拟预失真

在模拟预失真中，由于校正信号是由模拟电路产生的，因此由于元件特性的差异等，难以精确地生成具有完全相反特性的失真。图8.23是数字预失真补偿方法（数字预失真器）的框图。在这种方法中，对应于传输基带信号的振幅/相位（IQ）信号的校正系数被存储在查询表（LUT）中，该电路产生的数字信号进行DA转换并输入到功率放大器中进行失真补偿。在这个例子中，功率放大器的输出由定向耦合器（directional coupler）等检测，经混频器降频后进行AD转换，并再次返回到数字基带（DSP）以更新LUT，这样就能够减少系统的整体失真。

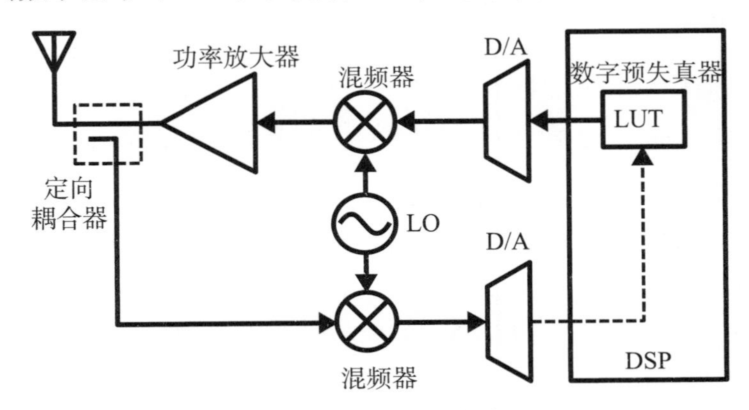

图8.23 数字预失真

图8.24所示的多尔蒂功率放大器由两个具有不同峰值输出的放大器并联组成，这两个放大器分别为载波放大器和峰值放大器[19]。载波放大器被偏置在AB类中工作，具有良好的线性度，并采用低峰值功率设计。另一方面，峰值放大器被偏置为C类工作。在多尔蒂功率放大器中，当输入功率较低时，只有为低功率下实现高效率而设计的AB类载波放大器工作，而当输入功率较高时，C类峰值放

大器也同时工作，因此，如图8.25(a)所示，可以在较宽的范围内保持线性度，并且如图8.25(b)所示，相对于输入功率，可以在很宽的范围内提高效率。

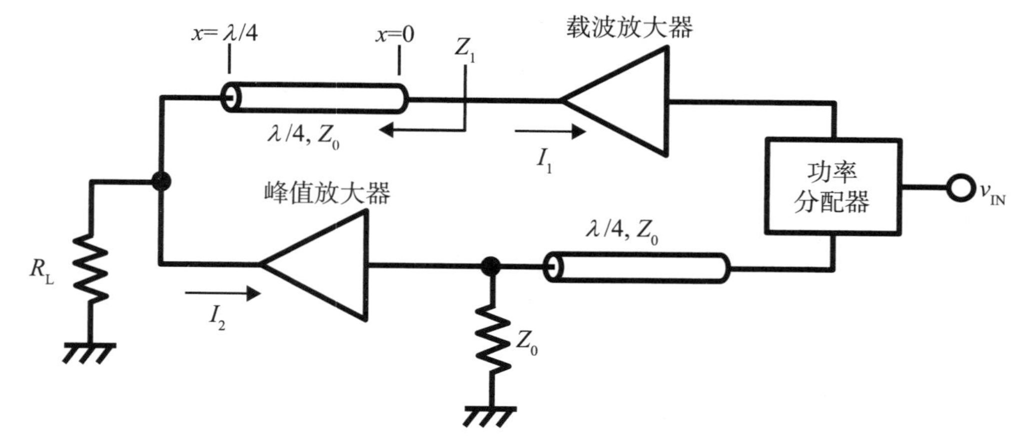

图8.24　多尔蒂功率放大器

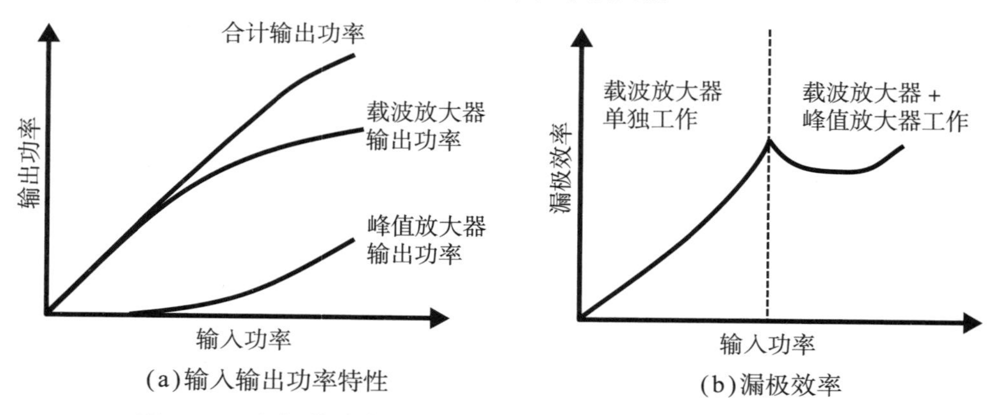

(a)输入输出功率特性

(b)漏极效率

图8.25　多尔蒂功率放大器的输入输出功率特性和漏极效率

此外，在本例中，为了能够扩大线性放大的范围，使用λ/4传输线实现阻抗调整。在载波放大器输出端与负载电阻之间插入特性阻抗为Z_0、布线长度为λ/4的无损传输线。假设载波放大器端为$x = 0$，负载端为$x = \lambda/4$，那么在角频率ω时，传输线上的电压$V(x, t)$和电流$I(x, t)$的瞬时值的观测量为

$$
\begin{aligned}
V(x,t) &= \mathrm{Re}\left[\left(V_{\mathrm{i}}e^{-j\beta x} + V_{\mathrm{r}}e^{+j\beta x}\right)e^{j\omega t}\right] \\
&= V_{\mathrm{i}}\cos(\omega t - \beta x) + V_{\mathrm{r}}\cos(\omega t + \beta x) \\
I(x,t) &= \mathrm{Re}\left[\frac{1}{Z_0}\left(V_{\mathrm{i}}e^{-j\beta x} - V_{\mathrm{r}}e^{+j\beta x}\right)e^{j\omega t}\right] \\
&= \frac{V_{\mathrm{i}}}{Z_0}\cos(\omega t - \beta x) - \frac{V_{\mathrm{r}}}{Z_0}\cos(\omega t + \beta x)
\end{aligned}
\tag{8.47}
$$

这里，V_i是沿x方向的前行波，V_r是反行波，β是相位常数，为$2\pi/\lambda$。$x=0$处的电压、电流（沿x方向移动）为：

$$
\begin{aligned}
&V(0,t)=V_1=(V_i+V_r)\cos(\omega t)\\
&I(0,t)=-I_1=\left(\frac{V_i}{Z_0}-\frac{V_r}{Z_0}\right)\cos(\omega t)=I_0\cos(\omega t)
\end{aligned}
\tag{8.48}
$$

如果峰值放大器的输出电流I_2比载波放大器的输出电流I_1滞后90° 且绝对值为α倍，那么

$$
I_2=\alpha I_1\cos\left(\omega t-\frac{\pi}{2}\right)=-\alpha I_1\sin\omega t=\alpha I_0\sin\omega t \tag{8.49}
$$

关于$x=\lambda/4$的电压和电流为：

$$
\begin{aligned}
V\left(\frac{\lambda}{4},t\right)&=V_i\cos\left(\omega t-\frac{\pi}{2}\right)+V_r\cos\left(\omega t+\frac{\pi}{2}\right)\\
&=(-V_i+V_r)\sin(\omega t)=V_{OUT}\\
I\left(\frac{\lambda}{4},t\right)&=\frac{V_i}{Z_0}\cos\left(\omega t-\frac{\pi}{2}\right)-\frac{V_r}{Z_0}\cos\left(\omega t+\frac{\pi}{2}\right)\\
&=\left(-\frac{V_i}{Z_0}-\frac{V_r}{Z_0}\right)\sin(\omega t)
\end{aligned}
\tag{8.50}
$$

由输出端（负载电阻）的电流守恒定律，将其代入下式

$$
\frac{V_{OUT}}{R_L}=I_2+I\left(\frac{\lambda}{4},t\right) \tag{8.51}
$$

从

$$
\frac{1}{R_L}\left[(-V_i+V_r)\sin\omega t\right]=\alpha I_0\sin(\omega t)+\left(-\frac{V_i}{Z_0}-\frac{V_r}{Z_0}\right)\sin(\omega t) \tag{8.52}
$$

可得：

$$
\frac{V_i-V_r}{R_L}-\alpha I_0=\left(\frac{V_i}{Z_0}+\frac{V_r}{Z_0}\right) \tag{8.53}
$$

另外，因为来自载波放大器的负载电阻为$Z_1=-V_1/I_1$，所以，由下式

$$
Z_1=-\frac{V_1}{I_1}=\frac{V_i+V_r}{V_i-V_r}Z_0=\frac{V_i+V_r}{I_0} \tag{8.54}
$$

可以求得：

$$Z_1 = Z_0\left(\frac{Z_0}{R_L} - \alpha\right) \tag{8.55}$$

由式（8.55）可知，α随着峰值放大器的工作而增加，所以从载波放大器来看，负载阻抗Z_1变低，这使得载波放大器能够在广泛的输入功率范围内线性运行。

图8.26显示了包络跟踪功率放大器的配置示例[20]。由于功率放大器的功率效率随着接近饱和功率而增加，如果根据输出信号来改变漏极电压，则MOSFET可以始终工作在高效率区域而不会出现回退。在此例中，RF信号使用高效的C类饱和PA进行放大。RF输入信号经定向耦合器由包络检波器（envelop detector）检测到包络信号，放大器对检测到的包络信号进行放大产生PA的电源。在这种方法中，即使使用的是饱和放大器，也要恢复AM（振幅）分量使其与包络分量相匹配，因此可以通过线性放大输入信号而获得输出。包络跟踪法因为没有反馈电路，所以基本上是稳定的，但从严格意义上说，它不是一种线性补偿方法。

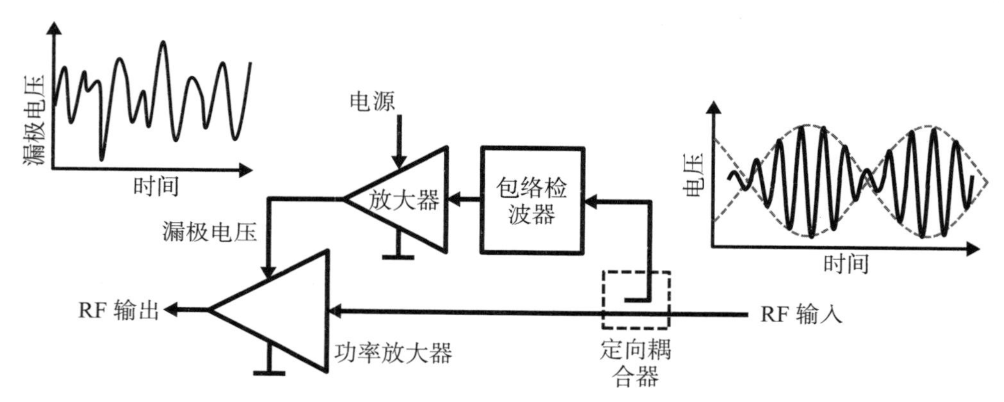

图8.26　包络跟踪功率放大器

图8.27所示的EER方法是一种以数字方式分离信号的振幅和相位分量并对其进行高效放大的方法，这种方法也称为极性调制[21]。在EER方法中，传输信号在数字域中被分解为相位分量和振幅分量。具有恒定振幅的相位分量被输入到在效率最大化的饱和点附近工作的功率放大器。另一方面，振幅分量被输入到电源调制单元并被放大。电源调制单元的输出电压用作放大单元的电源。在EER配置中，功率放大器作为乘法器运行，将传输信号的相位分量和振幅分量进行合成。EER方法可以实现比ET方法更高的效率，但存在相位和振幅不完全匹配时效率显著下降等问题。

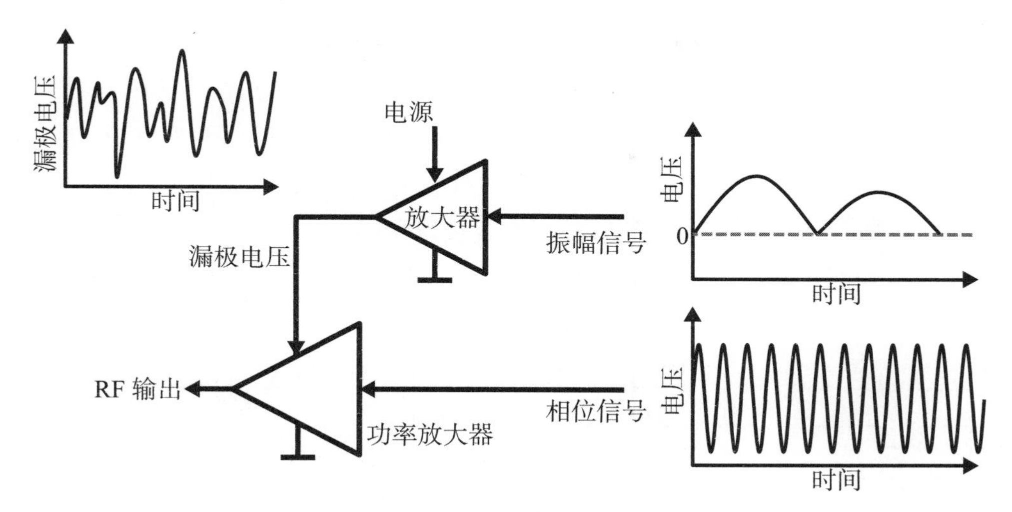

图8.27 EER功率放大器

8.8 天线开关

天线开关（antenna switch，SW）如图8.28所示，具有切换无线电频段并以TDD方式分时切换发射和接收的功能[22]。当在发射和接收之间切换的情况下，接收时开关将天线连接到接收电路，并将从天线输入的信号无衰减地发送到LNA等接收电路，同时保持与发射电路断开的状态。发射时，开关将天线与发射机电路连接起来，将PA等设备的发射信号无损地传送到天线，同时防止信号泄漏到接收机端。在手机中，发射功率为+30dBm，接收功率为-100dBm，有一个很大的差值，所以要尽可能减小开关损耗，尽可能增大发射与接收之间的隔离度。构成开关的FET大多使用化合物半导体，但近年来，也有使用基于高电阻基材的SOI结构的MOSFET。

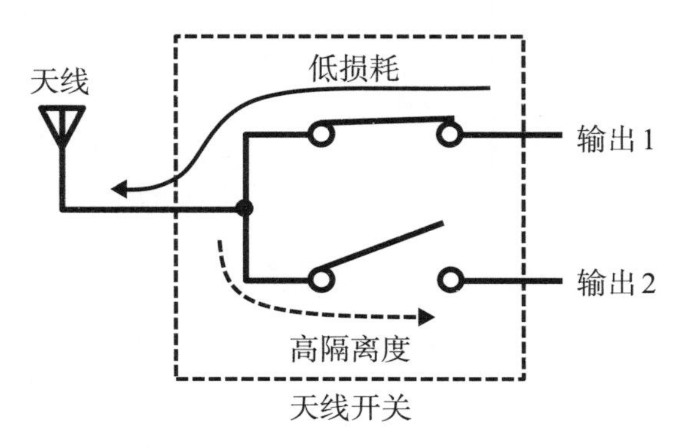

图8.28 天线开关（发射时的操作）

图8.29(a)显示了一个由FET组成的开关的例子。在此电路中，连接了一个栅

极电阻R_g，用于防止信号功率通过源极–栅极的电容（C_{gs}）和漏极–栅极的电容（C_{gd}）泄漏到栅极。图8.29(b)显示了FET开启时的等效电路，其中r_{ON}是源极–漏极之间的导通电阻，C_p是源极–漏极两端的寄生电容。虽然存在电极间电容，但在信号频率下可以忽略不计，因为与导通电阻相比其阻抗很大。图8.29(c)显示了FET在关闭状态下的等效电路。在这种情况下，因为漏极–源极之间未导通，所以没有电阻成分，而漏极–源极电容C_{ds}是除了电极间电容C_{gs}和C_{gd}之外的一个重要元件参数。

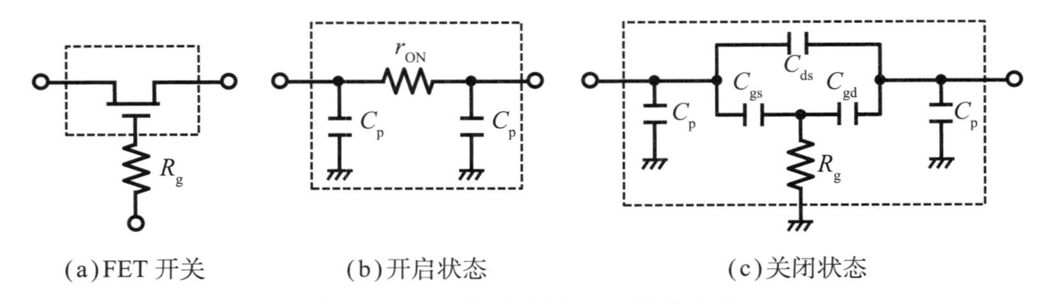

(a)FET 开关　　(b)开启状态　　(c)关闭状态

图8.29　天线开关用MOS等效电路

栅极电阻R_g通常为几kΩ，使用图8.29(c)中的等效电路可得到所需的电阻值。严格地说，需要通过对电极之间的电容进行ΔY转换来获得流过栅极的电流，但近似地讲，与C_{gs}和C_{gd}的阻抗相比，把栅极电阻值设置为足够大的值即可。一般FET的栅极宽度为几mm，电极间电容为几pF。假设电极间电容为1pF，信号频率为800MHz，则电极间电容的阻抗约为200Ω，因此，可知如果栅极电阻为该阻抗的10倍的话，则需要2kΩ的电阻。

由于天线开关能够处理的最大功率是一个非常重要的指标，下面就对开关的大信号操作进行说明。设功率放大器的输出阻抗为R_0，输出电压的有效值为V_0，理想的天线开关（导通电阻0Ω，关闭时电阻无限大，寄生电容为零）如图8.30所示，并且天线阻抗与功率放大器相匹配（$R_{ANT}=R_0$），那么输出功率P_{ANT}为：

$$P_{ANT}=v_{ANT}\times i_{ANT}=\frac{R_0}{R_0+R_0}V_0\times\frac{1}{R_0+R_0}V_0=\frac{V_0^2}{4R_0} \tag{8.56}$$

从由此式可知，信号源电压的有效值和振幅为：

$$V_0=\sqrt{4R_0P_{ANT}},\quad V_{max}=2\sqrt{2R_0P_{ANT}} \tag{8.57}$$

另一方面，由于输入到理想天线开关的电压的最大振幅V_{SWmax}为$V_{max}/2$，因此：

$$V_{SWmax}=\sqrt{2R_0P} \tag{8.58}$$

由此式可以看出，为了处理1W的输出，如果是50Ω的电阻，需要一个最大振幅为10V的击穿电压。

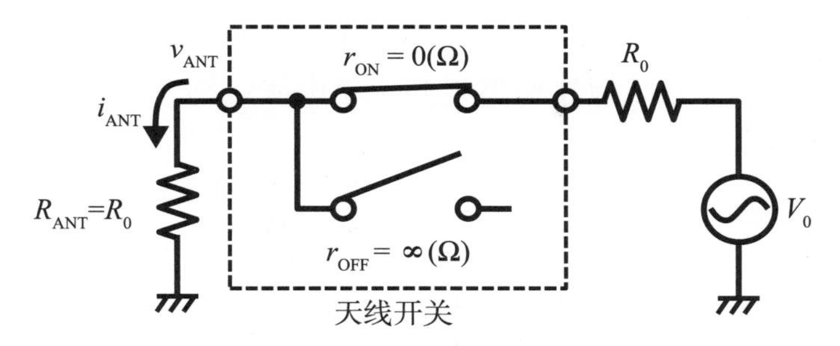

图8.30 理想的天线开关电路图

图8.31显示了FET漏极电流的栅极电压依赖性以及开关处于关闭状态（偏置中心电压为V_{CNT}）时最大输入电压的波形。为了使开关保持在关闭状态，V_{SWmax}必须小于或等于阈值电压V_T和V_{CNT}之差或V_{CNT}和反向击穿电压V_R之差。

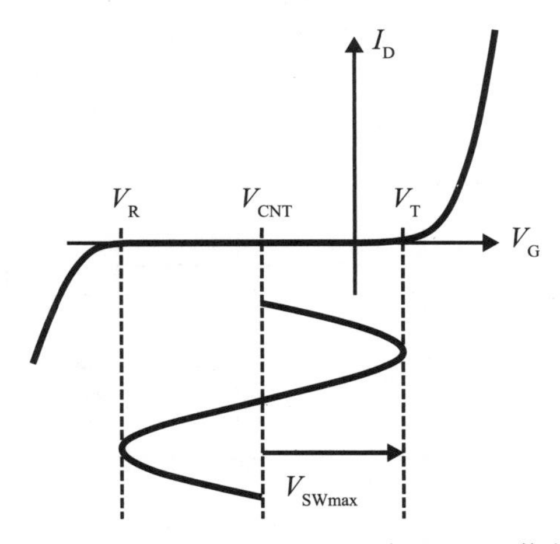

图8.31 MOSFET漏极电流的栅极电压依赖性

接下来以图8.32所示的最简单开关配置的SPDT（单刀双掷）为例，来考虑实际施加到FET的最大电压V_{SWmax}。

此时，控制信号CNT_{-TX}使TX路径中的FET处于导通状态，控制信号CNT_{-RX}使RX路径中的FET处于关闭状态。假设TX的最大振幅为V_{max}，如式（8.58）所示，则天线端的振幅为$V_{max}/2$，但假如栅极电阻值足够高的话，在RX路径中FET的栅极–源极之间以及栅极–漏极之间施加的最大电压，则被分为两部分，分别为$V_{max}/4$（50Ω匹配时为5V）。

为了放宽与FET耐压相关的条件，使用了图8.33所示的平行多级连接结构。在本例中，通过将FET进行5级平行连接，可以将施加的电压振幅分压为$V_{max}/4n$

$= V_{max}/20$。另一方面，由于路径的总电阻是FET导通电阻的数倍，为保持电阻值恒定，需要将FET栅极宽度增加为级数的倍数（在这种情况下为5倍）。结果，FET的栅极宽度为几毫米，寄生电容也为几pF。正如后面将要描述的，开关的损耗在很大程度上取决于FET的导通电阻和寄生电容，因此平行连接的FET的级数必须在设计时权衡考虑[23~25]。

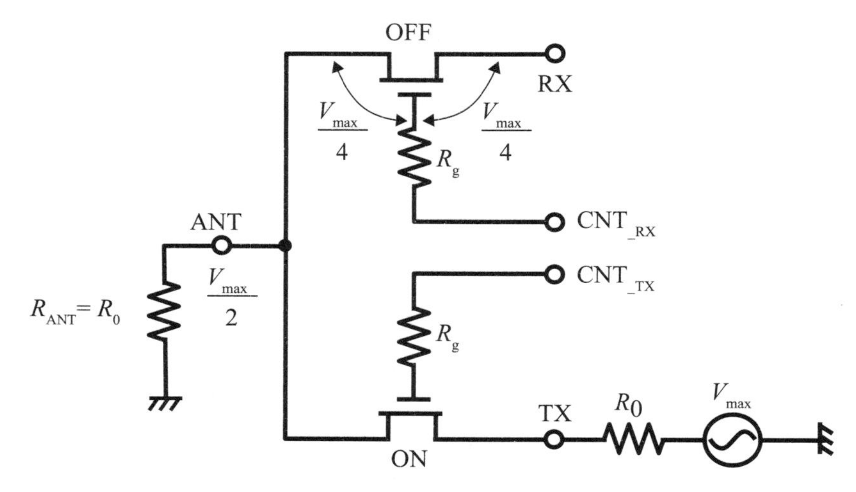

图8.32　SPDT天线开关电路图

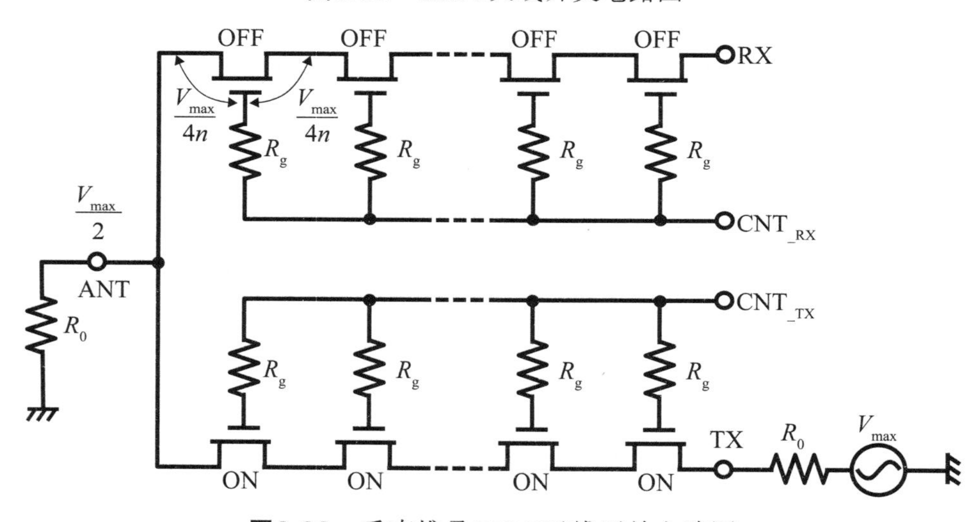

图8.33　垂直堆叠SPDT天线开关电路图

此外，当使用天线开关切换路径时，需要高隔离度以防止信号泄漏到OFF状态的路径，但当开关使用几毫米大小的FET时，通过寄生电容产生的信号泄漏也是一个问题。图8.34所示的SPDT开关添加了分流电路，是具有将泄漏到OFF状态路径的信号分量发送到GND的一种配置。这里，假设控制信号（$CNT_{\_TX}$、$CNT_{\_RX}$）被设置为使TX路径的SW_4处于ON状态，RX路径的SW_1处于OFF状态。

由于TX通路的SW_3受$CNT_{_RX}$控制，与SW_1处于相同的OFF状态，因此对TX操作没有太大的影响。另一方面，由于RX通路的SW_2受CNT_{-TX}的控制，因此与SW_4处于相同的ON状态，泄漏到RX侧的信号通过SW_2短路到GND。这样，可以提高开关整体的隔离度。

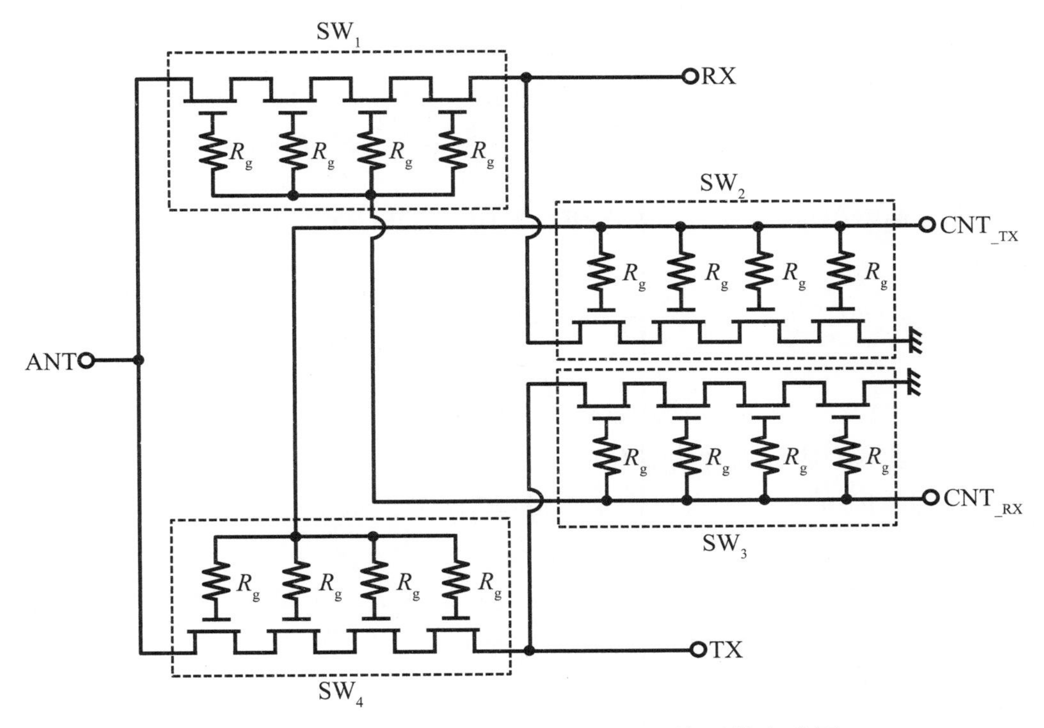

图8.34　带有附加分流电路的SPDT天线开关电路图

当开关处于ON状态时，信号在开关内部的功率损耗量被称为插入损耗（insertion loss）。由于插入损耗包含导通电阻产生的分量和寄生电容（关断电容）产生的分量，因此使用图8.35对每种情况进行分析确定。图8.35(a)显示了当开关的损耗分量仅为导通电阻r_{ON}（整个FET并联级数的电阻）时的等效电路。此时假设功率放大器的输出振幅与V_0匹配，输出电阻与R_0匹配，天线阻抗也与R_0匹配。

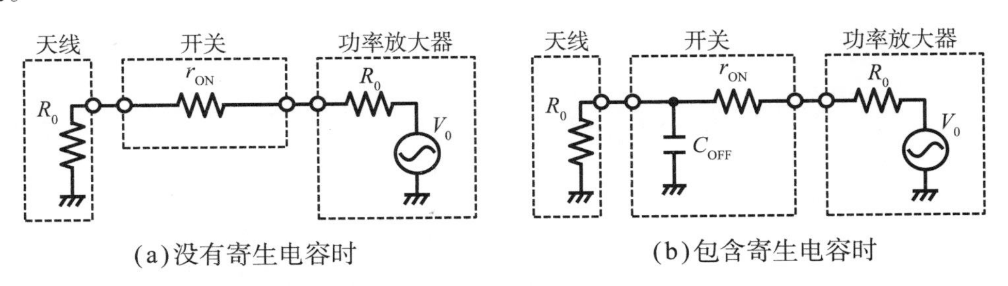

图8.35　计算天线开关损耗的等效电路

当开关处于理想状态（导通电阻和寄生电容为零）时，可以从天线中提取的最大功率P_0为

$$P_0 = \frac{R_0}{2R_0} V_0 \times \frac{V_0}{2R_0} = \frac{R_0}{4R_0^2} V_0^2 \tag{8.59}$$

在存在导通电阻r_{ON}的情况下，可以从天线提取的功率P_1为

$$P_1 = \frac{R_0}{2R_0 + r_{ON}} V_0 \times \frac{V_0}{2R_0 + r_{ON}} = \frac{R_0}{(2R_0 + r_{ON})^2} V_0^2 \tag{8.60}$$

因此，由导通电阻r_{ON}导致的开关的插入损耗可以由下式进行计算：

$$L_{OSS} = 10 \times \log\left[\frac{4R_0^2}{(2R_0 + r_{ON})^2}\right] = 20 \times \log\left(\frac{2R_0}{2R_0 + r_{ON}}\right) \tag{8.61}$$

可以看出，当R_0为50Ω时，如果要将插入损耗保持在1dB以下，纵列连接的FET的总导通电阻应该设计为10Ω左右。因此，考虑了耐压而将FET的级数设定为5时，那么FET的栅极宽度应设定为使FET的导通电阻为2Ω。而实际上，由于作为OFF路径连接的开关的寄生电容（关断电容）C_{OFF}的影响，开关的损耗具有频率依赖性。图8.35(b)显示了包括关断电容在内的用于损耗分析的开关的等效电路。该电路的天线输出电压V_{OUT}为

$$\begin{aligned} V_{OUT} &= \frac{\dfrac{R_0}{1 + j\omega C_{OFF} R_0}}{R_0 + r_{ON} + \dfrac{R_0}{1 + j\omega C_{OFF} R_0}} V_0 \\ &= \frac{R_0}{(2R_0 + r_{ON}) + j\omega C_{OFF} R_0 (R_0 + r_{ON})} V_0 \end{aligned} \tag{8.62}$$

根据输出电压，流经天线的电流可以求得为：

$$\begin{aligned} i_{OUT} &= \frac{V_0}{R_0 + r_{ON} + \dfrac{R_0}{1 + j\omega C_{OFF} R_0}} \times \frac{\dfrac{1}{j\omega C_{OFF}}}{R_0 + \dfrac{1}{j\omega C_{OFF}}} \\ &= \frac{1}{(2R_0 + r_{ON}) + j\omega C_{OFF} R_0 (R_0 + r_{ON})} V_0 \end{aligned} \tag{8.63}$$

因此，可从天线中提取的功率P_{OUT}为：

$$P_{OUT}=\frac{R_0}{\left[\left(2R_0+r_{ON}\right)+j\omega C_{OFF}R_0\left(R_0+r_{ON}\right)\right]^2}V_0^2 \tag{8.64}$$

开关的插入损耗为：

$$\begin{aligned}L_{OSS}&=10\log\left|\frac{P_{OUT}}{P_0}\right|=10\log\left|\frac{\dfrac{R_0}{\left[\left(2R_0+r_{ON}\right)+j\omega C_{OFF}R_0\left(R_0+r_{ON}\right)\right]^2}}{\dfrac{R_0}{4R_0^2}}\right|\\&=10\log\left[\frac{4R_0^2}{\left(2R_0+r_{ON}\right)^2+\omega^2C_{OFF}^2R_0^2\left(R_0+r_{ON}\right)^2}\right]\end{aligned} \tag{8.65}$$

根据式（8.65），以导通电阻r_{ON}和关断电容C_{OFF}为参数绘制插入损耗的频率依赖性的结果如图8.36所示。此时，假设开关具有FET的5级平行结构，栅极宽度为1mm，导通电阻为5Ω，关断电容为1pF。考虑在2GHz下运行时，可以看出，插入损耗可以小于1dB。另一方面，如果工作频率为4GHz，由于频率特性，插入损耗会达到近2dB，可以看出将FET栅极宽度设计为1/2的500μm，导通电阻降至10Ω，关断电容降至0.5pF的设计会更好。如果工作频率为1GHz或更低，则关断电容的影响很小，因此栅极宽度增加至2倍的2mm、导通电阻为2.5Ω的设计也是比较合理的。

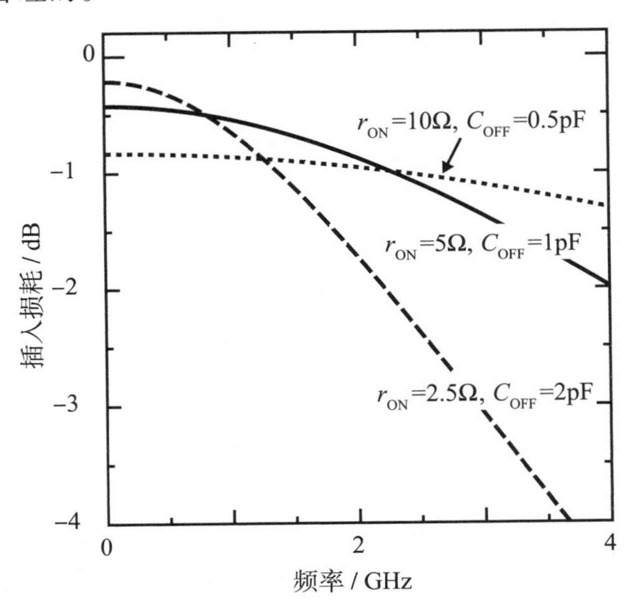

图8.36 天线开关插入损耗的频率依赖性

8.9 环行器

环行器（circulator）是一种具有三个以上端口的无源高频电子元件[22]。环行器的特点是，输入到任何端口的高频信号只能输出到特定方向上相邻的端口，而不会向相反方向上输出。图8.37显示了一个连接到发射（TX）、接收（RX）和天线（ANT）端口的3端口环行器，信号只能按照箭头所示的方向传输。

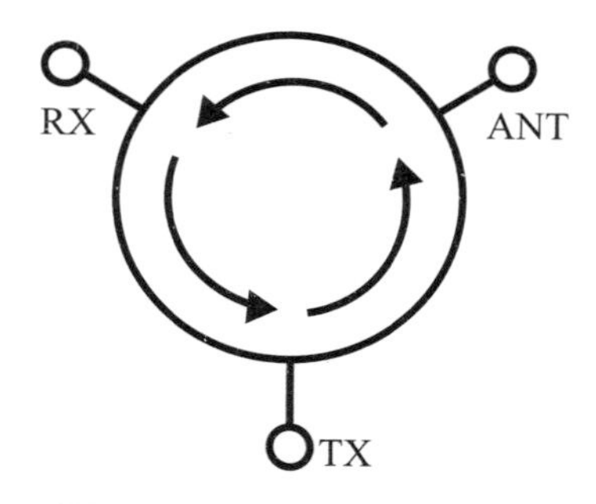

图8.37　环行器运行概要

通过使用环行器，即使发射和接收时共用天线，也可以防止发射信号进入接收机而损坏接收电路，而且能够在同一频率上同时进行发射和接收的全双工通信（full duplex）。另外它也可以作为一个隔离器使用，将一个匹配的终端负载连接到三个环行器端口中的一个，并使用另外两个端口来传输信号。隔离器通常用于防止由于天线故障等造成高功率放大器的输出被反射回来而损坏放大器。

环行器是一种高频元件，它利用了通过磁性铁氧体的无线电波而产生的法拉第效应，抵消或加强通过两个不同路径的信号（无线电波）的相位来使信号沿特定方向传输。由于环行器内部使用的是永久磁铁，这使得它的尺寸很大，还没有被用于移动终端。

近年来，随着通信容量的爆炸式增长，人们正在研究无磁性材料的环行器，以实现移动电话中相同发射和接收频率的全双工通信。图8.38显示了使用了$\lambda/4$传输线和回转器（gyrator）的环行器电路配置示例[26, 27]。传输电路（功放）的输出振幅为$V_{IN,\ TX}$，输出阻抗为Z_0，传输线为无损，特性阻抗为Z_0，天线阻抗为Z_{ant}，回转器用双端口S参数表示，构成回转器的电路寄生电阻分量用R_{SW}表示。发射信号沿传输线1和3按箭头方向行进，天线端电压V_{ANT}的振幅没有变化，相位延迟90°（π/2）。发射信号沿传输线2继续前进，到达接收端RX（回转器的右侧端口）时，相位延迟180°。同样地，沿传输线3前进的信号也在到达回转器的左侧端口时，电压相位延迟90°。如果将回转器设计成从左侧传输到右侧（S_{21}）

的信号超前90°，从右侧传输到左侧（S_{12}）的信号延迟90°的话，那么逆时针方向传输的信号将在回转器的右侧延迟0°（与TX信号同相），并与顺时针方向传输的信号相互抵消（相位延迟180°）。另一方面，到达回转器左侧端口的顺时针信号沿传输线3进一步前进到达发射端时，相位延迟为360°（零延迟），因此信号在一个特定的方向上循环。该电路的天线端电压和接收端电压可以通过将各传输线路的电压和电流的关系式进行联立来求解[28~31]。

传输线路1的起点和方向如图8.38所示，由分布常数线方程可知，如果V_{i1}表示为线路1的前行波电压，V_{r1}表示为后行波电压，则$x=0$和$x=\lambda/4$处的电压和电流的关系表达式为：

$$\begin{cases} V_1(0)=V_{i1}+V_{r1} \\ I_1(0)=\dfrac{1}{Z_0}(V_{i1}-V_{r1}) \\ V_1\left(\dfrac{\lambda}{4}\right)=V_{ANT}=V_{i1}e^{-j\frac{\pi}{2}}+V_{r1}e^{j\frac{\pi}{2}}=-j(V_{i1}-V_{r1}) \\ I_1\left(\dfrac{\lambda}{4}\right)=\dfrac{1}{Z_0}\left(V_{i1}e^{-j\frac{\pi}{2}}-V_{r1}e^{j\frac{\pi}{2}}\right)=\dfrac{-j}{Z_0}(V_{i1}+V_{r1}) \end{cases} \tag{8.66}$$

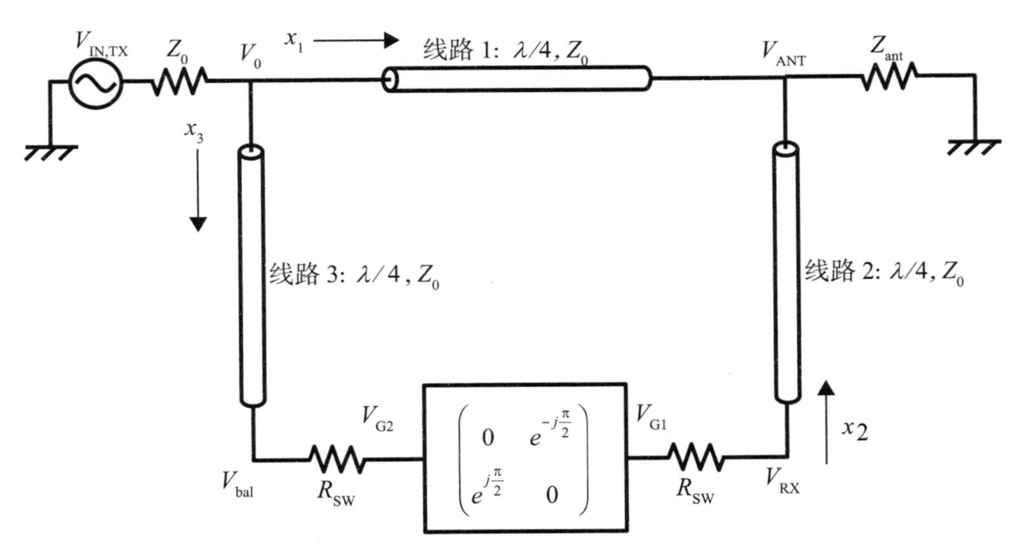

图8.38 传输线路和使用了回转器的环行器

同理，如果定义了传输线路3的起点和方向，设V_{i3}为线路3的前行波电压，V_{r3}为后行波电压，则$x=0$和$x=\lambda/4$处的电压和电流的关系表达式为：

$$
\begin{cases}
V_3(0)=V_{i3}+V_{r3}=V_0 \\
I_3(0)=\dfrac{1}{Z_0}(V_{i3}-V_{r3}) \\
V_3\left(\dfrac{\lambda}{4}\right)=V_{bal}=V_{i3}e^{-j\frac{\pi}{2}}+V_{r3}e^{j\frac{\pi}{2}}=-j(V_{i3}-V_{r3}) \\
I_3\left(\dfrac{\lambda}{4}\right)=I_{bal}=\dfrac{1}{Z_0}\left(V_{i3}e^{-j\frac{\pi}{2}}-V_{r3}e^{j\frac{\pi}{2}}\right)=\dfrac{-j}{Z_0}(V_{i3}+V_{r3})
\end{cases}
\tag{8.67}
$$

定义了传输线路2的起点和方向，设V_{i2}为线路2的前行波电压，V_{r2}为后行波电压，则$x=0$和$x=\lambda/4$处的电压和电流的关系表达式为：

$$
\begin{cases}
V_2(0)=V_{RX}=V_{i2}+V_{r2} \\
I_2(0)=I_{RX}=\dfrac{1}{Z_0}(V_{i2}-V_{r2}) \\
V_2\left(\dfrac{\lambda}{4}\right)=V_{ANT}=V_{i2}e^{-j\frac{\pi}{2}}+V_{r2}e^{j\frac{\pi}{2}}=-j(V_{i2}-V_{r2}) \\
I_2\left(\dfrac{\lambda}{4}\right)=\dfrac{1}{Z_0}\left(V_{i2}e^{-j\frac{\pi}{2}}-V_{r2}e^{j\frac{\pi}{2}}\right)=\dfrac{-j}{Z_0}(V_{i2}+V_{r2})
\end{cases}
\tag{8.68}
$$

发射机输出的电流等于传输线路1和线路3上$x=0$的电流值之和，

$$
I(0)=\frac{V_{in,TX}-V_0}{Z_0}=I_1(0)+I_3(0)=\frac{1}{Z_0}(V_{i1}-V_{r1})+\frac{1}{Z_0}(V_{i3}-V_{r3}) \tag{8.69}
$$

另外，考虑到回转器寄生电阻引起的电压下降的影响，

$$
\begin{aligned}
V_{G1}&=V_{RX}+I_{RX}R_{SW}=V_2(0)+I_2(0)R_{SW} \\
&=V_{i2}+V_{r2}+\left[\frac{1}{Z_0}(V_{i2}-V_{r2})\right]R_{SW} \\
V_{G2}&=V_{bal}-I_{bal}R_{SW}=V_3\left(\frac{\lambda}{4}\right)-I_3\left(\frac{\lambda}{4}\right)R_{SW} \\
&=-j(V_{i3}-V_{r3})-\left[\frac{-j}{Z_0}(V_{i3}+V_{r3})\right]R_{SW}
\end{aligned}
\tag{8.70}
$$

将上述关系式联立求解，如果功率放大器的输出为$V_{IN,\,TX}$，则发射端电压V_0由以下方程给出

$$V_0 = \frac{Z_0}{R_{SW}} \frac{1}{\frac{Z_0}{R_{SW}}\left(1+2\frac{R_{SW}}{Z_0}+\frac{Z_0}{Z_{ant}}\right)} V_{in,TX} = \frac{Z_0}{R_{SW}} \frac{1}{2+\frac{Z_0}{R_{SW}}\left(1+\frac{Z_0}{Z_{ant}}\right)} V_{in,TX} \tag{8.71}$$

可求得天线端电压V_{ANT}为：

$$V_{ANT} = -jV_0 = -j\frac{Z_0}{R_{SW}} \frac{1}{2+\frac{Z_0}{R_{SW}}\left(1+\frac{Z_0}{Z_{ant}}\right)} V_{in,TX} \tag{8.72}$$

可以看出，当天线阻抗与Z_0匹配时，天线端电压的振幅为$V_{IN,\ TX}/2$，相位延迟为π/2。也可以同时计算由于天线阻抗偏差和回转器的寄生电阻造成的损失。

此外，可以推导接收端电压V_{RX}为：

$$V_{RX} = V_{i2} + V_{r2} = \left(\frac{Z_0}{Z_{ant}} - 1\right) V_0 = \frac{\frac{Z_0}{R_{SW}}\left(\frac{Z_0}{Z_{ant}}-1\right)}{2+\frac{Z_0}{R_{SW}}\left(1+\frac{Z_0}{Z_{ant}}\right)} V_{IN,TX} \tag{8.73}$$

也可以看出，如果天线阻抗与Z_0相匹配的话，在接收端就不会出现发射信号。

图8.39(a)表示的示例，使用由4相时钟信号控制的双端口n路径滤波器组成的回转器。后续分析以$p_1 \sim p_4$开关不同时ON，$q_1 \sim q_4$开关也不同时ON为条件进行。由于假定连接到输入输出端子的路径不会同时ON，因此所得到的解析式也适用于n相（$n>4$）。控制时钟的时序图如图8.39(b)所示，这是在控制时钟p和q不同时ON的条件下进行分析的[27, 28]。

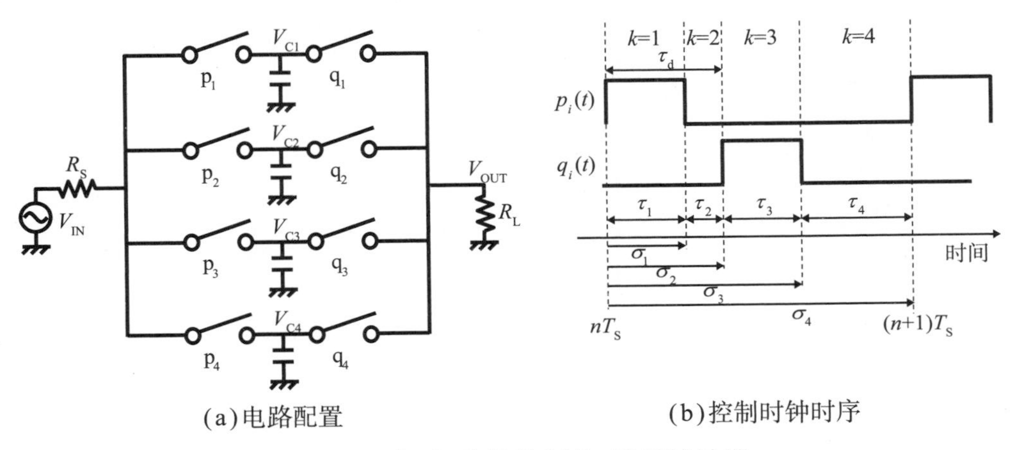

(a)电路配置 (b)控制时钟时序

图8.39 由4相信号控制的n路径滤波器

这里，着眼于任意一个路径，电路和控制信号的状态方程在图8.39所示的每个周期（$k=1$至$k=4$）中

$$
\begin{aligned}
&k=1: C\frac{\mathrm{d}v_{\mathrm{C}}(t)}{\mathrm{d}t}=\frac{v_{\mathrm{i}}(t)-v_{\mathrm{C}}(t)}{R_{\mathrm{S}}} \quad \rightarrow \quad \frac{\mathrm{d}v_{\mathrm{C}}(t)}{\mathrm{d}t}=\frac{1}{CR_{\mathrm{S}}}\left[v_{\mathrm{i}}(t)-v_{\mathrm{C}}(t)\right] \\
&k=2: \text{无电流流动} \\
&k=3: C\frac{\mathrm{d}v_{\mathrm{C}}(t)}{\mathrm{d}t}+\frac{v_{\mathrm{C}}(t)}{R_{\mathrm{L}}}=0 \quad \rightarrow \quad \frac{\mathrm{d}v_{\mathrm{C}}(t)}{\mathrm{d}t}=-\frac{1}{CR_{\mathrm{L}}}v_{\mathrm{C}}(t) \\
&k=4: \text{无电流流动}
\end{aligned} \tag{8.74}
$$

如果控制时钟的周期为T_{S}，则归纳此状态方程可得：

$$
\frac{\mathrm{d}}{\mathrm{d}t}v_{\mathrm{C}}(t)=A_{\mathrm{k}}v_{\mathrm{C}}(t)+B_{\mathrm{k}}v_{\mathrm{i}}(t), \qquad nT_{\mathrm{S}}+\sigma_{\mathrm{k-1}}\leqslant t\leqslant nT_{\mathrm{S}}+\sigma_{\mathrm{k}} \tag{8.75}
$$

$$
\begin{cases}
A_1=\dfrac{-1}{R_{\mathrm{S}}C}, \quad A_2=0, \quad A_3=\dfrac{-1}{R_{\mathrm{L}}C}, \quad A_4=0 \\
B_1=\dfrac{1}{R_{\mathrm{S}}C}, \quad B_2=0, \quad B_3=0, \quad B_4=0
\end{cases} \tag{8.76}
$$

如果控制时钟的相数为N，q开关控制信号对p开关控制信号的延迟为τ_{d}，那么传递函数$H_0(f)$可以求得为：

$$
\begin{aligned}
H_0(f)=&\frac{Nf_{\mathrm{S}}e^{j2\pi f\left(T_{\mathrm{S}}-T_{\mathrm{S}}/N-\tau_{\mathrm{d}}\right)}}{2\pi f_{\mathrm{R_LC}}\left(1+jf/f_{\mathrm{RsC}}\right)\left(1+jf/f_{\mathrm{R_LC}}\right)} \\
&\times\frac{\left(e^{j2\pi fT_{\mathrm{S}}/N}-e^{-2\pi f_{\mathrm{RsC}}T_{\mathrm{S}}/N}\right)\left(e^{j2\pi fT_{\mathrm{S}}/N}-e^{-2\pi f_{\mathrm{R_LC}}T_{\mathrm{S}}/N}\right)}{e^{j2\pi fT_{\mathrm{S}}}-e^{-2\pi\left(f_{\mathrm{RsC}}+f_{\mathrm{R_LC}}\right)T_{\mathrm{S}}/N}}
\end{aligned} \tag{8.77}
$$

从这个传递函数可以看到，双端口n路径滤波器的输出可以通过延迟时间τ_{d}来改变相位。在此将下式进行假设和近似运算

$$
\begin{aligned}
&\phi=\frac{\tau_{\mathrm{d}}}{T}\times 2\pi=2\pi f\tau_{\mathrm{d}} \\
&T_{\mathrm{S}}>\tau_{\mathrm{R_SC}}\sim\tau_{\mathrm{R_LC}} \\
&f=f_{\mathrm{S}}, \quad R_{\mathrm{L}}=R_{\mathrm{S}}, \quad C=\frac{1}{2\pi R_{\mathrm{S}}f_{\mathrm{S}}}
\end{aligned} \tag{8.78}
$$

可得：

$$
H_0(f)\approx\frac{N^2}{4\pi^2}\times\left[1-\cos\left(\frac{2\pi}{N}\right)\right]e^{-j\phi} \tag{8.79}
$$

将此表达式扩展为一个双端口的S参数，可得：

$$S(f)=\begin{Bmatrix} \dfrac{N^2\left[1-\cos\left(\dfrac{2\pi}{N}\right)\right]}{2\pi^2}-1 & \dfrac{N^2\left[1-\cos\left(\dfrac{2\pi}{N}\right)\right]}{2\pi^2}e^{+j\phi} \\ \dfrac{N^2\left[1-\cos\left(\dfrac{2\pi}{N}\right)\right]}{2\pi^2}e^{-j\phi} & \dfrac{N^2\left[1-\cos\left(\dfrac{2\pi}{N}\right)\right]}{2\pi^2}-1 \end{Bmatrix} \tag{8.80}$$

这里，随着控制时钟相位N的增加，下面的系数接近 1：

$$\frac{N^2\left\{1-\cos\left(\dfrac{2\pi}{N}\right)\right\}}{2\pi^2}=\frac{\dfrac{1-\cos\left(\dfrac{2\pi}{N}\right)}{2}}{\left(\dfrac{\pi}{N}\right)^2}=\frac{\sin^2\left(\dfrac{\pi}{N}\right)}{\left(\dfrac{\pi}{N}\right)^2}\approx 1 \tag{8.81}$$

当N为无穷大时，回转器为具有仅包含相位分量的特性：

$$S(f)\approx\begin{bmatrix} 0 & e^{+j\phi} \\ e^{-j\phi} & 0 \end{bmatrix} \tag{8.82}$$

即使控制时钟数N被设定为8，系数是0.95，非常接近于1。因此，在使用这种回转器电路时，只考虑近似的相位关系即可。

图8.40显示了使用2系统传输线路配置的回转器示例[32, 33]。回转器配置为通过两个相位相差$T_m/4$的LO_1和LO_2控制开关来改变相位。延迟为$T_m/4$的传输线连接在两个开关之间。这样能够使从左侧输入到回转器的信号的相位和从右侧输入的信号的相位处于不同的方向上。

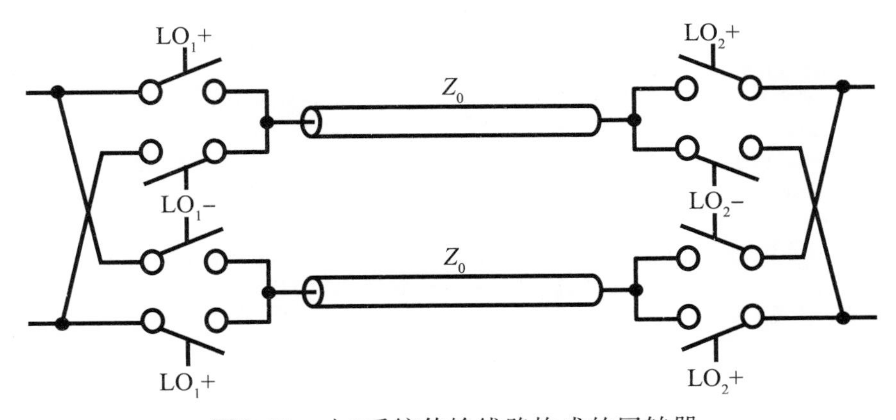

图8.40　由2系统传输线路构成的回转器

参考文献

[1] 斉藤忠夫, 立川敬二. 新版 移動通信ハンドブック. オーム社, 2000.
[2] K. Feher. Telecommunications measurements, analysis, and instrumentation. Prentice-Hall Inc., 1987.
[3] 前多正. RF-CMOSトランシーバフロントエンド回路の最新動向. MWE2009.
[4] 斉藤洋一. ディジタル無線通信の変復調. 信学会, 1996.
[5] 石井聡. 無線通信とデジタル変復調技術. CQ出版社, 2006.
[6] Dimitris F. G. Papadopoulos, Qiuting Huang. A Linear Uplink WCDMA Modulator with -156dBc/Hz Downlink SNR. IEEE International of Solid State Circuit Conference (ISSCC) Digest of Technical Papers, 2007, 19(2): 338-339.
[7] Christopher Jones, Bernard Tenbroek, Paul Fowers,Christophe Beghein, Jonathan Strange, Federico Beffa,Dimitris Nalbantis. Direct-Conversion WCDMA Transmitter with -163dBc/Hz Noise at 190MHz Offset. IEEE International of Solid State Circuit Conference (ISSCC) Digest of Technical Papers, 2007, 19(1): 336-337.
[8] T. Sowlati, et al.. Single-Chip Multiband WCDMA/HSDPA/HSUPA/EGPRS Transceiver with Diversity Receiver and 3G DigRF Interface Without SAW Filters in Transmitter / 3G Receiver Paths. IEEE International of Solid State Circuit Conference (ISSCC) Digest of Technical Papers, 2009, 116-117.
[9] Ahmad Mirzaei, Hooman Darabi . A Low-Power WCDMA Transmitter with a Integrated Notch Filter. IEEE International of Solid State Circuit Conference (ISSCC) Digest of Technical Papers, 2008, 10(7): 212-213.
[10] Nathan O. Sokal, and Alan D. Sokal. Class E-A New Class of High-Efficiency Tuned Single-Ended Switching Power Amplifiers. IEEE Journal of Solid-State Circuits, 1975, SC-10(3): 168-176.
[11] Andrei Grebennikov, Nathan O. Sokal, and Marc J. Franco. Switchmode RF and Microwave Power Amplifiers Second Edition. Academic Press Elsevier, 2012.
[12] Melina Apostolidou, Mark P. van der Heijden, Domine M. W. Leenaerts, Jan Sonsky, Anco Heringa, and Iouri Volokhine. A 65 nm CMOS 30 dBm Class-E RF Power Amplifier With 60% PAE and 40% PAE at 16 dB Back-Off. IEEE Journal of Solid-State Circuits, 2009, 44(5): 1372-1379.
[13] Andrei V. Grebennikov and Herbert Jaeger. Class E with Parallel Circuit-A New Challenge for High-Efficiency RF and Microwave Power Amplifiers. 2002 IEEE MTT-S International Microwave Symposium Digest, TH2D-1, 2002, 1627-1630.
[14] Mustafa Acar, Anne Johan Annema, and Bram Nauta. Analytical Design Equations for Class-E Power Amplifiers. IEEE Transactions on Circuits and Systems Part I, 2007, 54(12): 2706-2717.
[15] Robert E. Zulinski, and John W. Stedman. Class E Power Amplifiers and Frequency Multipliers with Finite DC-Feed Inductance. IEEE Transactions on Circuits and Systems, 1987, CAS-34(9): 1074-1087.
[16] David K. Choi and Stepben I. Long. Finite DC Feed Inductor in Class E Power Amplifiers - A Simplified Approach. 2002 IEEE MTT-S International Microwave Symposium Digest, TH2D-5, 2002, 1643-1646.
[17] Andrei Grebennikov. Load Network Design Technique for Class F and Inverse Class F PAs. From May 2011 High Frequency Electronics, 2011, 58-76.
[18] 中山正敏, 高木直. 電力増幅器の低歪・高効率化の手法. Microwave Workshop & Exhibition (MWE), TL03-02, 2005.
[19] W. H. Doherty. A New High Efficiency Power Amplifier for Modulated Waves. Proceedings of the Institute of Radio Engineers, 1936, 24(9): 1163-1182.
[20] 末次正. RF電力増幅器の基礎と設計法. 科学情報出版, 2015.
[21] R. Pullela, et al.. An Integrated Closed-Loop Polar Transmitter with Saturation Prevention and Low-IF Receiver for Quad-Band GPRS/EDGE. ISSCC Dig. Tech. Papers, 2009, 112-113.
[22] トランジスタ技術編集部. 無線データ通信の基礎とRF部品活用法. CQ出版.
[23] Keiichi Numata, Yuji Takahashi, Tadashi Maeda, and Hikaru Hida. A +2.4/0 V controlled high power GaAs SPDT antenna switch IC for GSM application. 2002 IEEE Radio Frequency Integrated Circuits (RFIC) Symposium. Digest of Papers, 2002, 141-144.

[24] Keiichi Numata, Yuji Takahashi, Tadashi Maeda, and Hikaru Hida. A high-power-handling GSM switch IC with new adaptive-control-voltage-generator circuit scheme. 2003 IEEE Radio Frequency Integrated Circuits (RFIC) Symposium. Digest of Papers, MO2D-4, 2002, 233-236.

[25] Yuji Takahashi, Keiichi Numata, Tadashi Maeda, and Hikaru Hida. A high-power SP3T antenna switch IC with adaptive-charge-pump-circuit topology. 34th European Microwave Conference, 2004, 241-244.

[26] Negar Reiskarimian , Mahmood Baraani Dastjerdi, Jin Zhou, and Harish Krishnaswamy. Analysis and Design of Commutation-Based Circulator-Receivers for Integrated Full-Duplex Wireless. Journal of Solid-State Circuits, 2018, 53(9): 2190-2201.

[27] Negar Reiskarimian, Jin Zhou, and Harish Krishnaswamy. A CMOS Passive LPTV Nonmagnetic Circulator and Its Application in a Full-Duplex Receiver. Journal of Solid-State Circuits, 2017, 52(5): 1358-1372.

[28] Negar Reiskarimian, Jin Zhou, Tsung-Hao Chuang, and Harish Krishnaswamy. Analysis and Design of Two-Port N-Path Bandpass Filters With Embedded Phase Shifting. IEEE Trans. on Circuits and Systems-II, 2016, 63(8): 728-732.

[29] Torbjorn Strom and Svante Signell. Analysis of Periodically Switched Linear Circuits. IEEE Transactions on Circuits and Systems, 1977, CAS-24(10): 531-541.

[30] Michiel C. M. Soer, Eric A. M. Klumperink, Pieter-Tjerk de Boer, Frank E. van Vliet, and Bram Nauta. Unified Frequency-Domain Analysis of Switched-Series-RC Passive Mixers and Samplers. IEEE Trans. on Circuits and Systems—I, 2010, 57(10): 2618-2631.

[31] C. L. Phillips and J. M. Parr. Signals, Systems and Transforms Fifth-edition. Englewood Cliffs, NJ: Prentice-Hall, 2014.

[32] Aravind Nagulu, Andrea Al`u and Harish Krishnaswamy. Fully-Integrated Non-Magnetic 180nm SOI Circulator with >1W P1dB, >+50dBm IIP3 and High Isolation across 1.85 VSWR. 2018 IEEE Radio Frequency Integrated Circuits Symposium (RFIC), RMO3A-1, 2018, 104-107.

[33] Tolga Dinc, Aravind Nagulu, and Harish Krishnaswamy. A Millimeter-Wave Non-Magnetic Passive SOI CMOS Circulator Based on Spatio-Temporal Conductivity Modulation. IEEE Journal of Solid-State Circuits, 2017, 52(12): 3276-3292.